大学化学实验教学示范中心教材

总主编 李天安

无机物制备
WU JI WU ZHI BEI

本册主编 柴雅琴 莫尊理 赵建茹 康桃英 周娅芬

西南师范大学出版社

大学化学实验教学示范中心教材

主任
  李天安（西南大学）

委员（按姓氏笔画为序）
  马学兵（西南大学）
  杨 武（西北师范大学）
  柴雅琴（西南大学）
  彭 秧（新疆大学）
  彭敬东（西南大学）
  鲍正荣（西华师范大学）

大学化学实验教学示范中心教材

　　本系列教材定位为:适应大学实验教学示范中心建设要求的、基于一级学科平台的、以"方法"为中心的实验教学教材。

　　化学作为一门实验学科,实验在教学中的作用历来都被教育界看重。正如著名的化学家戴安邦教授的名言:"实验教学是实施全面化学教育最有效的教学形式"。在此,戴教授提出了一个非常重要的看问题的思路,那就是教学过程究竟应该"教"什么?他认为,化学教学有两个方面,一方面是化学知识,而另一方面是这些知识是怎样来的,并且后者"可能是更重要的一面"。实验教学应当完成的任务正是后者。

　　教育部《实验教学示范中心建设标准》更明确指出,实验课程应是"适应学科特点及自身系统性和科学性的、完整的课程体系",使学生通过实验教学,"掌握基本实验操作方法,能够正确地使用仪器设备,准确地采集实验数据。具有正确记录、处理数据和表达实验结果的能力;认真观察实验现象进行分析判断、逻辑推理、做出结论的能力;正确设计实验(选择实验方法、实验条件、仪器和试剂等),并通过查阅手册、工具书及其他信息源获得信息以解决实际问题的能力。要注重培养学生实事求是的科学态度,百折不挠的工作作风,相互协作的团队精神,勇于开拓的创新意识。"

　　所以,实验教学已经不是单纯的"技能"训练,而必须应对学科深化与辐射、分化与交叉、理论与应用都呈现快速发展和融合的势头,是学生接受全面的学科、甚至科学素养培养最重要的渠道。这就是我们提出的以"方法"为中心的实验教学理念的初衷。

这里所谓的"方法"是一个广义的概念,是"方法论"的一种表述。简略地说,是指三个方面。这三个方面都从根本上突破了二级学科的局限,处处彰显创新。

* 技术方法:是技术的综合,是对于针对同一对象或需要而运用相同和不完全相同科学原理构建的各种技术的理解。教学中不可能也没必要把学科当今技术都让学生经历一遍,但是,学生应当具有根据工艺功能要求评价和选择技术的能力却是教学的基本要求。

* 思维方法:是一种设计和综合各种技术的能力。实验教学是给学生提供一个舞台,让学生针对具体课题去寻求、评价和选择解决方案。把教学内容局限在"项目"中就是对思维发展的扼杀。

* 思想方法:实验的无穷尽性使之在思想方法训练方面功能独到。这种训练促进学生发展发现命题、论证命题、设计解决方案、实施方案、评估效果并发现新的命题的逻辑能力。其中贯穿了超越本学科的学识水平和人格道德品质,是跨文理的科学素养、解决实际问题的创新潜能的形成过程。

因此,尽管本系列教材作为一个尝试,疏漏谬误在所难免,但我们愿以此抛砖引玉,奉献给学子和同仁。

是为序。

2006 年 8 月于重庆

内 容 提 要

大学化学实验教学示范中心教材

本书是适应大学化学实验教学示范中心建设要求的、基于一级学科平台的、以"方法"为中心的实验教学化学系列教材的第五册,分绪论、上篇、下篇和附录四部分。绪论从发展现代无机合成与制备化学的重要性出发,讨论合成路线的设计、物质的分离及鉴定。上篇分10章展开讨论,第1章介绍了X射线分析、热重分析和差热分析方法;第2章介绍了氧化还原反应在无机物制备中的应用;第3章介绍了复分解反应在无机物制备中的应用;第4章介绍了金属卤化物的制备;第5章介绍了配位化合物的制备;第6章介绍了有机金属化合物的制备;第7章介绍了晶体生长的相关知识;第8章介绍了热分解反应;第9章介绍了无机电解合成;第10章介绍了无机高分子合成。下篇包括基本实验(23个)、综合实验(8个)和设计实验(3个)。基本实验以掌握无机制备的基本操作和基本方法为核心,重点培养学生基本实验技能、发现问题和解决问题的能力。综合实验以综合有机化学、分析化学和物理化学的知识,对制备的无机物进行分离和表征。在综合实验设置中注重原料的合理实验,在达到实验目的的前提下,降低每个实验的成本。设计实验设置的目的是培养学生的独立工作能力。

本书可作为综合性大学、高等师范院校、高等理工大学化学化工专业本科生教材,也可供医学院校等相关院校的相关专业教学、科研人员阅读参考。

目 录

绪论 ……………………………………………………………………………… (1)
 0.1 合成路线的设计 …………………………………………………………… (2)
 0.2 合成技术 …………………………………………………………………… (2)
  0.2.1 高温与高压技术 …………………………………………………… (2)
  0.2.2 低温技术 …………………………………………………………… (4)
  0.2.3 电解合成 …………………………………………………………… (5)
  0.2.4 光化学合成 ………………………………………………………… (5)
  0.2.5 几种新型合成技术 ………………………………………………… (5)
 0.3 无机合成的分离、鉴定和表征 …………………………………………… (6)

上篇 知识与训练

第 1 章 物质结构表征 ………………………………………………………… (11)
 1.1 X射线衍射分析—粉末法 ………………………………………………… (11)
  1.1.1 引言 ………………………………………………………………… (11)
  1.1.2 基本原理 …………………………………………………………… (12)
  1.1.3 X射线衍射分析法 ………………………………………………… (17)
  1.1.4 粉末X射线衍射方法在物理化学中的应用 …………………… (20)
 1.2 差热分析 …………………………………………………………………… (28)
  1.2.1 DTA的基本原理 …………………………………………………… (28)
  1.2.2 差热分析仪 ………………………………………………………… (29)
  1.2.3 影响DTA曲线的因素 ……………………………………………… (30)
  1.2.4 DTA曲线的特征温度和峰面积的测量 ………………………… (31)
 1.3 热重分析法 ………………………………………………………………… (32)
  1.3.1 TGA的基本原理 …………………………………………………… (32)
  1.3.2 TGA分析的主要影响因素 ………………………………………… (34)

  1.3.3 TGA 分析的应用 ·· (35)

第 2 章 氧化还原反应在无机物制备中的应用 ·· (38)
2.1 还原反应 ··· (38)
  2.1.1 高温还原反应 $\Delta G^{\ominus}$-T 图及应用 ··· (38)
  2.1.2 氢气还原法 ··· (40)
  2.1.3 金属还原法 ··· (40)
2.2 氧化反应 ··· (41)
  2.2.1 氧化物的制备 ··· (41)
  2.2.2 含氧酸盐的制备 ·· (41)
  2.2.3 无水卤化物的制备 ··· (42)
2.3 配合物的氧化反应法制备 ··· (43)
  2.3.1 由金属单质氧化法 ··· (43)
  2.3.2 由低氧化态金属制备高氧化态金属配合物 ······································ (43)
  2.3.3 还原高氧化态金属制备低氧化态金属配合物 ··································· (44)
  2.3.4 由高氧化态金属和低氧化态金属制备中间氧化态金属配合物 ·············· (44)
  2.3.5 电化学法 ·· (44)
  2.3.6 高压氧化还原反应制备配合物 ··· (44)

第 3 章 复分解反应在无机物制备中的应用 ·· (46)
3.1 概述 ··· (46)
  3.1.1 基本概念 ·· (46)
  3.1.2 复分解反应发生的条件 ··· (46)
3.2 复分解反应的应用 ··· (47)
  3.2.1 利用复分解反应制备无机盐原理 ··· (47)
  3.2.2 复分解反应的应用 ··· (48)
  3.2.3 复分解反应的方向 ··· (49)

第 4 章 金属卤化物的制备 ··· (51)
4.1 直接卤化法 ··· (51)
4.2 氧化物转化法 ·· (52)
4.3 水合盐脱水法 ·· (52)
4.4 置换反应 ··· (53)
4.5 氧化还原反应 ·· (53)
  4.5.1 用氢气作为还原剂 ··· (53)
  4.5.2 用卤素作为氧化剂 ··· (53)

  4.5.3 用卤化氢作为氧化剂 ……………………………………………… (53)
 4.6 热分解法 …………………………………………………………………… (54)

第5章 配位化合物的制备 ……………………………………………………… (56)
 5.1 直接法 ……………………………………………………………………… (56)
  5.1.1 溶液中的直接配位作用 ………………………………………… (56)
  5.1.2 组分化合法合成新的配合物 …………………………………… (57)
  5.1.3 金属蒸气法和基底分离法 ……………………………………… (58)
 5.2 配体取代 …………………………………………………………………… (59)
  5.2.1 活性配合物的取代反应 ………………………………………… (59)
  5.2.2 惰性配合物的取代反应 ………………………………………… (60)
  5.2.3 非水介质中的取代反应 ………………………………………… (60)

第6章 有机金属化合物的制备 ……………………………………………………… (62)
 6.1 概述 ………………………………………………………………………… (62)
 6.2 金属有机化合物制备方法 ………………………………………………… (63)
  6.2.1 非过渡金属有机化合物制备方法 ……………………………… (63)
  6.2.2 过渡金属有机化合物制备方法 ………………………………… (64)
 6.3 几种常见有机金属化合物制备 …………………………………………… (66)
  6.3.1 有机锂、有机镁的制备 ………………………………………… (66)
  6.3.2 金属羰基化合物的制备 ………………………………………… (67)
  6.3.3 过渡金属二茂化合物(Cp_2M)的制备 ………………………… (68)

第7章 晶体生长 ……………………………………………………………………… (70)
 7.1 晶体的形成方式 …………………………………………………………… (70)
 7.2 晶体的发生 ………………………………………………………………… (71)
 7.3 晶体的成长 ………………………………………………………………… (72)
 7.4 影响晶体成长的因素 ……………………………………………………… (73)
  7.4.1 温度 ……………………………………………………………… (73)
  7.4.2 浓度 ……………………………………………………………… (74)
  7.4.3 杂质 ……………………………………………………………… (74)
  7.4.4 重力 ……………………………………………………………… (75)
  7.4.5 黏度 ……………………………………………………………… (75)
 7.5 晶体生长方法 ……………………………………………………………… (76)
  7.5.1 从溶液中生长晶体 ……………………………………………… (76)
  7.5.2 从熔体中生长晶体 ……………………………………………… (81)

   7.5.3 气相生长法 …………………………………………… (82)
   7.5.4 固相生长 ……………………………………………… (84)

第8章 热分解反应 ……………………………………………… (86)
 8.1 热分解反应的特性 ……………………………………………… (86)
 8.2 热分解法制备单质 ……………………………………………… (87)
 8.3 热分解法制备金属氧化物 ……………………………………… (88)
   8.3.1 制备原理 ……………………………………………… (88)
   8.3.2 反应仪器及操作 ……………………………………… (89)
   8.3.3 热分解类型和实例 …………………………………… (89)
 8.4 热分解法制备无水金属卤化物 ………………………………… (90)

第9章 无机电解合成 …………………………………………… (92)
 9.1 水溶液中无机化合物的电解合成 ……………………………… (93)
   9.1.1 水溶液中金属的电沉积 ……………………………… (93)
   9.1.2 电解装置及其材料 …………………………………… (94)
 9.2 熔盐电解和熔盐技术 …………………………………………… (95)
   9.2.1 离子熔盐种类 ………………………………………… (95)
   9.2.2 熔盐特性 ……………………………………………… (96)
   9.2.3 熔盐的应用 …………………………………………… (96)
   9.2.4 熔盐电解在无机合成中的其他应用 ………………… (98)
   9.2.5 电合成化学的意义 …………………………………… (98)

第10章 无机高分子合成 ………………………………………… (100)
 10.1 概述 …………………………………………………………… (100)
   10.1.1 无机高分子的定义 ………………………………… (100)
   10.1.2 无机高分子的分类 ………………………………… (101)
 10.2 无机高分子合成方法 ………………………………………… (102)
   10.2.1 极端条件合成 ……………………………………… (102)
   10.2.2 软化学合成 ………………………………………… (103)
   10.2.3 组合化学合成 ……………………………………… (103)
   10.2.4 计算机辅助合成 …………………………………… (105)
   10.2.5 理想合成 …………………………………………… (106)
 10.3 通用无机高分子及应用 ……………………………………… (106)
   10.3.1 硅酸盐无机高分子 ………………………………… (106)
   10.3.2 无机高分子磷酸盐 ………………………………… (107)

10.3.3 聚铁盐和聚铝盐 ··· (107)
10.3.4 硅氧聚合物的有机衍生物 ·· (108)
10.4 特种无机高分子 ··· (108)
10.4.1 聚磷腈 ·· (108)
10.4.2 聚硅烷 ·· (109)
10.4.3 聚氮化硼和氮化硫 ·· (109)
10.4.4 锆的聚合物 ·· (109)
10.5 无机高分子合成的应用 ··· (110)
10.5.1 水热合成法制备新型磷-钒-氧层状化合物 ······························ (110)
10.5.2 溶胶-凝胶法制备硅气凝胶 ·· (110)
10.5.3 人造金刚石的合成 ··· (111)

下篇 实验

Ⅰ 基本实验 ··· (115)
实验1 五氧化二钒的提纯 ·· (115)
实验2 硫酸铝钾晶体的制备 ··· (116)
实验3 硝酸钾的制备 ·· (119)
实验4 从烂版液中回收铜粉、硫酸铜及硫酸亚铁铵 ··· (121)
　　　附(1) 由废铜屑制备五水硫酸铜 ·· (123)
　　　附(2) 硫酸亚铁铵的制备 ·· (125)
实验5 碘酸钾的制备 ·· (127)
实验6 无水四氯化锡的制备 ··· (129)
实验7 四碘化锡的制备 ··· (131)
实验8 无水三氯化铬的制备 ··· (133)
实验9 高锰酸钾的制备 ··· (135)
实验10 由钛铁矿制备二氧化钛 ··· (137)
实验11 由废铁渣制备三氧化二铁 ·· (139)
实验12 杂多化合物的制备 ··· (141)
实验13 金属酞菁的合成 ·· (143)
实验14 二氯化一氯五氨合钴(Ⅲ)的制备 ··· (146)
实验15 三氯三(四氢呋喃)合铬(Ⅲ)的合成 ··· (148)
实验16 微波辐射合成磷酸锌 ·· (152)
实验17 废铝催化剂制备高纯超细氧化铝 ··· (153)
实验18 CuO-磷酸盐无机黏结剂的制备 ··· (155)
实验19 溶胶-凝胶法制备 SnO_2 纳米粒子 ·· (157)
实验20 微乳液法合成 $CaCO_3$ 纳米微粒 ·· (159)

实验 21　熔融碳酸盐燃料电池的制备 …………………………………… (161)
实验 22　超声作用下电解法合成高铁酸钠 …………………………… (163)
实验 23　物质结构表征——多晶 X 射线衍射(XRD) ………………… (166)

Ⅱ　综合实验 …………………………………………………………………… (174)
综合 1　硫代硫酸钠的制备及纯度分析 ………………………………… (174)
综合 2　过氧化钙的制备及含量测定 …………………………………… (176)
综合 3　从废定影液中提取金属银并制取硝酸银 ……………………… (179)
综合 4　重铬酸钾的制备和产品含量的测定 …………………………… (181)
综合 5　配合物的离子交换树脂分离和鉴定 …………………………… (183)
综合 6　配合物键合异构体的制备及红外光谱的测定 ………………… (187)
综合 7　乙酰二茂铁的制备 ……………………………………………… (189)
综合 8　三草酸合铁(Ⅲ)酸钾的系列实验 ……………………………… (192)
　　实验(1)　三草酸合铁(Ⅲ)酸钾的制备及组成测定 ……………… (192)
　　实验(2)　三草酸合铁(Ⅲ)酸钾的性质及配阴离子电荷的测定 … (196)
　　实验(3)　三草酸合铁(Ⅲ)酸钾的表征 …………………………… (199)
　　实验(4)　三草酸合铁(III)酸钾磁化率的测定 …………………… (203)

Ⅲ　设计实验 …………………………………………………………………… (207)
设计 1　碱式碳酸铜的制备 ……………………………………………… (207)
设计 2　废干电池的综合利用 …………………………………………… (209)
　　附　锌钡白的制备 ……………………………………………………… (210)
设计 3　未知配合物的合成和表征 ……………………………………… (212)

附　录

附录 1　几种常用酸碱的密度和浓度 …………………………………… (214)
附录 2　化合物的相对分子质量 ………………………………………… (215)
附录 3　化学实验常用手册和参考书简介 ……………………………… (217)

绪 论

📖 学习目标

1. 明确无机合成(制备)对人类文明的贡献。
2. 了解无机合成的技术和无机物的分离、鉴定及表征方法。

🔔 学习指导

本章从合成化学的重要性入手，阐述了合成化学对人类文明的贡献，讨论了合成路线的设计、合成技术的总结和化合物的分离、鉴定及表征，为本教材后续内容的学习奠定理论基础。

建议课外 2 学时。

化学的核心是合成化学，是以人工合成或从自然界分离出新物质供人类需要为中心任务，是化学家为改造世界、创造社会未来最有力的手段，因此化学的成就可用合成或分离出的新物质的数量来衡量。1900 年在《美国化学文摘》(CA)上登录的从天然产物中分离出来并确定其组成的及人工合成的已知物质只有 55 万种，到 1999 年 12 月 31 日已达到 2340 万种。在这 100 年中，化学合成和分离了 2285 万种新物质、新药物、新材料、新分子来满足人类生活和高新技术发展的需要。1998 年，美国著名化学家 Stephen J Lippard 在探讨未来 25 年的化学时说："化学最重要的是制造新物质。化学不但研究自然界的本质，而且创造出新分子，赋予人们创造的艺术；化学以新方式重排原子的能力，赋予我们从事创造性劳动的机会，而这正是其他学科所不能媲美的。"

作为合成化学中极其重要的一部分——现代无机合成(制备)，其内涵不仅仅局限于昔日传统的合成，也包括了制备与组装科学。随着生命、材料、计算机等相关学科研究的迅猛发展，越来越要求无机合成化学家能够更多地提出新的行之有效的合成反应、合成技术，制定节能、洁净、经济的合成路线以及开发具有新型结构和新功能的化合物或材料。因此，发展现代无机合成与制备化学，不断地推出新的合成反应和路线，或改进和绿化现有的陈旧合成方法，不断地创造与开发新的物种，将为研究材料结构、性能(或功能)与反应间的关系、揭示新规律与原理提供基础，成为推动化学学科与相

邻学科发展的主要动力。

0.1 合成路线的设计

合成路线设计主要是指从理论上讨论分析如何设计合成路线及合成的策略技巧。合成路线是合成工作者为待合成的目标化合物所拟定的合成方案。

合成路线设计涉及化合物的结构、性能、反应等方面的内容。要做好合成路线的设计,基本方法是以化学反应为基础,熟练掌握大量的单元合成反应,将具体的反应按一定的逻辑思维组合起来。

对于合成路线设计来说,可能会有多条路线可以合成出所要的化合物,究竟采用哪条路线,评价的基本标准是:

(1)合成的反应机理从单元反应来分析应该是可以的,其组合能够达到合成所需化合物的目的。

(2)合成效率高,力求减少副反应以提高产品的产率。

(3)合成路线简捷。反应步骤的长短关系到合成路线的经济性。一个每步产率为90%的十步合成,其总产率仅为35%;而五步合成,总产率则为59%;若合成步骤仅三步时,其总产率可提高到73%。因而,应尽可能采用短的合成路线。

(4)原料、试剂等来源丰富,毒性小,能耗低。

(5)温和的反应条件,操作简便安全。

(6)尽可能符合绿色合成的原则。

0.2 合成技术

0.2.1 高温与高压技术

0.2.1.1 高温高压合成方法

(1)高温合成方法

从动力学角度来看,人们总是借助于高温来实现较高速率地合成物质的目的。因此,高温是物质合成的一个重要手段。高温合成反应的类型很多,主要有:高温固相反应、高温固-气反应、高温熔炼和合金制备、高温熔盐电解、高温下的化学转移反应、高温化学气相沉积、等离子体高温合成、高温下的区域熔融提纯等。

(2)高压高温合成方法

高压高温合成根据高压高温的不同产生方式和使用的设备而划分为静高压高温合成法和动态高压高温合成法。静高压高温合成法是利用具有较大尺寸的高压腔体和试样的两面顶和六面体高压设备来进行的。动态高压高温合成法是利用爆炸等方法产生的冲击波，在物质中引起瞬间的高压高温来合成新材料，也称为冲击波合成法或爆炸合成法。

0.2.1.2 高温还原反应

高温还原反应是用还原剂把高价化合物还原成低价化合物或单质的有效方法之一。常采用的原料为氧化物、卤化物及硫化物，常采用的还原剂有氢气、一氧化碳、碳、活泼金属等。选择还原剂时应遵循以下原则：

(1)还原能力强，热效应大，以保证反应进行完全。

(2)过量的还原剂和被还原的产物及被氧化的产物容易分离提纯，还原剂在被还原产物中的溶解度要小。

(3)还原剂要廉价易得，易于回收。

0.2.1.3 高温固相反应

大批具有特种性能的无机功能材料和化合物，如大多数复合氧化物、含氧酸盐类、二元或多元金属陶瓷化合物(碳、硼、硅、磷、硫族等化合物)都是通过高温(一般为1000 ℃～1500 ℃)下反应物固相间的直接合成而得到的。

0.2.1.4 化学气相沉积

化学气相沉积法是近几十年来发展起来的一种用于制备高纯物质，研制新晶体，沉积各种单晶、多晶或玻璃态无机薄膜材料的方法。化学气相沉积法是利用气态物质在一固体表面上进行化学反应生成固态沉积物的过程。常见的类型有：

(1)热分解法

最简单的化学气相沉积反应是化合物的热分解。此反应一般在简单的单温区炉内进行，于真空或惰性气氛下加热基材至所需温度后，导入反应气体使之发生热分解反应，最后在基材上沉积出固体材料层。

(2)化学合成法

绝大多数沉积过程都涉及两种或多种气体反应物在同一热基底上相互作用，这类反应为化学合成反应。最普遍的是用氢气还原卤化物来沉积各种金属和半导体。化学合成法还可以制备各种晶态和玻璃态沉积层。

(3)化学转移反应

化学转移反应是指一种固体或液体物质 A，在一定温度下与一种气体物质 B 反应，生成气相产物 C，而 C 扩散到体系的不同温度区发生逆反应，重新析出 A。如：

$$Ni(s)+4CO(g) \underset{200\ ℃}{\overset{80\ ℃}{\rightleftharpoons}} Ni(CO)_4(g)$$

这个过程好像是一个升华或蒸馏过程，但在 80 ℃温度下，物质 A 并没有经过一个它

应该有的蒸气相,所以称为化学转移。用于化学转移反应的装置样式很多,可根据具体的反应条件设计。

0.2.2 低温技术

随着新技术的开发,世界将进入"临界技术"或"极端技术"的发展时期,低温或超低温合成将是未来研究的重要领域。低温技术的发展为某些挥发性化合物的合成及新型无机功能材料的合成开辟了新的途径。

许多物质的分离和制备都必须在低温下进行。氮气、氧气、稀有气体的工业制备过程是首先压缩净化过的空气,再使之绝热膨胀,温度降低,从而使空气液化,随后对液体空气进行分级蒸馏,便可把氮气和稀有气体分离;混合气体也常用低温分馏或低温下选择性吸附的方法进行分离。低温下的物质合成,特别是超导材料的合成近年来发展迅速。

(1) 非水溶剂中的低温合成

多数在非水溶剂中进行的反应必须在低温下进行,因为它们只有在低温下才呈液体状态,如 NH_3,SO_2,HF 等,其中液氨是人们研究得最多的非水溶剂。

(2) 低温下稀有气体化合物的合成

稀有气体混合物本身是在低温下进行分离和提纯的,所以它们的一些化合物也是在低温下进行合成的。

① 低温下的放电合成

1963 年 Kirschenbaum 等人首次用放电法成功地制备了 XeF_4。

$$2F_2 + Xe \xrightarrow[1100 \sim 2800\text{ V}]{-78\text{ °C}} XeF_4$$

② 低温光化学合成

光化学反应是由可见光和紫外光所引起的化学反应。这些反应一般是在分子的激发态直接参与下进行的。一个分子只有在吸收一定的光照射之后,才能发生化学反应。利用光化学反应,可以在低温下合成 XeF_2,KrF_2 等稀有气体化合物。

③ 低温下挥发性化合物的合成

合成或纯化挥发性化合物时需要在低温下进行。如无色剧毒气体氢氰酸的熔点为 -13.24 °C,沸点为 25.70 °C,制备氢氰酸可由下列反应得到:

$$NaCN + H_2SO_4 \Longrightarrow NaHSO_4 + HCN$$

首先将 HCN 完全蒸馏出来,经过干燥等处理,最后将 HCN 冷凝在用冰盐剂冷却的磨口瓶中。

④ 冷冻干燥法合成氧化物和复合氧化物粉末

近年来,化学工作者开发了冷冻干燥法、醇盐水解法、喷雾干燥法、喷雾分解法、蒸发法等新方法。冷冻干燥法除可以合成 Mg-Al 系列尖晶石和各种铁氧体外,还可以合成透明的氧化铝板、氧化镍粉末及氯化银等。

0.2.3 电解合成

电解法对材料纯度要求很高的原子能技术、宇航技术、半导体技术等科学技术具有独特之处。电解合成法一般分为水溶液电解和非水溶液电解,非水溶液电解又分为熔盐电解和非熔盐电解。电解合成反应具有以下特点:(1)利用在电解中能提供高电子转移的功能而达到一般化学试剂所不具有的氧化还原能力;(2)产品纯度高;(3)通过控制电极电势和电极材质,可选择性地进行氧化或还原,从而制备出特定价态的化合物;(4)可以制备出其他方法不能制备的许多物质和聚集态。

0.2.4 光化学合成

光化学研究按照化合物的种类分为无机分子光化学和有机分子光化学;按照分子的大小分为小分子光化学和较大分子光化学,以及聚合物光化学;按激发分子寿命可划分为秒、毫秒、微秒和纳秒时间内的光化学;按发光类型或跃迁机制又有荧光、磷光以及化学发光之分。光化学合成是把光化学研究中得到的知识、成果加以利用,把光化学反应作为合成化合物的手段。光化学合成的独到之处在于此方法可以得到其他方法难以得到的具有新颖结构的化合物。如:

$$[Cr(NH_3)_5Cl]^{2+} + H_2O \xrightarrow{365\sim506\ nm} [cis-Cr(NH_3)_4(H_2O)Cl]^{2+} + NH_3$$

0.2.5 几种新型合成技术

0.2.5.1 微波辐射技术

微波通常是指波长 1 m～0.1 mm 范围内的电磁波,其相应的频率范围是 300 MHz～3000 GHz。为了不干扰雷达、无线电通讯等,国际无线电通讯协会规定:家用微波炉使用的频率是 2450 MHz,915 MHz 的频率主要用于工业加热。利用微波辐射法进行固相反应是一种新颖、快速的独特合成方法,如沸石分子筛的微波合成具有条件温和、能耗低、反应速率快、粒度均一且小的特点。

0.2.5.2 等离子体技术

等离子体合成也称放电合成,它是利用等离子体的特殊性质进行化学合成的一种新技术。获得等离子体的方法很多,比较适用的办法是放电,如电弧放电、辉光放电、高频电感耦合放电、高频电容耦合放电、微波诱导放电等。等离子体一般分为两类,一类是高温等离子体(也称热等离子体),另一类是低温等离子体(也称冷等离子体)。等离子体技术已在冶金处理、半导体材料、合成化学、材料表面酸性和超微粒子的制备等方面取得了卓有成效的成果。这种方法具有耗能低、效率高、能级选择灵活、制得产品纯度高、产率高等特点。

0.2.5.3 激光技术

激光是一种新型光源,根据激光的方向性,可实现微区域的高温化学反应。有些化

学反应在常温下不能发生,但在激光的作用下,能在常温常压下发生,如:

$$BCl_3 + H_2S \xrightarrow{激光} BCl_2SH + HCl$$

BCl_2SH 进一步分解:

$$BCl_2SH \longrightarrow B_2S + BCl_3$$

0.2.5.4 水热与溶剂热合成法

水热与溶剂热合成是指在一定温度(100 ℃～1000 ℃)和压强(1～100 MPa)条件下,利用溶液中物质的化学反应所进行的合成。现在已在多数无机功能材料、特种组成与结构的无机化合物以及特种凝聚态材料的合成中得以应用。水热与溶剂热合成法具有如下特点:

(1)这种合成有可能代替固相反应以及难于进行的合成反应。

(2)能生成一系列特种凝聚态的物质。

(3)这种方法有利于低价态、中间价态与特殊价态化合物的生成,并能均匀地进行掺杂。

0.3 无机合成的分离、鉴定和表征

合成和分离是两个紧密相连的问题。在制备新的化合物时,实际的制备反应往往是合成和鉴定化合物的整个过程中最容易的方面,而更多的时间是花费在化合物的提纯和鉴定上,因为解决不好分离问题就无法获得满意的合成结果。总的来说,在任何合成问题中均包含各种各样的分离问题。无机材料对组成结构有特定要求,因而使用的分离方法会更多更复杂一些。因此,在无机物制备中,一方面要特别注重反应的定向性与反应原子的经济性,尽量减少副产物与废料,使反应产物的组成、结构符合合成的要求;另一方面要充分重视分离方法和技术的建立和改进。提纯技术除包括传统的常规分离方法,如重结晶、分级结晶和分级沉淀、升华、蒸馏、萃取、色层分离法(包括薄层层析分离法、柱层析分离法、离子交换层析法等)和色谱分离等外,还需采用一系列新的特种分离方法,如低温分馏、低温分级蒸发冷凝等等。

由于无机材料和化合物的合成对组成和结构有严格的要求,因而结构的鉴定和表征在无机合成中是具有指导作用的。它既包括对合成产物的结构确证,又包括对特殊材料结构中非主要组分的结构状态和物化性能的测定,为了进一步指导合成反应的定向性和选择性,还需要对合成反应过程中间产物的结构进行检测,由于无机反应的特殊性,使这类问题的解决往往很困难。除去常规的组成分析、离子的电导、熔点、磁化率、X射线衍射、质谱测定法,各类光谱如可见、紫外、红外、拉曼、顺磁、核磁旋光色散和圆二色散等,以及针对不同材料的要求,检测其相应的性能指标外,通常还需要一些特种的近代检测

方法,如俄歇电子能谱、低能电子衍射、高分辨电子显微镜等。总之,设计合适和巧妙的结构表征和研究方法,对于近代无机合成是一个很重要的方面。

综上所述,近代无机合成有了新的发展,已经应用在新的领域。无机合成已从常规经典合成进入到大量特种实验技术与方法下的合成,以至发展到开始研究特定结构和性能的无机材料的定向设计合成与仿生合成等。无机合成将随着相邻学科的发展而发展,其远景无限。

参考文献

[1] 潘春跃. 合成化学. 北京:化学工业出版社,2005

[2] 徐如人,庞文琴主编. 无机合成与制备化学. 北京:高等教育出版社,2001

[3] 徐如人主编. 无机合成化学. 北京:高等教育出版社,1991

[4] 日本化学会编. 董万堂,董绍俊译. 无机固相反应. 北京:高等教育出版社,1985

[5] 张启昆,卢峰. 现代无机化学合成. 汕头:汕头大学出版社,1995

[6] 张智敏,任建国,王自为. 无机合成化学与技术. 北京:中国建材工业出版社,2002

[7] 叶瑞仁,方永汉,陆佩文等. 无机材料物理化学. 北京:中国建材工业出版社,1986

(柴雅琴)

[上篇]

知识与训练

第1章 物质结构表征

学习目标

1. 了解多晶 X 射线衍射分析(XRD)方法及应用。
2. 了解两种常用的热分析方法——差热分析法和热重分析法的基本原理和分析方法,了解热重分析仪的基本结构。

学习指导

本章从 X 射线衍射原理和晶体的特征出发,讨论了 X 射线衍射分析方法、差热分析法及热重分析法。在本章的学习中注意原理与实例[参见基本实验23,综合实验8之实验(3)]相结合,了解 X 射线衍射分析方法、差热分析法及热重分析法在科研、生产和教学中的作用。

建议课外 6 学时。

1.1 X 射线衍射分析——粉末法

1.1.1 引言

X 射线是 1895 年由德国物理学家伦琴(W. C. Rontgen)首先发现的,由于当时对这种射线的性质不了解,故称它为 X 射线。1912 年,劳厄(M. Von Laue)等证实了 X 射线在晶体中存在衍射现象后,人们才认识到 X 射线也是电磁辐射的一种形态,其波长范围为 0.001~10 nm,这为 X 射线分析奠定了基础。

研究发现,当 X 射线照射固体之后,发生了一系列复杂的变化,一部分射线被吸收,一部分用于产生散射和 X 荧光等,还有一部分将其能量转移给晶体中的电子(图 1-1)。根据 X 射线与物质之间的相互作用所建立起来的分析方法统称为 X 射线分析方法。按

X射线与物质相互作用的机理的不同,可将X射线分析法分为X射线吸收分析法、X射线衍射分析法、X射线荧光分析法及俄歇电子能谱法等。

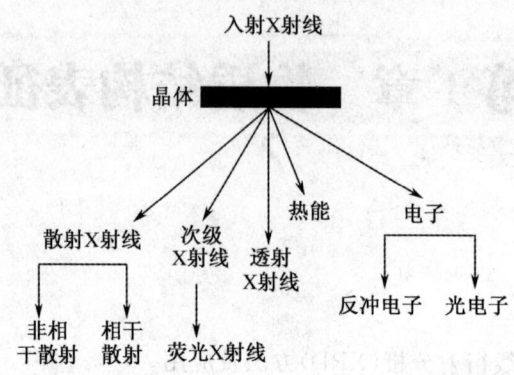

图 1-1　X 射线与物质之间的相互作用

晶体结构分析应用了光的衍射现象,X射线衍射分析开创了人类认识物质微观结构的新纪元。自1912年问世以来,X射线衍射分析法作为观察物质内部微观结构的重要手段,已在化学、物理、医药、冶金、地质、轻工、材料科学与工程等领域得到广泛的应用。特别是X射线多晶粉末衍射法在科研、生产和教学中更为常用,因为80%以上的固体化合物是以微晶形式存在,所以可以使用多晶粉末衍射法观察其内部微观结构。

1.1.2 基本原理

1.1.2.1 X 射线的产生及其特性

X射线是一种电磁波,用于测量晶体结构的X射线波长一般为 0.05～0.25 nm,与晶体的点阵面间距大致相当。由布拉格方程 $2d\sin\theta = n\lambda$ 可知,λ 小于 0.05 nm 的 X 射线,其衍射线的衍射角集中在小角度区,分辨率较差;而 λ 大于 0.25 nm 的 X 射线,易被样品和空气吸收,使衍射强度降低。

产生X射线的设备称为X射线发生器,主要由X射线管、高压变压器和控制线路组成。图1-2为X射线管的结构示意图。X射线管由一个热阴极(W丝)和金属靶材料(Cu,Fe,Cr,Mo等重金属)制成的阳极所组成,管内抽真空到 10^{-6} mmHg柱。首先加热阴极使产生热电子,再在两极之间加上几万伏的高压,电子被加速向阳极靶撞击,此时电子的运动被突然停止,电子的能量大部分变成热能(故需通入冷却水冷却金属靶),有不到1%的电功率转变成X辐射从透射窗射出。

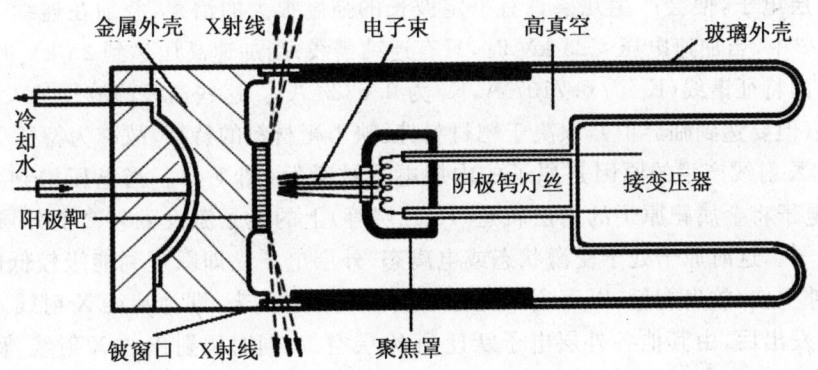

图 1-2　X 射线管示意图

X 射线管产生的 X 射线包括两个部分:一部分为波长连续的 X 射线;另一部分为具有特定波长的特征 X 射线。

(1) 连续 X 射线

在 X 射线发生器产生高压电场的作用下,X 射线管阴极发射出的电子迅速加速撞击阳极而突然减速,电子周围的电磁场发生了急剧的变化,电子动能部分变成了 X 光辐射能,产生电磁波。由于减速的情况不尽相同,其中有些电子在一次碰撞之后立即释放全部的能量而被制止,有的需要多次碰撞才能逐步丧失部分能量。对于大量电子来说,其能量损失是一个随机量,从而得到具有各种不同波长的电磁波,组成了连续 X 射线谱(图 1-3)。连续 X 射线与"靶"的材料无关,当提高电压时,连续 X 射线强度也增强。

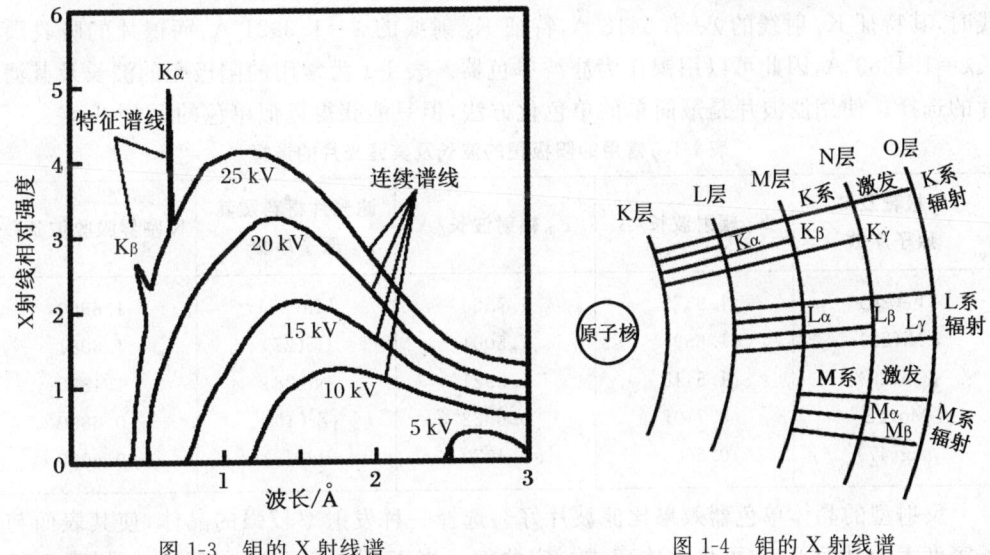

图 1-3　钼的 X 射线谱　　　　　图 1-4　钼的 X 射线谱

(2) 特征 X 射线

当加于 X 射线管的高压增加到一定的临界数值时,高速运动电子的动能足以激发靶

原子的内层电子,便会产生几条具有一定波长的强度很大的谱线,叠加在连续 X 射线谱上。图 1-3 中,当加速电压<25 kV 时,只有连续谱线;当加速高压达到 25 kV 时,就产生了两条钼的特征谱线(K_α 为 0.7107 Å,K_β 为 0.6323 Å)。这些谱线的波长与入射电子的能量无关(但要达到临界值),取决于靶材料,反映了靶材料的特征,故称为特征 X 射线。

特征 X 射线产生的原因是原子的内层电子被激发(图 1-4)。当电压增到某一临界值,高速电子将金属靶原子的内层轨道(K,L 层等)上的电子激发到较高的外层轨道,甚至打出原子。这时原子处于受激状态或电离态,外层电子立即跃迁到能级较低的内层轨道上,填补空位,放出能量,以 X 射线光量子的形式辐射出来,即为特征 X 射线。当 K 层电子被激发出后,由其他各外层电子跃迁到 K 层空位,同时辐射出的 X 射线,称为 K 系特征 X 射线,其中由 L 层跃迁到 K 层而辐射的称为 K_α 射线;由 M 层跃迁到 K 层的称为 K_β 射线;由 N 层跃到 K 层的称为 K_γ 射线等。同样,由较外层电子跃迁到 L 层、M 层和 N 层而辐射的 X 射线则分别称为 L 系、M 系、N 系特征 X 射线。特征 X 射线的单色性很好,其半峰宽度一般小于 10^{-4} nm。在 X 射线衍射实验中,最常用的是 K 系特征 X 射线。

1.1.2.2 单色器

在物相和结构分析中,只有 K 系特征 X 射线是有用的,而且通常只采用 K_α 射线,所以除了选择合适的操作条件(如管电压)外,还需要将连续谱以及 K_β 射线滤去。采用的方法主要有滤波片法和晶体单色器法。滤波片法是利用物质对射线的吸收限进行滤波,除去不需要的连续谱及 K_β 射线。滤波片材料的选择是根据阳极靶元素来确定的,一般对轻靶(原子序数小于 40),选用靶原子序数为 −1 的元素;对重靶,选用靶原子序数为 −2 的元素,其 K 吸收限波长正好在靶元素的 K_α 和 K_β 波长之间。如当使用 Cu 靶 X 射线时,其特征 K_α 射线的 $\lambda=1.5418$ Å,特征 K_β 射线的 $\lambda=1.3921$ Å,而镍片的吸收限波长 $\lambda=1.4880$ Å,因此可以用镍作为滤波单色器。表 1-1 为常用的阳极靶的波长及其滤光片的选择。使用滤波片是最简单的单色化方法,但只能获得近似单色的 X 射线。

表 1-1 常用的阳极靶的波长及其滤光片的选择

阳极靶及其 原子序数	K_α 辐射波长/Å	K_β 辐射波长/Å	滤光片材料及其 原子序数	K 临界吸收波长/Å
Fe(26)	1.9373	1.7565	Mn(25)	1.8960
Ni(28)	1.6591	1.5001	Co(27)	1.6081
Cu(29)	1.5418	1.3921	Ni(28)	1.4880
Mo(42)	0.7107	0.6322	Zr(40)	0.6890
Ag(47)	0.5609	0.4970	Pd(46)	0.5090

反射型的晶体单色器效果比滤波片好。选择一种发射率较强的晶体,使其表面与原子密度大的晶面平行,再将晶体弯成一定曲率。当 X 射线射到其表面时,同样可以得到符合布拉格反射定律的单色及其谐波的 X 射线。如欲避免谐波反射,可采用萤石的(111)面。在这种晶面上,二次谐波的反射极弱,而高次谐波可用降低管电压的办法抑制

其产生。由于晶体表面弯成一定曲率,有聚焦作用,因此可以增加单位面积上的 X 射线强度。石墨是目前已知效率最高的反射型单色器。

1.1.2.3 辐射波长的选择

利用 X 射线衍射法测定物相成分和晶体结构时,必须根据样品的化学成分,正确选择 X 射线阳极靶。通常,特征 X 射线波长要稍大于试样中各元素的 K 吸收限,使 K 系荧光 X 射线的产生几率减小。因此,靶元素的原子序数应比样品中元素的原子序数大 4 或 5 以上。常用的 X 射线阳极靶材料有铜、铁、铬和钼等。通常,波长越长,或者说 λ/d 数值越大,相邻衍射线的分辨率就越大。因此,对多相物质和结构复杂的物质进行测定时,应选用特征谱线较长的靶材料。当然,分辨率的提高将会失去部分高衍射角的衍射线。

1.1.2.4 晶体的特点

固体物质分为晶体和非晶体两大类。如果组成固体的原子(离子或分子)是按一定的方式在空间作周期性有规律的排列,隔一定距离重复出现,这样的物质叫晶体。自然界绝大多数物质为晶体,如盐、糖、水晶等。粒子在空间中不具有这种性质的物质称为非晶体,如玻璃、塑料等。

(1) 晶体的周期性

晶体结构具有周期性。晶体是由组成晶体的原子、离子或分子在三维空间作周期性重复排列构成的,晶体中周期性重复的基本内容称为结构单元。如果把晶体的结构单元抽象为几何上的一个点,我们就得到了和晶体对应的一个空间点阵。所谓点阵就是这样的一组点,连接其中任意两点而成的向量,平移该向量的整数倍时能够复原。

在晶体结构中按照点阵的基本单元,即一组平移向量划出的一个平行六面体叫空间点阵的单位。单位经平移后,把全部空间点阵点连接起来,就得到晶格,晶格将晶体划分为一个个并排堆砌、包含等同内容的基本单位,称为晶胞。晶胞用决定晶胞的三个素向量 a,b,c 来描述,它们的长度 a,b,c 和夹角 α,β,γ 决定晶胞的形状和大小,称为晶胞参数。晶胞中的原子位置用原子在三个晶轴方向的投影表示,称为分数坐标。

空间点阵可以从各个方向划分成许多组平行的平面点阵,对应于晶体就是晶面。平面点阵的交线是直线点阵,在晶体外形上表现为晶棱。

晶面在空间的方向用晶面指标来描述,它是该晶面在三个晶轴上的截数的倒数之比,必定可化为一组互质整数,将这组互质整数放在圆括号内,即用 $(h^* k^* l^*)$ 来表示晶面指标。如一平面点阵在三个坐标轴的截数分别为 3,3,5,则截数的倒数比为 $1/3:1/3:1/5 = 5:5:3$,该平面点阵的指标为(553)。对于晶体中的任一平面点阵,必定有和它平行并等间距的一簇平面点阵,这个间距就是晶面间距 $d_{h^* k^* l^*}$。

(2) 晶体的对称性

晶体具有一定的对称性,晶体的对称性可分为宏观对称性和微观对称性。晶体的宏观对称性是指把晶体当成多面体的有限图形来考虑时,它具有整齐、规则的外形,故晶体的宏观对称性也叫晶体的外形对称性。描述晶体宏观对称性的对称动作有旋转动作

$R(Q)$、反映动作(M)、反演动作(I)和旋转倒反动作,相应的对称元素为对称轴(n)、对称面(m)、对称中心(i)和反轴($\bar{n}$)。对称元素总共有8种,它们是1,2,3,4,6,$\bar{4}$,m和i。这8种对称元素共有32种组合方式,称为32点群。

按照特征对称元素,可将32点群划分为7个晶系,分别为三斜、单斜、正交、三方、四方、六方和立方晶系。

晶体的微观对称性就是晶体内部结构的对称性。除了宏观对称元素能在晶体结构中出现以外,微观对称性的对称动作还有螺旋旋转和滑移反映,相应的对称元素是螺旋轴和滑移面。由此可知,晶体的微观对称元素共有旋转轴、反轴、倒反中心、反映面、螺旋面、滑移面及点阵本身,将这些对称元素进行组合,组合的结果可以产生230种组合方式,称为230个空间群。

1.1.2.5 晶体的 X 射线衍射

X射线衍射法可以确定晶胞的两大要素:晶胞的形状和晶胞的内容。由周期性相联系的晶胞或结构基元产生的次生 X 射线之间的相互作用就是衍射,相互加强的方向称为衍射方向。对于衍射方向的测定,可得到晶胞的形状与大小的信号。由非周期性分布的原子间(晶胞内或结构基元内)次生 X 射线的干涉决定各衍射方向的衍射强度。对于各衍射方向的衍射强度的测量和分析,可得到晶胞中原子的种类、数目、排列方式及彼此之间的距离等信息。

(1) 晶体 X 衍射的方向和晶胞参数

将晶体看成由互相平行且间距相等的晶面组成,产生 X 射线衍射的条件为:① 晶面间距与辐射波长相当;② 反射中心必须空间排列高度规则。当一束平行传播的 X 射线以 θ 的衍射角入射于晶面间距为 $d_{h^*k^*l^*}$ 平面点阵后(图1-5),一部分射线从表面一层被原子以 θ 角反射,另一部分穿过表面从第二层以 θ 角反射,一些进入第三层……

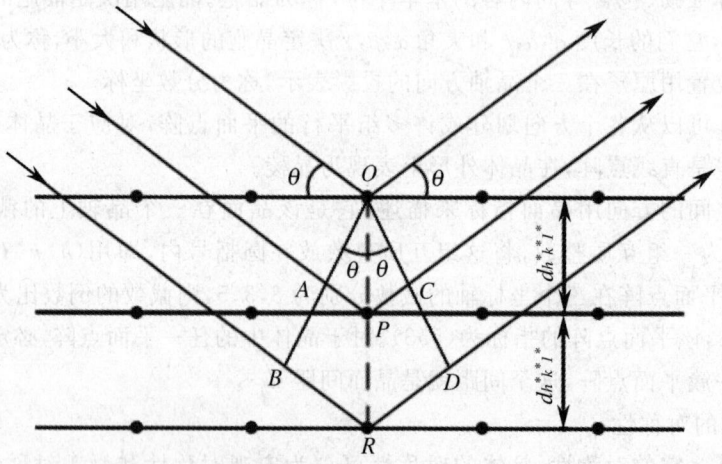

图1-5 布拉格方程的推导

辐射与位于 O,P 和 R 处的原子相互作用产生反射,如果 $AP+PC$ 为波长的整数倍,

则

$$\Delta = AP + PC = 2d_{h^*k^*l^*}\sin\theta = n\lambda \quad (n = 1,2,3,\cdots) \quad (1.1\text{-}1)$$

式中：$d_{h^*k^*l^*}$——晶面间距；θ——衍射角；n——衍射级数，$h = nh^*$，$k = nk^*$，$l = nl^*$。

式(1.1-1)就是著名的布拉格(Bragg)方程。

晶面指标为$(h^* \ k^* \ l^*)$的一组晶面，由于它和入射 X 射线取向不同，光程差也就不同，可产生一级、二级、三级 …… 衍射，衍射指标为$(h^* \ k^* \ l^*)$，$(2h^* \ 2k^* \ 2l^*)$，$(3h^* \ 3k^* \ 3l^*)\cdots$。如晶面指标为(110)这一组，可因 X 射线入射角不同，出现衍射指标为(110)，(220)，(330)… 的衍射线。

利用布拉格方程可以测定晶体中原子间的距离，进而推断晶体结构。晶面间距与晶胞参数之间存在确定的关系，因此利用布拉格方程能从衍射方向确定晶胞的形状和大小。

(2) X 射线衍射强度和晶胞中原子的分布

晶体对 X 射线在某衍射方向上的衍射图像，在衍射图上表现为分立的具有不同黑度的衍射点或衍射线，或者是不同峰高或峰面积的衍射峰。其衍射强度与衍射方向 hkl 以及晶胞中原子的种类与分布有关，这些因素与衍射强度的关系集中反映在结构因子 F_{hkl} 的表达式中，即

$$F_{hkl} = \sum_{i=1}^{n} f_i \exp[i2\pi(hx_i + ky_i + lz_i)] \quad (1.1\text{-}2)$$

衍射方向为 hkl 的衍射强度 I_{hkl} 正比于 $|F_{hkl}|^2$：

$$I_{hkl} = K |F_{hkl}|^2 \quad (1.1\text{-}3)$$

式中：K 为比例常数，与入射 X 光的强度、晶体的大小、实验温度等因素有关；$|F_{hkl}|$ 为结构振幅。

根据衍射强度的数据，在确定各衍射点、线、峰的衍射方向 hkl 值后，可得到晶胞中原子的种类、数目以及分布信息。

1.1.3 X射线衍射分析法

根据待测样品是多晶(粉末)还是单晶，可将 X 射线衍射分析法分为粉末衍射法和单晶衍射法。根据记录衍射强度的方式不同，可分为照相法和衍射仪法。

1.1.3.1 粉末衍射法

使用单色 X 射线与晶体粉末或多晶样品进行衍射分析称为 X 射线粉末衍射法或 X 射线多晶衍射法。此法是由瑞士人 Debye 和 Scherrer 在 1916 年首先提出，翌年，美国人 Hull 也独立提出了这一方法。粉末衍射法的样品可以是粉末或各种形式的多晶聚集体，可使用的样品面很宽。

(1) 照相法

常用的照相法称为德拜-谢乐(Debye-Scherrer)法。先把样品研碎或锉碎到 200 目左右，装入薄壁玻璃毛细管中，一般内径应在 0.3 mm 左右。

相机为金属圆筒,内径 57.3 mm,感光胶片紧贴内壁放置。圆筒中心轴有样品夹头,可绕中心轴旋转,样品固定在样品夹上,用单色 X 射线照射样品,在一定的电压和电流的操作条件下曝光数小时,将底片进行显影和定影后,就可得到粉末衍射图(图 1-6)。

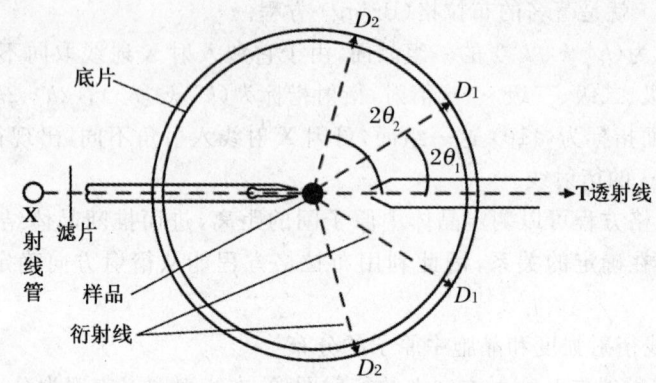

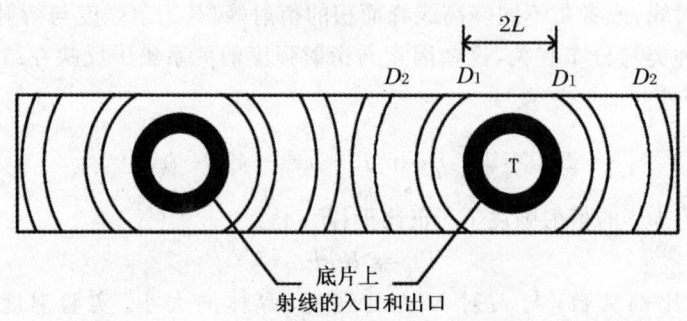

图 1-6　粉末照相法示意图及粉末图

衍射图中某一对衍射线的间距为 $2L$,与 θ 的关系是:

$$4\theta = \frac{2L}{R}(弧度) = 180 \times \frac{2L}{\pi R}(度) \tag{1.1-4}$$

又因 $2R=57.3$ mm,故 $\theta=L$,L 的单位为 mm,θ 的单位为度。由实验测量得 L 值,即可计算 θ 值,代入布拉格方程,可计算出晶面的间距 d。

德拜-谢乐法的优点是所需样品少,有时只要 0.1 mg,收集的衍射数据完全,仪器设备简单,操作比较简便。

(2)衍射仪法

现代的粉末 X 射线仪,可以记录粉末衍射线的衍射角和衍射强度,并配有计算机系统作为仪器的操作控制和数据处理,其组成大致分为四部分:产生 X 射线的 X 射线发生器;测量角度的测角仪;测量 X 射线强度的探测装置;控制仪器和数据处理用的计算机系统(图 1-7)。

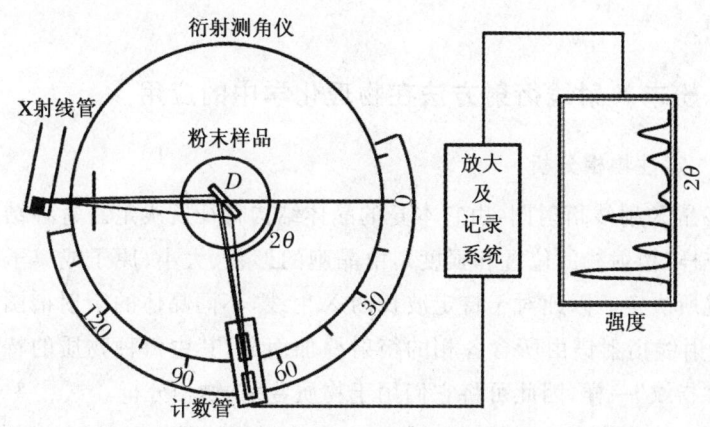

图 1-7 粉末 X 射线衍射仪原理示意图

实验时,将样品磨细(粒度 200 目)后装入样品槽压实,并使样品表面平整,然后放置在测角仪的测角器中心样品台上。测量时,样品绕测角仪中心轴转动,不断地改变入射线与试样表面的夹角 θ。计数器始终对准中心,沿着测角仪圆移动,接收各衍射角 2θ 所对应的衍射强度。计算机同步地把各衍射线的强度记录下来。在所得的衍射图中,横坐标代表衍射角 2θ,纵坐标表示衍射强度的相对大小。根据图中峰的位置,读出它的衍射角,进一步计算出晶面间距的数值,各个衍射的强度与衍射峰所占面积成比例,可由峰面积求出其强度。

衍射法和照相法相比具有不少优点,测角仪的直径比粉末照相机直径大,准确度高,衍射线分辨能力较强,操作也较方便,不需要装胶片、显影、定影,可以测定各个衍射的强度,适用于了解某些物质连续相变过程,但衍射仪价格高,对高压和电流稳定性要求高。

1.1.3.2 单晶衍射法

单晶衍射法首先要培养并选择合适的单晶。单晶样品大小要合适。不同晶体的吸收系数相差很大,一般有机物晶体吸收较小,可选大一些的单晶,用 0.3～0.7 mm;含重原子的晶体吸收很大,可选小一些的晶体,约 0.2 mm;蛋白质晶体衍射能力低,宜选 1～1.5 mm 的大晶体。单晶各个方向上的尺寸尽可能相近,形状以球形或圆柱形为好。单晶样品要在显微镜下做选择,选晶面光洁、不附着杂质和小晶体、没有裂缝的晶体。

所谓 X 射线单晶衍射法是将一束平行的单色 X 射线投射到一颗小单晶上,由于 X 射线和单晶发生相互作用,会在空间偏离入射的某些方向上产生衍射线。晶体结构不同,衍射的方向和强度也不同,衍射方向和强度中蕴含着丰富的结构信息,因而由它们可以演绎出产生衍射的单晶的原来结构。

目前常用四圆衍射仪完成单晶结构分析。四圆衍射仪的装置可参看有关文献。

由四圆衍射仪可测定晶胞的大小、形状以及原子的种类、数目和分布,进而计算键长、键角、扭角等,并且绘制晶体的空间结构模型图、原子在晶胞中分布以及晶胞中电子

密度的分布图。

1.1.4 粉末X射线衍射方法在物理化学中的应用

1.1.4.1 定性物相分析

物质的多晶X射线衍射图,由它本身的晶体结构特征所决定。每种结晶物质都有其特有的衍射花样(衍射线的位置和强度),由晶胞的形状、大小、原子或离子的种类及其在晶胞中的位置所决定。因此对于特定波长的X射线,不同晶体的衍射谱图不同。对于多相样品,其X射线衍射谱由所含各相的衍射叠加而成,其中每种物质的特有衍射花样保持不变,就如"指纹"一样,因此可将它们用于物质鉴别、物相分析。

物相分析方法是将实验测得的一系列 d_i 和 I_i(衍射花样)与已知的数据做比较,因此需要收集大量的已知物质的粉末衍射图谱。早在1983年,Hanawalt J D 和 Rinn H W 等人就发起以 d-I 数据组代替衍射花样,制备衍射数据卡片(Powder Diffraction Data,简称PDF卡)。卡片中数据以一定的格式填入,分组编号。1941年美国材料试验协会(American Society for Testing and Materials,ASTM)重印这些卡片并出版了第一集PDF卡,至今已出版了52集,超过 250 000 种衍射花样。现在,收集、出版X射线粉末衍射图谱的工作由美国材料与试验协会和结晶学、陶瓷、矿物等学会以及英国、加拿大、法国的有关学会共同组成的一个粉末衍射标准联合会——国际衍射数据中心(Joint Committee on Powder Diffraction Standards—International Center for Diffraction Data,简称JCPDS-ICDD)进行。自1965年以来,每年都有约2000个新的衍射花样加到PDF中,近5年来增加幅度大大加快,特别是近年来每年发行的PDF几乎等于过去几十年的总和。随着PDF卡的数量日益增加,人工检索愈加困难。计算机的发展、引入使得这个问题得以解决。1963年开始出版发行PDF数据库磁带,可以使用计算机进行检索。现在已将所有的PDF卡数字化,而且从1987年起ICDD已不再出版印刷PDF卡片,而是出版发行CD光盘PDF数据库和建立在线数据库,人们可以使用计算机进行在线或CD光盘检索。

(1)X射线粉末衍射卡片说明

PDF除 d,I 和密勒指数 hkl 外,还包括一些其他数据。早期PDF卡片印刷在一张7.6 cm×12.7 cm的卡片上,至今PDF的格式、所包括的内容信息均有不少变化。为了便于说明,可将PDF卡片(如基本实验2,3表Ⅰ-4)分为10个区,并对各区所含的内容和信息分别加以介绍。

(2)PDF卡片索引简介

PDF卡片数量巨大,为了满足检索卡片的需要,粉末衍射标准联合会发行了一套索引书,适用于不同目的的多种索引,以便迅速查到所需的卡片。主要分为英文字母顺序索引和数字索引两大类。

①英文字母顺序索引

英文字母顺序索引是按照物质的英文名称的第一个字母的顺序排列的。当已知物质名称或分子式时可根据这类索引查找它的 PDF。字母顺序索引按物质分类的不同分为 4 种：即无机物名称索引、矿物名称索引、有机物名称索引和有机物分子式索引。

在该索引中，列出了物质的英文名称、化学式、三条最强线的 d 值及相对强度和物质的卡片编号。相对强度采用十级制，标于 d 值右下方。最强线用 "x" 表示，若有特别强的线，则用 "g" 表示。例如：

名称	化学式	三条最强线的 d 值	卡片编号
Chloride Sodium	NaCl	2.82_x 1.99_6 1.63_2	5—628

如果事先可通过其他途径查到或估计出试样中可能包含的物相，那么用 X 射线物相分析就可以最终确定；或者分析试样的目的只是要求确定其中有无某种物相存在，此时就可利用英文字母顺序索引。按试样中所可能包含的物相，根据它们的英文名称，从字母顺序索引中找到它们的卡片编号，然后找出卡片；将试样衍射数据与卡片上的衍射数据一一对比，若试样与某张卡片上的衍射数据很好符合，即可确定该试样中含有此卡片上所载的物相。

②数字索引

当被测物质的化学成分和名称完全未知时，必须利用此类索引。数字索引按各物质粉末衍射图中最强线的 d 值由大到小排列，用衍射数据确定样品物相。数字索引又分为 Hanawalt 和 Fink 两种方法。

（ⅰ）Hanawalt 索引

此索引中将每一物质的标准衍射花样中 8 根强线的 d 值（在 $2\theta<90°$ 的范围内选取），按照相对强度递减的顺序排列成一行。每个 d 值右下角附有相对强度的脚注。其中 x 为最强线，其他系以此线为 10 的相对强度。在 8 个 d 值数据后面列有该物质的化学式及卡片编号。例如：

4.05_x　2.49_2　2.84_1　3.14_1　1.87_1　2.47_1　2.12_1　1.93_1　SiO_2　11—695

全部数据按第一个 d 值的大小分成区，区的界限在每一区的开始处和每一页的顶端标明。在一个区中按第二个 d 值的大小顺序排列，这样就将一个区按第二个 d 值的大小分成许多段。每一段是指第二个 d 值相同，按第一个 d 值由大到小排列的若干行。

在实际编排时，为查找方便，每张卡片上的 3 条强线的 d 值分别归入相应的 3 个大组，这样可使每张卡片在索引中出现 3 次。

当对所测试样的物相组成完全不知道时，可以利用数字索引，具体方法如下：

首先，从试样的衍射图谱的 "$d/n\sim I$" 数据中按强度次序抽出 3～8 条强线的面间距 $d_1\sim d_8$。

其次，根据最强线条的面间距 d_1，在数字索引上找到所属的哈那瓦特大组，根据 d_2 大致判断试样可能是哪些物质，再根据 $d_3,d_4,\cdots$ 进一步确定可能是什么物质。若 $d_1,d_2,d_3,\cdots$ 及相对强度次序与索引上列出的某一物质的数据基本一致，可初步确定试样的确

含有该种物质。记下该物质的卡片号。

第三，按索引上列出的卡片号找出卡片。将卡片上全部线条的"$d \sim I/I_1$"值与试样的"$d/n \sim I$(或 I/I_1)"值对比。如果完全符合，则可以最后确定试样即是卡片上所载的物质。

应当注意：(a)在将试样的"$d/n \sim I$"与卡片上的"$d \sim I/I_1$"对比时，必须有"整体"观念，因为并不是一条衍射线代表一个物相，而是一整套特定的"$d/n \sim I/I_1$"才代表某一个特定的物相。因此，若有一条强线对不上，即可以否定。(b)对 d 值精确度的要求应该比较严格，对于普通物相分析，小数点后第二位上允许有些误差(± 0.02)，有时由于实验上的原因(例如，用衍射仪记录时，起始位置 2θ 的标度与实际起始位置的 2θ 数值有偏离)引起 2θ 系统偏离，应进行修正。(c)对于强度 I 或 I/I_1，由于实验条件上的种种原因，会有些出入，有时还会有较大的出入(例如，摄谱方法与条件不同。PDF 卡片上的数据通常是由照相法得到的，与衍射仪法所得的数据会有不同。此外，在衍射仪法中，若样品磨得不细，会产生一定程度的择优取向等)。因此，最强线、次强线、再次强线的次序可能有颠倒，但一般说来，强线还应该是强的，弱线还应该是弱的，某些强度弱的衍射线也可能没有出现。

(ⅱ) Fink 索引

由于 Hanawalt 索引依赖于强度数据，而强度数据的误差较大，给运用 Hanawalt 索引进行检索造成很大麻烦。1963 年又创立了一套 Fink 索引。它采用每一物质的标准衍射花样中 8 根最强线的 d 值作为该物质的指标，按它们的数值大小，不考虑它们的强弱，进行排列。若 $d_1 > d_2 > d_3 > d_4 > d_5 > d_6 > d_7 > d_8$，则可循环排成 8 行，按第一个 d 值大小的不同，该物质将出现在索引中八个不同的地方。与 Hanawalt 索引一样，全部索引也按各行第一个 d 值的大小分区，在一个区的内部是按第二个 d 值的递减排列。每一行中，在 8 个 d 值后列出了该物质的化学名称或矿物名称以及卡片编号。

Fink 索引的使用方法是：

首先，在样品的衍射数据中挑选 8 根最强线，按其 d 值的递减顺序排列，再循环排列成 8 行。

其次，在索引行中按第一个 d 值的大小找到所属区，按第二个 d 值的大小找到所属段。逐个核对 8 个 d 值，如吻合良好，按卡片编号找出相应卡片编号，核对所有 d 值和相对强度值，作出判断。

运用数字索引对混合物的检索过程较为复杂，当检出一个物相后，再鉴定另一物相时，首先应在原始的衍射数据中扣除第一物相的数据，然后再核查第二物相，特别要注意不同物相的衍射线的重叠，直至全部原始衍射数据得到解释为止。

(3) 定性物相分析方法

首先用衍射仪方法或照相法测定样品的粉末样品的衍射图谱，再计算各衍射线对应的 d 值，测量各线条的相对强度，按 d 值顺序列成表格。当已知被测样品只要化学成分时,利用英文字母顺序索引查找卡片。在包含主元素的各物质中找出三强线相符的卡片编号,取出卡片,核对全部衍射线,如果符合,便可定性。

在样品组成元素未知的情况下,可利用数字索引进行分析。首先注意样品归属为无机物或有机物,再在 $2\theta<90°$ 的衍射线中选取 3~4 根最强线,可分别按前述方法用 Hanawalt 和 Fink 索引分组查找。若数据相符合则按编号取出卡片。对比被测物和卡片上的全部 d 值和 I/I_1 值。若 d 值在误差范围内,强度基本相当,则可认为定性完成。

上面讲的是单个物相分析,用 PDF 卡片容易进行。对混合物的物相分析则要困难一些,尤其当混合物是由两个以上物相组成时,情况就更为复杂。因为各个物相的衍射线条是同时出现在试样的衍射图上,衍射线条有可能相互重叠,所以混合物试样衍射图上的最强线可能并非是单相物质的最强线,而是某些次强线叠加的结果,其他衍射线的强度次序也可能发生变化。因此,当以图谱上最强线作为某物相的最强线而找不到任何对应卡片时,就应重新假定试样图谱上次强线为某物相的最强线,而选其他强线作为此物相的次强线和再次强线,重新从数字索引中寻找所对应的卡片。当物相 A 被确定后,把与物相 A 相应的衍射线挑出或做上记号,再对试样衍射图谱上的其余线条重复上述操作,直至逐步确定出混合物试样中其他各个物相,使试样衍射图谱上的各条衍射线都有着落。对混合物试样分析最好能配合化学元素分析或其他检测方法,先了解试样的情况,可以少走弯路。

(4)计算机检索简介

将 PDF 资料输入数据库,并编成正反两个文件包。正文件以 PDF 为索引,内容包括各卡片的编号、化学式、主元素(原子序数大于 10 的元素以及硼和氮)、三强线、物质类型以及每一谱线的面间距、相对强度和密勒指数。反文件则以 d 值为索引,存放具有某一晶面间距的全部卡片的编号。未知物分析要用反文件查找,再通过正文件核对、筛选。计算机程序可计算各检出相在实验谱中分配到的强度及剩余的强度,根据这些数据可以辅助判断漏检和误检,也可有助于混合物分析。

目前很多衍射仪都配有计算机、粉末衍射数据库和相应程序,能够迅速地进行物相分析。

1.1.4.2 衍射图的指标化

晶体上每个晶面在三晶轴上的截数之倒数成简单的互质整数比,通常称晶面指数 hkl。在 X 射线结构分析中利用粉末衍射图确定各衍射点、线、峰的 hkl 值的过程称为指标化。指标化结果可以用于确定晶体所属晶系。以下着重介绍立方晶系样品的指标化工作。

立方晶系其晶胞的三边等长,夹角均为 90°。通过解析几何可以证明,晶面间距 d 与边长 a_0 之间有下列关系:

$$d = \frac{a_0}{\sqrt{h^2 + k^2 + l^2}} \tag{1.1-5}$$

代入布拉格方程可得：

$$\sin^2\theta = \frac{\lambda^2}{4a_0^2}(h^2+k^2+l^2) \qquad (1.1\text{-}6)$$

由一个物相产生的同一张粉末 X 射线谱图上，$\frac{\lambda^2}{4a_0^2}$ 为一常数，其布拉格角 θ 正弦的平方比可化为一系列整数之比。但对于各种点阵类型的晶体，由于结构因素的作用，引起系统消光，所以能产生衍射的晶面指数就会不同。晶体结构如果是带心的点阵型式，或存在滑移面与螺旋轴时，往往按布拉格方程应该产生的一部分衍射成群地消失，这种现象称为系统消失。各种点阵类型的系统消失条件如表 1-2 所示：

表 1-2　各种点阵的系统消失条件

点阵	消失条件
体心	$h+k+l=$ 奇数
面心	h,k,l 奇偶混杂者
A 面带心	$k+l=$ 奇数
B 面带心	$h+l=$ 奇数
C 面带心	$h+k=$ 奇数

根据系统消失光现象可以确定晶体点阵型式和相应的空间群。

属于立方晶系的晶体有三种点阵型式：简单立方（以 P 表示）、体心立方（以 I 表示）和面心立方（以 F 表示）。它们可以由 X 射线粉末图来鉴别。

从(1.1-6)式可见，$\sin^2\theta$ 与 $(h^2+k^2+l^2)$ 成正比。三个整数的平方和只能等于 1,2,3,4,5,6,8,9,10,11,12,13,14,16,17,18,19,20,21,22,24,25,…，因此，对于简单立方点阵，各衍射线相应的 $\sin^2\theta$ 之比为：

$\sin^2\theta_1:\sin^2\theta_2:\sin^2\theta_3\cdots = 1:2:3:4:5:6:8:9:10:11:12:13:14:16:\cdots$

对于体心立方点阵，由于系统消光的原因，所有 $(h^2+k^2+l^2)$ 为奇数的衍射线都不会出现，因此，体心立方点阵各衍射线 $\sin^2\theta$ 之比为：

$\sin^2\theta_1:\sin^2\theta_2:\sin^2\theta_3\cdots = 2:4:6:8:10:12:14:16:18:20:\cdots$
$= 1:2:3:4:5:6:7:8:9:10:\cdots$

对于面心立方点阵，也由于系统消光原因，各衍射线 $\sin^2\theta$ 之比为：

$\sin^2\theta_1:\sin^2\theta_2:\sin^2\theta_3\cdots = 1:1.33:2.67:3.67:4:5.33:6.33:6.67:8:\cdots$
$= 3:4:8:11:12:16:19:20:24:\cdots$

从以上 $\sin^2\theta$ 比可以看到，简单立方和体心立方的差别在于前者无"7"，"15"，"23"等衍射线，而面心立方则具有明显的二密一稀分布的衍射线。因此，根据立方晶体衍射线 $\sin^2\theta$ 之比可以鉴定立方晶体所属的点阵型式，进而推得相应的指数 hkl。如果在检测的误差范围内没能找到整数互质序列，则该结晶物质可能属于其他晶系。表 1-3 列出立方点阵三种型式的衍射指标及其平方和。

表 1-3　立方晶系的衍射指标及其平方和

$h^2+k^2+l^2$	hkl 简单(P)	hkl 体心(I)	hkl 面心(F)	$h^2+k^2+l^2$	hkl 简单(P)	hkl 体心(I)	hkl 面心(F)
1	100			14	321	321	
2	110	110		15			
3	111		111	16	400	400	400
4	200	200	200	17	410,322		
5	210			18	411,330	411,330	
6	211	211		19	331		331
7				20	420	420	420
8	220	220	220	21	421		
9	300,211			22	332	332	
10	310	310		23			
11	311		311	24	422	422	422
12	222	222	222	25	500,430		
13	320			…			

非立方晶系有两个或两个以上不相等的点阵常数,这使得指标化变得复杂。下面列出四方、正交和六方三种晶系的晶面间距与晶胞参数之间的关系式:

四方晶系
$$\frac{1}{d^2}=\frac{h^2+k^2}{a_0^2}+\frac{l^2}{c_0^2} \qquad (1.1\text{-}7)$$

正交晶系
$$\frac{1}{d^2}=\frac{h^2}{a_0^2}+\frac{k^2}{b_0^2}+\frac{l^2}{c_0^2} \qquad (1.1\text{-}8)$$

六方晶系
$$\frac{1}{d^2}=\frac{4}{3}\cdot\frac{(h^2+k^2+l^2)}{a_0^2}+\frac{l^2}{c_0^2} \qquad (1.1\text{-}9)$$

根据上述关系,利用赫尔-戴维(Hull-Davey)创立的图解法可以获得其密勒(Miller)指数,详见有关著作。

1.1.4.3　立方晶系样品参数的测定

(1) 晶胞点阵常数 a_0 和晶胞体积 V_c

已知入射 X 射线波长及密勒指数,根据式(1.1-6)可以容易计算得到 a_0,其三次方即为晶胞的体积 V_c。

为了减少测量误差,可以选取若干条 θ 角较大的衍射线进行计算,取其平均值。

(2) 晶胞中含有的分子数 Z

$$Z=\frac{V_c DL}{M} \qquad (1.1\text{-}10)$$

式中,V_c 为晶胞体积,D 为晶体密度,M 为物质的摩尔质量,L 为阿伏加德罗常数。

例如,已测知镍的 $a_0=0.35238$ nm,则 $V_c=43.756\times10^{-24}$ cm^3,$D=8.907$ g·cm^{-3},$M=58.69$ g·mol^{-1},可求得 $Z\approx4$(整数)。

(3) 晶体密度 D_x

在空间结构确定的情况下，单位晶胞所含"分子"数 Z 已知，则可以利用上述关系式求得晶体密度，即 PDF 中的 D_x。

1.1.4.4 粉末样品晶体粒度和比表面积的测定

无论以照相法或衍射仪法获得的衍射图，其衍射"线"都有一定宽度。这一现象既与 X 射线光源波长分布和发散度、狭缝记忆及其仪器的其他因素有关，也与样品的晶粒大小有关。前者总称为几何宽化，后者则称为物理宽化。当晶粒小于 0.1 μm 时，衍射线将弥散宽化。晶粒越小，衍射线越宽。而对同一样品来说，宽化程度将随衍射角 2θ 的增大而更加明显。

(1) 晶体平均粒度

多晶实际上是由一些细小的单晶紧密聚集而成的二次聚集态，而每一个细小单晶则称为一次聚集态。通常所指的平均晶粒度是指一次聚集态在某一晶面上的法线方向上的平均厚度 δ_{hkl}。它与衍射线宽度的增加值 β_{hkl} 之间的关系可用拜德-谢乐公式表示：

$$\delta_{hkl} = \frac{K\lambda}{\beta_{hkl}\cos\theta} \tag{1.1-11}$$

式中：β_{hkl} 以弧度表示，K 为与晶体形状有关的常数，通常取值为 0.89，也可近似地取为 1。为减少误差，通常用衍射仪在某一衍射角范围内以慢速扫描得到一个加宽了的衍射峰；另以晶粒大于 10^{-3} cm 的不弥散的标准试样晶体，测得它在相同操作条件下的谱线宽度作为仪器的几何宽化值，两者之差即为样品的粒度宽化 β_{hkl}。选用标准试样的衍射角应尽可能与待测样品的衍射角相近。这样，由式(1.1-11)就可求出晶粒在这一方向的"粒度"大小。

(2) 立方晶系粉末样品的比表面积

设晶粒为正立方体，根据晶体密度或 D_x 可求得晶体的比表面积 A。

$$A = \frac{6\delta_{hkl}^2}{D_x \cdot \delta_{hkl}^3} = \frac{6}{D_x \cdot \delta_{hkl}} \tag{1.1-12}$$

1.1.4.5 晶体结构的推定

利用四圆衍射仪，可以用单晶对晶体结构进行精确的测定。但对于那些难以获得单晶的样品，特别是对于较低晶系的样品来说，粉末衍射法仍是测定晶体结构的重要方法和主要手段。如表1-3所示，在晶体的 X 射线衍射图中，往往有许多衍射有规律地不出现，即称为系统消光。系统消光是晶体结构中微观对称性的反映。例如带心格子和含有平移动作微观对称元素可使某些衍射点的结构振幅 $|F_{hkl}|$ 有规律地等于零。例如在面心结构的晶体衍射图中，衍射指数 hkl 三者为奇偶混合时，其晶面的衍射线并不出现。因此，可以根据晶体的系统消光规律，判断晶体所属的空间格子及所含微观元素，它对于确立晶体的对称性有重要作用。

根据法国晶体学家布喇菲(A. Bravais)所论证,晶体的阵胞有 14 种空间格子(称为 14 种布喇菲点阵),这 14 种布喇菲点阵与晶体微观对称元素的合理组合得到的微观对称元素系称为空间群。有 230 个空间群对应于 32 个点群。通过系统消光确定空间群,以及每一空间群所包含的对称元素可参阅有关资料。有些消光规律只能确定该晶体属于哪两、三个空间群,还需要利用衍射强度的统计规律以及晶体的其他性质来进一步确定。例如,由于两种或更多原子之间的相互干涉,某些衍射线强度改变甚至消失的现在则需要应用其他手段予以修正。

测定一个未知结构的晶体所属的空间群,不仅可以全面地了解晶体的对称性,而且也才有可能确定原子在晶胞中的位置。晶胞中原子的坐标参数一经确定,根据假设的结构模型就能计算原子间距离、成键原子间的键长和键角以及平面间交角等结构参数。

1.1.4.6 定量相分析

一般的定量分析方法,可以精确地测定样品的元素组成,可是难以确定样品中各物相的元素组成以及各相的含量。粉末 X 射线衍射图中,衍射线的强度与它本身的含量有关。根据各种物相的 X 射线的强度可以对混合物中多种晶相的相对含量进行测定。盖革计数器的出现,使得粉末 X 射线衍射线的定量相分析的精确度及测量速度都大为提高。

对单相物质而言,晶体 X 射线衍射强度 I 可用下面的关系式表示:

$$I = I_0 \cdot \left(\frac{e^4}{m^2 c^4}\right) \cdot \frac{(1+\cos^2 2\theta)}{2} \cdot \frac{\lambda^3}{16\pi R^2 \sin^2\theta \cos\theta} \cdot \frac{|F_{hkl}|^2}{V_c} \cdot D_t \cdot V \quad (1.1\text{-}13)$$

式中,I_0 为入射 X 射线强度,e,m,c 分别为电子的电荷、质量以及光速,第 3 项称极化因子,R 为照相机或衍射仪测角台半径,$(\sin^2\theta\cos\theta)^{-1}$ 为洛仑兹(Lorentz)因子,D_t 为温度因子,V 为参加衍射的粉末样品总体积。

对于多相物质,参加衍射物质中的各个相对 X 射线的吸收各不相同。若它的某一组成物相 I 的质量分数为 w_i,某一 hkl 的衍射强度为 I_i,纯 I 相 hkl 衍射的强度为 I_i^0,考虑样品的吸收,可得:

$$I_i = I_i^0 w_i \left(\frac{\mu_i}{\bar{\mu}}\right) \quad (1.1\text{-}14)$$

式中 μ_i 为物相 i 的质量吸收系数,$\bar{\mu}$ 为样品的平均质量吸收系数 $(\bar{\mu} = \sum_j w_j \mu_j)$。由已知成分比例的工作曲线求出 $\frac{\mu_i}{\bar{\mu}}$,即可根据某一衍射线的 I_i 和 I_i^0 值,由公式(1.1-14)计算出 I 相的质量分数 w_i。

1.2 差热分析

物质在受热过程中要发生各种物理、化学变化,可用各种热分析方法跟踪这种变化。其中以差热分析(Differential Thermal Analysis,简称 DTA)和热重分析(Thermogravimetric Analysis,简称 TGA)的历史最长,使用也最广泛;微分热重分析(DTGA)和差示扫描置热法(DSC)近年来也得到较迅速的发展。本节和下一节分别简单介绍 DTA 和 TGA 的基本原理和技术。

1.2.1 DTA 的基本原理

差热分析就是在程序控温下,测量试样和参比物(一种在测量温度范围内不发生任何热效应的物质)的温度差与温度关系的技术,是通过温差测量来确定物质的物理化学性质的一种热分析方法。

许多物质在受热或冷却过程中,当达到某一温度时,往往会发生熔化、凝固、晶型转变、分解、化合、吸附、脱附等物理或化学变化,并伴随体系焓的改变,因而产生热效应。其表现为物质与环境(样品与参比物)之间有温度差。选择一种对热稳定的物质作为参比物,将其与样品一起置于可按设定速率升温或降温的电炉中。分别记录参比物的温度以及样品与参比间的温度差随时间的变化,以时间为横坐标作图就可以得到一条差热分析曲线(DTA 曲线),或称差热谱图。图 1-8 即为一张理想条件下的差热图。

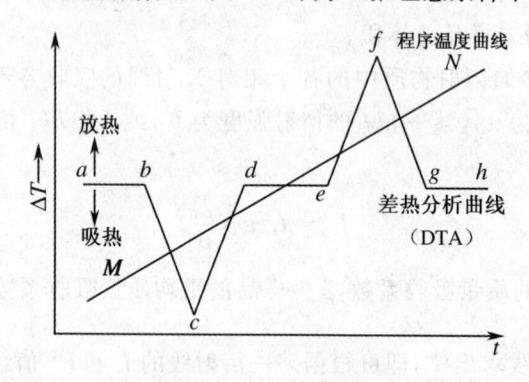

图 1-8 典型的差热图

在差热图中有两条曲线,其中曲线 MN 为温度曲线,它表明参比物(或其他参考点)温度随时间的变化情况,曲线 ah 为差热曲线,它反映样品与参比间的温度差 ΔT 与时间的关系。

图 1-8 中,与时间轴 t 平行的线段 ab,de 表明样品与参比物间温差为零或恒为常数,

称为基数。bc,cd 段组成一差热峰,一般规定放热峰为正峰,此时样品的焓变小于零,温度高于参比物;吸热峰则出现在基线的另一侧,称为负峰或吸热峰。

在实际测定中,由于样品与参比物间往往存在着比热、导热系数、粒度、装填疏密度等方面的差异,再加上样品在测定过程中可能发生收缩或膨胀,差热曲线就会产生漂移,其基线不再平行于时间轴,峰的前后基线也不在一条直线上,差热峰可能比较平坦,使 b,c,d 三个转折点不明显,这时可以通过作切线的方法来确定转折点,进而确定峰的面积。

从差热图上可清晰地看到差热峰的数目、位置、方向、宽度、高度、对称性以及峰面积等。峰的数目表示物质发生物理、化学变化的次数;峰的位置表示物质发生变化的转化温度;峰的方向表明体系发生热效应的正负性;峰面积说明热效应的大小——相同条件下,峰面积大的表示热效应也大。在相同的测定条件下,许多物质的热谱图具有特征性,即一定的物质就有一定的差热峰的数目、位置、方向、峰温等,所以可通过与已知的热谱图的比较来鉴别样品的种类以及相变温度、热效应等物理化学性质。因此,差热分析广泛应用于化学、化工、冶金、陶瓷、地质和金属材料等领域的科研和生产部门。理论上讲,可通过峰面积的测量对物质进行定量分析。

1.2.2 差热分析仪

差热分析仪的简单装置原理如图 1-9 所示。它包括带有控温装置的加热炉、放置样品和参比物的坩埚、用以盛放坩埚并使其温度均匀的保持器、测温热电偶、差热信号放大器和信号接收系统(记录仪或微机等)。差热图的绘制是通过两支型号相同的热电偶,分别插入样品和参比物中,并将其相同端连接在一起(即并联,见图 1-9)。A,B 两端引入记录笔 1,记录炉温信号。若加热炉等速升温,则笔 1 记录下一条倾斜直线,如图 1-8 中 MN;A,C 端引入记录笔 2,记录差热信号。若样品不发生任何变化,样品和参比物的温度相同,两支热电偶产生的热电势大小相等,方向相反,所以 $\Delta U_{AC} = 0$,笔 2 划出一条垂直直线,如图 1-8 中 ab,de,gh 段,是平直的基线;反之,样品发生

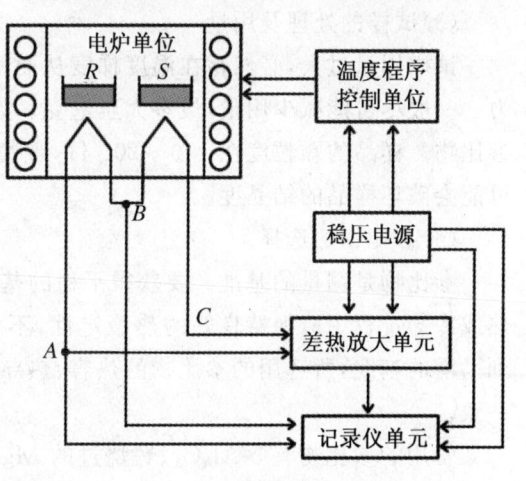

图 1-9 差热分析仪原理示意图

物理、化学变化时,$\Delta U_{AC} \neq 0$,笔 2 发生左右偏移(视热效应正、负而异),记录下差热峰如图 1-8 中 bcd,efg 所示。两支笔记录的时间-温度(温差)图就称为差热图,或称为热谱图。

1.2.3 影响 DTA 曲线的因素

差热分析操作简单,在完全相同的条件下,大部分物质的差热分析曲线具有特征性,因此就有可能通过与已知物图谱的比较来对样品进行鉴别。但在实际工作中,往往发现同一试样在不同仪器上测量,或不同的人在同一仪器上测量,所得的差热曲线结果有差异。峰的最高温度、形状、面积和峰值大小都会发生一定变化。其主要原因是因为与热量有关的因素较多,传热情况复杂所造成的。一般来说,一是仪器,二是样品。虽然影响因素很多,但只要严格控制实验条件,仍可得较好的重现性,一般可以从以下几方面加以考虑。

(1)气氛和压力的选择

气氛和压力可以影响样品化学反应或物理变化的平衡温度、峰形。因此,必须根据样品的性质选择适当的气氛和压力。有的样品易氧化,可以通入 N_2,He 等惰性气体。

(2)升温速率的影响和选择

升温速率对测定结果的影响特别明显。升温速率不仅影响峰的位置,而且还影响峰面积的大小,一般来说,在较快的升温速率下峰面积变大,峰变尖锐。但是快的升温速率使试样分解偏离平衡条件的程度也大,因而易使基线漂移,更可能导致相邻两个峰重叠,分辨力下降。较慢的升温速率,基线漂移小,使体系接近平衡条件,得到宽而浅的峰,也能使相邻峰更好地分离,因而分辨力高,但测定时间长,需要仪器的灵敏度高。一般情况下选择 8 ℃~12 ℃为宜。

(3)试样的处理及用量

试样用量过大,必然存在温度梯度从而使峰形变宽,甚至导致相邻峰重叠,降低分辨力。一般尽可能减少用量,最多大至毫克。如果样品量过少,或易烧结,可掺入一定量的参比物。样品的颗粒度在 100~200 目,颗粒小可以减少死空间、改善导热条件,但太细可能会破坏样品的结晶度。

(4)参比物的选择

参比物是测量的基准。要获得平稳的基线,参比物的选择很重要。要求参比物在加热或冷却过程中应保持良好的热稳定性,不会因热而产生任何热效应。另一方面,要得到平滑的基线,所选用的参比物的热容、热导系数、粒度及装填疏密程度应尽可能与试样一致。

常用的参比物有 α-Al_2O_3、煅烧过的 MgO 和石英砂。如分析试样为金属,也可以用金属镍粉作参比物。如果试样与参比物的热性质相差很远,则可以用稀释试样的方法解决,主要是减小反应剧烈程度。如果试样加热过程中有气体产生时,可以减少气体大量出现,以免使试样冲出。选择的稀释剂不能与试样有任何化学反应或催化反应,常用的稀释剂有碳化硅、铁粉、三氧化二铁、玻璃珠、三氧化二铝等。

(5)纸速的选择

在相同实验条件下,同一试样如走纸速度快,峰的面积大,但峰的形状平坦,误差小;

走纸速度小,峰面积小。因此,要根据不同的样品选择适当的走纸速度。

不同条件的选择都会影响差热曲线,除上述因素外还有许多的因素,诸如样品管的材料、大小和形状,热电偶的材质,以及热电偶插在试样和参比物中的位置等。市售的差热仪,以上因素都已固定,但自己装配的差热仪就要考虑到这些因素。

1.2.4 DTA 曲线的特征温度和峰面积的测量

(1)DTA 曲线的特征温度与表示方法

图 1-10 为吸热反应的 DTA 曲线,由于试样、参比物之间热容不同,以及其他的不对称性,在出现变化之前 DTA 曲线不会完全在零线上,而表现出一定的基线偏离。图 1-10 中,当有热效应时,曲线便开始离开基线,此点称始点温度,以 T_i 表示。这点与仪器的灵敏度有关,灵敏度越高则出现越早,即 T_i 值越低,故一般重复性较差。基线延长线与曲线起始边切线交点的温度 T_e,称外推始点温度。峰温为 T_p。T_e,T_p 的重复性较好,常以此作为特征温度,以作比较。同一物质发生不同的物理或化学变化,其对应的峰温不同。不同的物质发生的同一物理或化学变化,其对应的峰温也不同。因此峰温可作

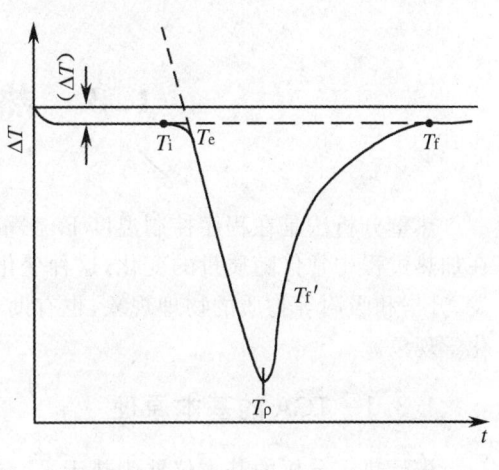

图 1-10 DTA 曲线

为鉴别物质或其变化的定性依据。从外观上看,曲线回复到基线的温度是 T_f(终止温度),而反应的真正终止温度是 T_f',由于整个体系的热惰性,即使反应终了,仍有一个热量散失过程,使曲线不能立即回到基线。

(2)DTA 峰面积的确定

DTA 曲线另一个重要特征是峰面积 S。一般有三种测量方法:

① 利用差热分析仪附有的积分仪,可以直接读数或自动记录下差热的峰面积。

② 剪纸称重法。若记录纸质量较高,厚薄均匀,可将差热峰剪下来,在分析天平上称其质量,其数值可以代表峰面积。

③ 作图计算法。对于反应前后基线没有偏移的情况,只要连接基线就可求得峰面积,如图 1-10 中峰面积即为由 $T_i T_p T_f T_i$ 所包围的面积。对于有基线偏移的情况,介绍两种经常采用的方法。方法一:图 1-11(a)中,分别作反应开始前和反应终止后的基线延长线,它们离开基线的点分别是 T_i(反应始点)和 T_f(反应终点),连接 T_i,T_p,T_f 各点,便得峰面积,这就是国际热分析协会所规定的方法。方法二:图 1-11(b)中,由基线延长线和通过峰顶 T_p 作垂线,与 DTA 曲线的两个半侧所构成的两个近似三角形面积 S_1,S_2 之和表示峰面积,这种方法是认为在 S_1 中丢掉的部分与 S_2 中多余的部分可以得到一定程度的抵消。

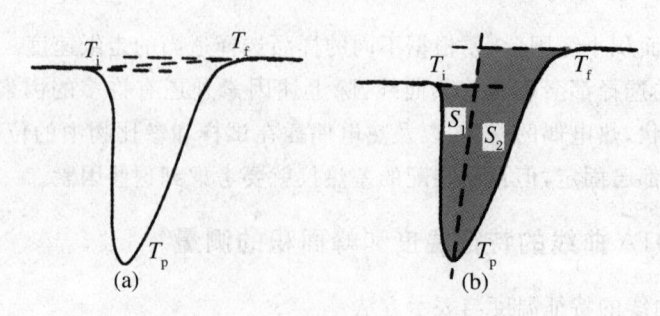

图 1-11　峰面积的求法

1.3　热重分析法

热重分析法是在程序控制温度下,测量物质质量与温度关系的一种技术。许多物质在加热过程中常伴随质量的变化,这种变化过程有助于研究晶体性质的变化,如熔化、蒸发、升华和吸附等物质的物理现象,也有助于研究物质的脱水、解离、氧化、还原等物质的化学现象。

1.3.1　TGA 的基本原理

进行热重分析的基本仪器为热天平。热天平一般包括天平、加热炉、程序控温系统、记录系统等部分。有的热天平还配有通入气氛或真空装置。典型的热天平示意图如图 1-12。国内已有 TGA 和 DTGA 联用的示差天平。

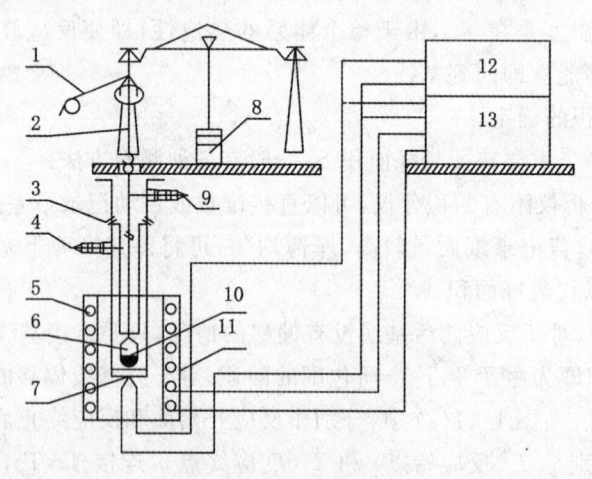

图 1-12　热天平原理图

1. 机械减码;2. 吊挂系统;3. 密封管;4. 出气口;5. 加热丝;6. 试样盘;7. 热电偶;8. 光学读数;
9. 进气口;10. 试样;11. 管状电阻炉;12. 温度读数表头;13. 温控加热单元

热重分析通常有静态法和动态法两种类型。静态法又称等温热重法,是在恒温下测定物质质量变化与温度的关系,通常把试样在各给定温度加热至恒重。该法比较准确,常用来研究固相物质热分解的反应速率和测定反应速率常数。动态法又称非等温热重法,是在程序升温下测定物质质量变化与温度的关系,采用连续升温连续称重的方式。该法简便,易于与其他热分析法组合在一起,实际中采用较多。

在控制温度下,试样受热后重量减轻,天平(或弹簧秤)向上移动,使变压器内磁场移动,输电功能改变;另一方面加热电炉温度缓慢升高时热电偶所产生的电位差输入温度控制器,经放大后由信号接收系统绘出 TGA 热分析图谱。这个曲线称为热重曲线(TGA 曲线),如图 1-13 曲线(a)所示。TGA 曲线以质量作纵坐标,从上向下表示质量减少;以温度(或时间)作横坐标,自左至右表示温度(或时间)增加。

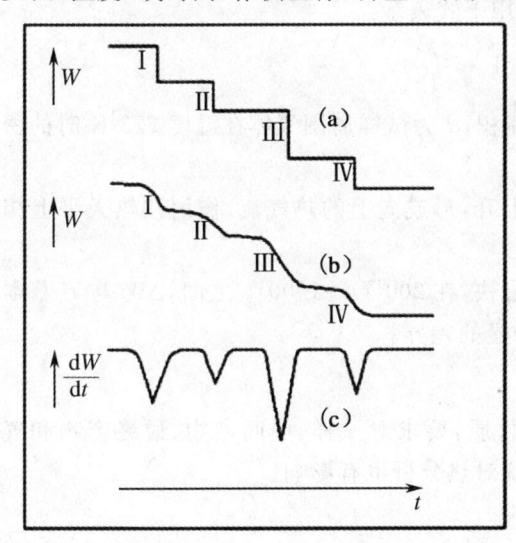

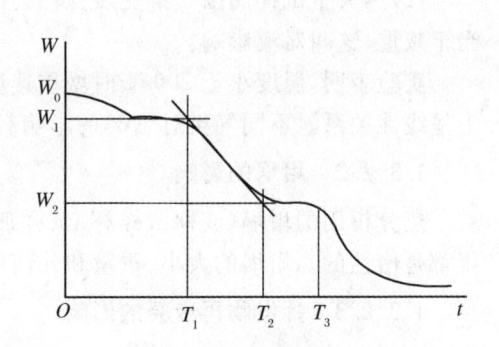

图 1-13 热重分析和微分热重分析曲线示意图

图 1-14 热失重曲线

理想热重见曲线图 1-13(a),表示热重过程是在某一特定温度下发生并完成的。曲线上每一个阶梯都与一个热重变化机理相对应。每一条水平线意味着某一稳定化合物的存在;而垂直线的长短则与试样变化对质量的改变值成正比。

然而由实际热重曲线图 1-13(b)可见,热重过程实际上是在一个温度区间内完成的,曲线上往往并没有明晰的平台。两个相继发生的变化有时不易划分,因此,也就难以分别计算出质量的变化值。微分热重曲线图 1-13(c)已将热重曲线对时间微分,结果提高了热重分析曲线的分辨力,可以较准确地判断各个热重过程的发生和变化情况。

图 1-14 所示的热失重曲线,试样质量的 W_0 在初始阶段有一定的质量损失(W_0-W_1),这往往是吸附在试样中的物质受热解吸所致。水是最常见的吸附质。

一个热重过程的温度由曲线的直线部分外延相交加以确定。图中的 T_1 为一种稳定相的分解温度。在 $T_2 \sim T_3$ 温度区间内,存在着另一种稳定相,两者的质量差为(W_1-

W_2),其质量因子关系当然也可由此进行计算。

1.3.2 TGA分析的主要影响因素

影响热重分析实验结果的因素很多,基本可分两类:一类为仪器因素,包括升温速率、炉内气氛、加热炉的几何形状、坩埚的材料等。另一类为试样因素,包括试样的质量、粒度、装样的紧密程度、试样的导热性等。下面介绍几种主要影响因素。

1.3.2.1 浮力的影响

TGA的质量测定是在热天平上进行的。由于温度的变化引起气体密度的变化,必然导致气体浮力的变动。

(1) 热天平在热区中,其部件在升温过程中排开空气的重量在不断减小,即浮力在减小,这种现象称为表观增重。表观增重 Δm 可用下式表示:

$$\Delta m = Vd\left(1 - \frac{273}{T}\right)$$

式中,V 为加热区内试样盘和支撑架的体积,d 为试样周围气体在温度273 K时的密度。

(2) 热天平试样周围气氛受热变轻会向上升,形成向上的热气流,作用在热天平上相当于减重,这叫对流影响。

实验表明,温度小于200 ℃时增重速度最快,在200 ℃~1000 ℃之间,ΔW 与 T 基本上呈线性关系。不同气氛对 ΔW 的影响有明显的差异。

1.3.2.2 坩埚的影响

热分析用的坩埚(或称试样杯、试样皿)材质,要求对试样、中间产物、最终产物和气氛都是惰性的。坩埚的大小、重量和几何形状对热分析也有影响。

1.3.2.3 挥发物再冷凝的影响

试样热分析过程逸出的挥发物有可能在热天平其他部分再冷凝,这不但污染了仪器,而且还使测得的失重量偏低,待温度进一步上升后,这些冷凝物可能再次挥发产生假失重,使TGA曲线变形,使测定不准,也不能重复。为解决这个问题,可适当向热天平通适量气体。

1.3.2.4 升温速率的影响

这是对TGA测定影响最大的因素。升温速率越大,温度滞后越严重,开始分解温度 T_i 及终止分解温度 T_f 都越高,温度区间也越宽。一般进行热重法测定不要采用太高的升温速率,对传热差的高分子物试样一般用5~10 K·min^{-1},对传热好的无机物、金属试样可用10~20 K·min^{-1},对作动力学分析还要低一些。同时,升温速率的减慢及记录速度的加快有利于反应所产生的中间化合物的鉴定。

1.3.2.5 试样用量、粒度和装填情况的影响

(1) 试样用量多时,要过较长时间内部才能达到分解温度。

(2)试样粒度对 TGA 曲线的影响与用量的影响相似,粒度越小,反应面积越大,反应更易进行,反应也越快,使 TGA 曲线的 T_i 和 T_f 都低,反应区间也窄。

(3)试样装填情况首先要求颗粒均匀,必要时要过筛。因此,适当的粒度与均匀的试样是 TGA 分析的必要条件。

1.3.3 TGA 分析的应用

热重分析法的重要特点是定量性强,能准确地测量物质的质量变化及变化的速率。可以说,只要物质受热时发生质量的变化,就可以用热重法来研究其变化过程。目前,热重分析法已在下述诸方面得到应用:(1)无机物、有机物及聚合物的热分解;(2)金属在高温下受各种气体的腐蚀过程;(3)固态反应;(4)矿物的煅烧和冶炼;(5)液体的蒸馏和汽化;(6)煤、石油和木材的热解过程;(7)含湿量、挥发物及灰分含量的测定;(8)升华过程;(9)脱水和吸湿;(10)爆炸材料的研究;(11)反应动力学的研究;(12)发现新化合物;(13)吸附和解吸;(14)催化活度的测定;(15)表面积的测定;(16)氧化稳定性和还原稳定性的研究;(17)反应机制的研究。下面以 $CaC_2O_4 \cdot H_2O$ 为例加以说明。

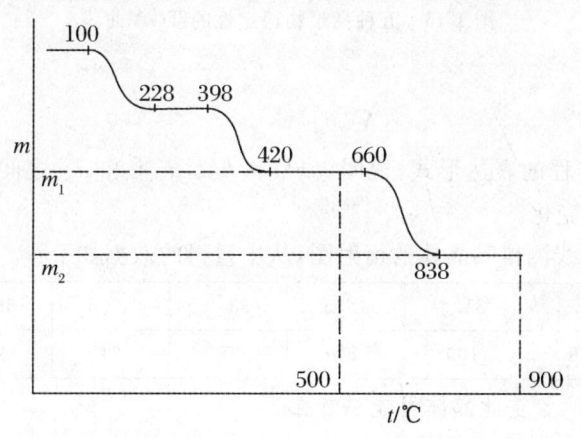

图 1-15 $CaC_2O_4 \cdot H_2O$ 的 TGA 曲线

图 1-15 是热重法测得的 $CaC_2O_4 \cdot H_2O$ 的 TGA 曲线。从曲线中可见,温度在 25 ℃~100 ℃之间曲线为一平台,质量恒定,是化合物的原组分。在 100 ℃~228 ℃之间发生失重,全失重率为试样总质量的 12.5%,相当于 1 mol $CaC_2O_4 \cdot H_2O$ 失去 1 mol H_2O,即得到 CaC_2O_4。在 228 ℃~398 ℃之间的第二平台为稳定的 CaC_2O_4。在 398 ℃~420 ℃之间出现第二次失重,总失重率为 CaC_2O_4 总量的 21.8%,表明 1 mol CaC_2O_4 分解失去 1 mol CO,生成 $CaCO_3$。在 420 ℃~660 ℃之间的第三个平台为稳定的 $CaCO_3$。在 660 ℃~838 ℃之间又出现第三次失重,总失重率为 $CaCO_3$ 总量的 44%,表明 1 mol $CaCO_3$ 分解失去 1 mol CO_2,生成 CaO。在 838 ℃~980 ℃的第四个平台为最终稳定产物 CaO。因此整个热反应过程可表示如下:

$$CaC_2O_4 \cdot H_2O \xrightarrow[-H_2O]{100\ ℃\sim 228\ ℃} CaC_2O_4 \xrightarrow[-CO]{398\ ℃\sim 420\ ℃} CaCO_3 \xrightarrow[-CO_2]{660\ ℃\sim 838\ ℃} CaO$$

TGA法在研究高聚物性质及应用上也有大量的应用。图1-16是在相同条件下测定的五种高聚物：聚氯乙烯(PVC)、聚甲基丙烯酸甲酯(PMMA)、高压聚乙烯(HPPE)、聚四氟乙烯(PTFE)和芳香聚四酰亚胺(PI)的TGA曲线。它们不仅提供了这些高聚物分解温度的信息，确定其使用的温度条件，也直观地比较了它们的热稳定性。

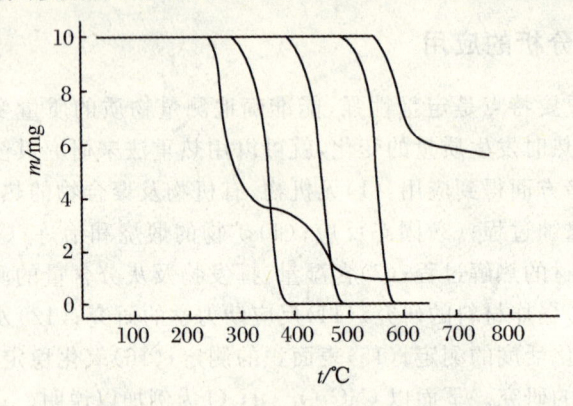

图1-16 五种高聚物稳定性的TGA曲线

思考题

1. 由布拉格方程的表达形式，说明(hkl)和hkl，$d_{(hkl)}$和d_{hkl}之间的关系以及衍射角θ_n随衍射级数n的变化。

2. 用$CuK\alpha$射线测得某晶体的衍射图，从中量得的数据如下：

$2\theta/(°)$	27.3	31.8	45.5	53.9	56.6	66.3	75.5
I/I_0	18	100	80	5	21	20	20

试查PDF卡片，鉴定此晶体可能是什么。

3. 差热分析法的基本原理是什么？

4. 影响DTA曲线的因素有哪些？

5. 热重分析法的基本原理是什么？

6. 热重分析法可以应用于哪些方面？在无机物制备中如何应用热重分析法对物质性质进行表征？

参考文献

[1] 周公度，段连运编．结构化学基础(第2版)．北京：北京大学出版社，1995
[2] 复旦大学等编．物理化学实验(第3版)．北京：高等教育出版社，2004
[3] 孙尔康，吴琴媛，周以泉等编．化学实验基础(第1版)．南京：南京大学出版社，1991
[4] 孙毓庆主编．仪器分析选论(第1版)．北京：科学出版社，2005

[5]辛勤主编. 固体催化剂研究方法(上)(第1版). 北京:科学出版社,2004
[6]刘振海主编. 热分析导论(第1版). 北京:化学工业出版社,1991
[7]复旦大学等编. 物理化学实验(第3版). 北京:高等教育出版社,2004
[8]吴江主编. 大学基础化学实验(第1版). 北京:化学工业出版社,2005
[9]黄伯龄编著. 矿物差热分析鉴定手册. 北京:科学出版社,1987
[10]刘振海主编. 热分析导论. 北京:化学工业出版社,1991
[11]陈镜弘,李传儒编著. 热分析及其应用. 北京:科学出版社,1985

(周娅芬　柴雅琴)

第 2 章　氧化还原反应在无机物制备中的应用

学习目标

1. 了解氧化还原反应在无机物制备中的应用。
2. 结合下篇的实验项目理解这些合成方法的应用。

学习指导

氧化还原反应是一类重要的化学反应,常用来制取新物质,也是化学热能和电能的来源之一,具有很大的实用意义。本章重点讨论在无机物制备中的一些具体合成方法中氧化还原反应的应用,了解氧化还原反应的重要性,结合具体实验内容,加深对其理解。

建议课外 4 学时。

2.1　还原反应

还原反应是一类具有实际应用意义的合成反应,几乎所有金属以及非金属均借高温下的热还原反应来制备。例如:(1)在高温下借金属的氧化物、硫化物或其他化合物与金属还原剂相互作用制备金属;(2)在高温下借氢或 CO 的作用由氧化物质制备金属;(3)采用热还原法由卤化物制备金属,等等。无论通过何种途径,还原反应能否进行、反应进行的程度和反应特点等均与反应物和生成物的热化学性质及高温下热反应的 $\Delta H,\Delta G$ 等有关。

2.1.1　高温还原反应的 $\Delta G^{\ominus}$-T 图及应用

用碳作为热还原法的还原剂是最经济的。反应为:

$$MO + C = M + CO$$

按下式关系:

$$\Delta G^{\ominus} = \Delta H^{\ominus} - T\Delta S^{\ominus}$$

只要 T 足够大时,任何反应的 $\Delta G^{\ominus}$ 总会变为负值而使反应能自发进行。但是,实际反应若超过 2000 ℃,则不经济,因此对很稳定的氧化物还需要考虑用其他的方法来还原。

用消耗 1 mol O_2 生成氧化物过程的自由能变化对温度作图,这种图称为Ellingham图(见图 2-1),应用这个图可以判断氧化物中的金属元素能否被还原及还原的趋势,在冶金上有重要应用。图中设熵变和焓变在温度改变时近似为定值,则自由能随温度的变化呈现 $\Delta G^{\ominus} = A + BT$ 直线关系。直线的斜率为反应的熵变。反应物或生成物若不发生相变,$\Delta G^{\ominus}$ 对 T 作图都是直线;如果有相变,必将引起熵变,所以当发生相变时直线斜率将改变,直线变为折线。从图 2-1 可以得到以下结论:

(1) 凡氧化物生成 $\Delta G^{\ominus}$ 位于负值区域的所有金属都能自动被氧气氧化,而氧化物生成 $\Delta G^{\ominus}$ 位于正值区域的金属则不能,如银等。由此推断,在 Ellingham 图上元素氧化线位于零线上方的金属可用热分解法制备。例如:

$$2Ag_2O \xrightarrow{\Delta} 4Ag + O_2$$

(2) 稳定性差的氧化物 $\Delta G^{\ominus}$ 数值大,直线位于图上方,如 Ag_2O 等。稳定性高的氧化物 $\Delta G^{\ominus}$ 数值小,直线位于图下方,如 MgO 等。

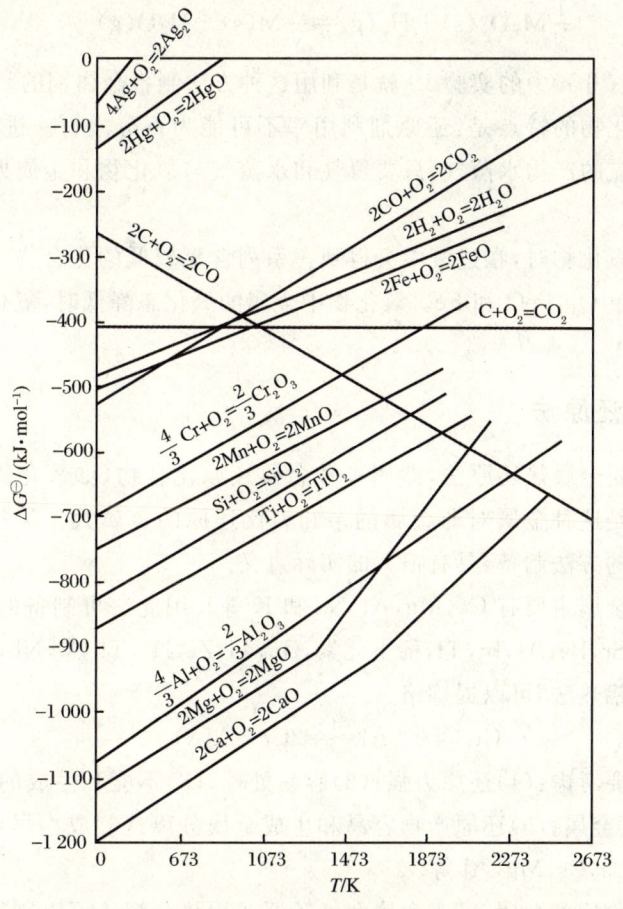

图 2-1 Ellingham 图(金属氧化物的 $\Delta G^{\ominus}$-T 图)

(3) 一种氧化物能被自由能图中位于其下面的那些金属所还原,而不能发生相反的过程。如 1073 K 时,Cr_2O_3 能被 Al 还原,而 CaO 不能被 Al 还原。

反应 $2C(s)+O_2(g)=2CO(g)$ 的直线向下倾斜对于火法冶金有很大的实际意义,这使许多金属氧化物在高温下能够被 CO 还原。

同样原理,我们可以分别绘出氯化物、氟化物、硫化物、碳酸盐、硫酸盐和硅酸盐的 $\Delta G^{\ominus}$-T 图。

2.1.2 氢气还原法

和碳相比,氢气作为还原剂的应用范围要小得多。这不仅由于氢气生成氧化物的直线位置较高,随温度升高直线向上倾斜,减少了与一些金属线相交的可能性,还由于使用上的不安全以及在高温时易形成金属氢化物等原因。

少数非挥发性金属的制备可用氢气还原其氧化物的方法,其反应如下:

$$\frac{1}{y}M_xO_y(s)+H_2(g)=\frac{x}{y}M(s)+H_2O(g)$$

《化学基础实验(Ⅱ)》中的实验 10 就是利用这种方法制备金属铜的。

用氢气还原氧化物的特点是:还原剂利用率不可能为百分之百。进行还原反应时,氢气中混有气相反应的产物水蒸气,只要氢气和水蒸气与氧化物和金属处于平衡时反应便停止。

还原金属高价氧化物时,在过渡中会得到一系列含氧较低的化合物。如还原氧化铁时,可以连续得到 Fe_3O_4,FeO 和 Fe。氧化物中金属的氧化态降低时,氧化物的稳定性增大,不容易还原。

2.1.3 金属还原法

金属还原法也叫金属热还原法,即用一种金属还原化合物(如氧化物、卤化物)的方法。还原的条件就是这种金属对非金属的亲和力比还原的金属大。某些易成碳化物的金属用金属热还原的方法制备,具有很大的实际意义。

用作还原剂的金属主要有 Ca,Mg,Al,Na 和 K 等。用此法可制备的金属有 Li,Rb,Cs,Na,K,Mg,Ca,Sr,Ba,Al,In,Tl,稀土元素,Ge,Ti,Zr,Hf,Th,V,Nb,Ta,Cr,U,Mn,Fe,Co,Ni 等。如"铝热法"可以提炼铬:

$$Cr_2O_3+2Al=\!\!=\!\!=2Cr+Al_2O_3$$

选择还原剂时要考虑:(1)还原力强;(2)容易处理;(3)不能和生成的金属生成合金;(4)可以制得高纯度金属;(5)还原产物容易和生成金属分离;(6)成本尽可能低。通常用做还原剂的有 Na,Ca,Cs,Mg,Al 等。

过渡金属卤化物用碱金属、碱土金属和氢还原或用热分解法可以制得金属单质。工业上所有的钛都是从卤化物制得的,约在 800 ℃ 的温度下,$TiCl_4$ 在氩气气氛中用 Mg 或

Na 来还原：
$$TiCl_4 + 2Mg == Ti + 2MgCl_2$$

这个生产工艺相当昂贵,但是现在仍然采用此法生产钛(氯化镁可用真空升华或水洗涤法除去)。原因是:(1)作为工程金属要求钛是纯的,钛金属的延展性会由于杂质的存在而大大降低;(2)钛与氧和碳有很强的亲和力,故氧化物不能用碳还原;(3)钛与氮能形成间充化合物,因此生产中要用昂贵的氩气作为保护气体。

2.2 氧化反应

无机化合物的主要类型有氧化物、卤化物、氢化物,以及氢氧化物、含氧酸、含氧酸盐和配合物等。氧化反应在无机物的制备中起着重要的作用。本节简单介绍氧化反应在无机物制备中的应用。

2.2.1 氧化物的制备

氧是极活泼的元素,它能与周期表中绝大多数元素形成氧化物。氧化物的制备主要有以下方法:直接合成法、热分解法、碱沉淀法、水解法、硝酸氧化法等,其中直接合成法和硝酸氧化法采用的是氧化反应。

2.2.1.1 直接合成法

大多数氧化物的标准生成焓是负值,除卤素氧化物、Au_2O_3 等少数氧化物外,大多数氧化物都能由单质和氧直接合成,如 C、S、B、P、Zn、Cd、In、Tl、Fe、Co、Os、Ru、Rh 等的氧化物。直接合成法多数是多相反应,应尽量先把金属制成细粉(如 Fe 和 Co)或变成蒸气(如低沸点的 Zn 和 Cd),以加快反应速率,促成反应完成。但由于许多原料不易提纯或提纯成本太高,反应常常难于彻底完成,在纯度要求较高的化学试剂生产中直接合成法受到限制。教材中"基本实验 4"中氧化铜的制备就是采用的直接合成法。

2.2.1.2 硝酸氧化法

某些氧化物不溶于硝酸,可用浓硝酸氧化相应的金属而制得这些氧化物。如:
$$2Sn + 2HNO_3 == Sn_2O + 2NO_2 \uparrow + H_2O$$
$$2Sb + 10HNO_3 == Sb_2O_5 + 10NO_2 \uparrow + 5H_2O$$

氧化物的制备方法很多,在实际中要考虑元素的性质特点、原料来源、经济效益等因素来选择合成方法。

2.2.2 含氧酸盐的制备

制备含氧酸盐的方法主要有:(1)酸与金属反应。除碱金属硝酸盐外的许多硝酸

都用此法。(2)酸与金属氧化物或氢氧化物作用。该法用途最广,许多硝酸盐、硫酸盐、磷酸盐、碳酸盐、氯酸盐、高氯酸盐等都可用此法制备。(3)酸与盐的作用。主要采用碳酸盐,因为碳酸盐易提纯,又易被酸分解。(4)盐在溶液中的相互作用。如教材"基本实验3"中硝酸钾的制备就是采用这种方法。(5)酸性氧化物与碱性氧化物(或碳酸盐)共热。通过高温固相反应制得,故此法对于易水解的弱酸或弱酸盐的制备特别有用。(6)碱与酸性金属、非金属作用。(7)氧化低氧化态的含氧酸盐制备高氧化态的含氧酸盐。如教材"基本实验9"中锰酸钾的制备。(8)电解法。这是制备含氧酸盐的重要方法,多用于较高或较低氧化态的化合物,如高锰酸钾、过二硫酸钾、过二磷酸钾、卤素的含氧酸盐等的制备,如教材"基本实验21"中高铁酸钠的制备。下面主要介绍与氧化反应相关的方法。

2.2.2.1 酸与金属反应

活泼金属与盐酸、稀硫酸等反应可以生成含氧酸盐,浓硫酸和硝酸与许多不活泼金属也能生成含氧酸盐。用金属与酸作用可以制备的含氧酸盐有 Pb,Fe,Co,Ni,Mn,Al,Mg,Zn,Cd,Hg,Cu,Ag 等金属的硝酸盐和硫酸盐。如本书"基本实验4"中制备硫酸亚铁的反应:

$$Fe + H_2SO_4 = FeSO_4 + H_2\uparrow$$

在冷硝酸中由于金属的钝化作用不能溶于硝酸的某些金属,需要在沸热的浓硝酸中才能反应。当硫酸与某些金属的相互作用进行得很慢时,可先将金属溶解在盐酸或盐酸与硝酸的混合物中,然后加入硫酸蒸发,便可转化为硫酸盐。

2.2.2.2 碱与酸性金属、非金属作用

铝、锌、锡、铬等两性金属,硼、磷、硫、卤素等非金属都能与碱作用生成含氧酸盐。

$$Zn + 2NaOH + 2H_2O = Na_2[Zn(OH)_4] + H_2\uparrow$$

$$2B + 2NaOH + 6H_2O = 2Na[B(OH)_4] + 3H_2\uparrow$$

$$3Cl_2 + 6NaOH = 5NaCl + NaClO_3 + 3H_2O$$

2.2.2.3 氧化低氧化态化合物制备高氧化态的含氧酸盐

$$2NaCrO_2 + 3H_2O_2 + 2NaOH = 2Na_2CrO_4 + 4H_2O$$

如教材"基本实验9"中锰酸钾的制备反应:

$$3MnO_2 + KClO_3 + 6KOH = 3K_2MnO_4 + KCl + 3H_2O$$

2.2.3 无水卤化物的制备

金属与卤素相互作用容易形成金属卤化物,其中多数是以水合形式存在的。在实际工作中,无机金属卤化物应用广泛,合成难度大,故无水金属卤化物的合成更引人注意。常用的方法:(1)直接卤化法;(2)氧化物转化法;(3)水和盐脱水法;(4)置换反应;(5)氧化还原法;(6)热分解法等。这里主要介绍以下方法。

2.2.3.1 直接卤化法

卤素是典型的活泼非金属元素,能与许多金属直接化合生成卤化物。由于卤化物的标准生成自由能是负值,所以由单质直接卤化合成卤化物应用范围很广。碱金属,碱土金属,Al,Ga,In,Sn 及过渡金属等都能直接与卤素化合。过渡金属卤化物具有强烈的吸水性,遇水(包括空气中的水蒸气)会迅速反应而生成其水合物,因此这些卤化物必须采用直接卤化物的合成。这种方法简单,操作简便,是制备无水卤化物的常见方法,但需要注意严格控制合成温度。

如教材"基本实验 6"无水四氯化锡的制备:

$$Sn + 2Cl_2 = SnCl_4$$

直接卤化物有时需要在非水溶液中进行。如教材"基本实验 7"四碘化锡的制备,以冰醋酸为溶剂。

2.2.3.2 卤素氧化法

CoF_3 是重要的氟化剂,在许多氟化反应中用它作单质氟的代用品。用氟氧化 $CoCl_2$ 可以成功地制备 CoF_3:

$$2CoCl_2 + 3F_2 = 2CoF_3 + 2Cl_2$$

2.3 配合物的氧化反应法制备

配合物除经典的维尔纳化合物外,还包括许多新型配合物,如金属有机配合物、夹心配合物、簇合物、分子氮配合物、大环配合物等。经典配合物主要是由溶液化学发展起来的,目前非水溶液中配合物合成应用很广,固相配合物合成化学也正在迅速发展。常用的制备配合物的方法有直接合成法、组分交换法、氧化还原反应法、固相反应法和大环配体模板配合物合成等方法。本节仅简要介绍氧化还原反应法。

2.3.1 由金属单质氧化法

金属溶解在酸中制备某些金属离子的水合物是常见的水溶液反应。如金属镓和过量的高氯酸(72%)一起加热至沸,金属镓全部溶解后停止加热,冷却至略低于混合物沸点温度时(200 ℃),就有 $[Ga(H_2O)_6](ClO_4)_3$ 晶体析出。

在非水溶液中也常用氧化金属法来制备配合物,如 Fe 和 H(fod)在乙醚中,氩气保护下回流即得到配合物 $Fe(fod)_3$。(注:fod 为 $CF_3CF_2CF_2C(OH)=CHCOC(CH_3)_3$)

2.3.2 由低氧化态金属制备高氧化态金属配合物

过渡金属的高氧化态配合物可由相应的低氧化态化合物经氧化、配位制得。最常见的例子如教材"基本实验13"中二氯化一氯五氨合钴(Ⅲ)的制备：

$$Co^{2+} + NH_4^+ + 4NH_3 + 1/2H_2O_2 \longrightarrow [Co(NH_3)_5H_2O]^{3+}$$

$$[Co(NH_3)_5H_2O]^{3+} + 3Cl^- \Longrightarrow [Co(NH_3)_5Cl]Cl_2 + H_2O$$

常见的氧化剂有过氧化氢、空气、卤素、高锰酸钾、二氧化铅等。如氯气可将Pt(Ⅱ)的配合物直接氧化成Pt(Ⅳ)配合物：

$$cis\text{-}[Pt(NH_3)_2Cl_2] + Cl_2 \Longrightarrow cis\text{-}[Pt(NH_3)_2Cl_4]$$

2.3.3 还原高氧化态金属制备低氧化态金属配合物

高氧化态金属化合物经还原、配位过程可得到低氧化态配合物。还原剂可用氢气、钾、钠(或钾、钠汞齐)、锌、肼及有机还原剂等。

如将三苯基膦的无水乙醇溶液加入三水合氯化铑(Ⅲ)的无水乙醇溶液中,用甲醛作还原剂制备一氯一羰基双(三苯基膦)合铑(Ⅰ)。

2.3.4 由高氧化态金属和低氧化态金属制备中间氧化态金属配合物

如在氮气保护下将三苯基胂的甲醇溶液、硝酸铜和铜粉混合,加热回流,过滤得到一硝酸根三(三苯基胂)合铜(Ⅰ)白色晶体。

2.3.5 电化学法

电化学法合成配合物不用另外加入氧化剂或还原剂,是最直接、最简单的氧化还原反应合成方法。可以在水溶液中进行,也可以在非水溶液或混合溶液中进行,可用惰性电极,也可用参加反应的金属做电极。如用电解法由钨酸钾制备九氯合二钨(Ⅲ)酸钾($K_3[W_2Cl_9]$)。

电化学合成法目前在有机弱酸和卤化物反应体系中应用较多,如在水合甲醇的混合溶液中,加入乙酰丙酮和氯化物,以Fe作电极(电极将参加反应),电解后得到浅棕色晶体$[Fe(C_5H_7O_2)_2]$。

对于一些易水解的配合物常采用非水溶液的电化学合成体系。

2.3.6 高压氧化还原反应制备配合物

过渡金属羰基配合物是用CO作还原剂,在高压下由过渡金属氧化物直接制备。如：

$$MoO_3 + 9CO \Longrightarrow Mo(CO)_6 + 3CO_2$$

思考题

1. 理解氧化还原反应在无机物制备中的作用。
2. 结合实验项目理解氧化还原合成方法。

参考文献

[1] [美]F·哈里斯著．昆明工学院有色金属冶炼教研组译．冶炼原理——提取冶金原理(第1卷)．北京:冶金工业出版社,1978

[2] 徐如人主编．无机合成化学．北京:高等教育出版社,1991

[3] 朱文祥编．中级无机化学．北京:高等教育出版社,2005

[4] 张启昆,卢峰编．现代合成化学(第1版)．汕头:汕头大学出版社,1995

[5] Foster L.S. 无机合成(第5卷)．北京:科学出版社,1959

(柴雅琴)

第3章 复分解反应在无机物制备中的应用

学习目标

了解复分解反应在无机物制备中的应用。

学习指导

复分解反应是常见的反应类型,通过复分解反应的学习,结合无机物制备的实例,总结出复分解反应进行的方向和条件。

建议课外2学时。

3.1 概述

3.1.1 基本概念

由两种化合物互相交换成分,生成另外两种化合物的反应,叫做复分解反应。可简记为:

$$AB+CD = AD+CB$$

复分解反应的本质是溶液中的离子结合成难电离的物质(如水)、难溶的物质或挥发性气体,而使复分解反应趋于完成。

3.1.2 复分解反应发生的条件

根据复分解反应趋于完成的条件,复分解反应发生需要一定条件。下面从反应物和生成物两方面,按以下四类反应具体分析复分解反应发生的条件。

(1)酸+盐→新酸+新盐

反应物中酸必须是可溶的,生成物中至少有一种物质是气体或沉淀或水。如:

$$2HCl+CaCO_3 = CaCl_2+H_2O+CO_2\uparrow$$

(2)酸＋碱→盐＋水

反应物中至少有一种是可溶的。如：
$$H_2SO_4+Cu(OH)_2 =\!=\!= CuSO_4+2H_2O$$

(3)盐＋盐→两种新盐

反应物中的两种盐都是可溶的,且反应所得的两种盐中至少有一种是难溶的。如：
$$Na_2SO_4+BaCl_2 =\!=\!= 2NaCl+BaSO_4\downarrow$$

(4)盐＋碱→新盐＋新碱

反应物必须都是可溶的,生成物至少有一种是沉淀或气体(只有铵盐跟碱反应才能生成气体)。如：
$$2NaOH+CuSO_4 =\!=\!= Na_2SO_4+Cu(OH)_2\downarrow$$
$$NaOH+NH_4Cl =\!=\!= NaCl+NH_3\uparrow+H_2O$$

3.2　复分解反应的应用

在无机盐工业中,不同离子的两种盐(或碱和盐、酸和盐)在液相(或液-固相)中进行离子交换,生成另外两种盐(或碱和盐、酸和盐)的反应过程称为复分解反应。碱和盐、酸和盐的复分解反应过程,通常分别称为碱解和酸解。

3.2.1　利用复分解反应制备无机盐原理

在复分解反应中,反应物和生成物,被称为交互盐对,反应通式为：
$$AX+BY \rightleftharpoons BX+AY$$

式中 A,B 代表阳离子,X,Y 代表阴离子。这种体系在相图中称为四元体系,可用 AX-BY-H_2O 或 A^+,B^+∥X^-,Y^--H_2O 表示。例如：氯化钾和硝酸钠可写成：K^+,Na^+∥Cl^-,NO_3^--H_2O。

利用四元体系相图(见相平衡)可对复分解过程中的溶解、结晶、加热、冷却以及蒸发和稀释等操作进行分析,确定合理的生产流程和操作条件,以获得所需产品。四元体系相图由干盐图和水图组成,例如：K^+,Na^+∥Cl^-,NO_3^--H_2O 四元交互盐对的相图,图 3-1 是其中典型的一例。

图 3-1 干盐图表示出了四种盐在不同温度下的结晶区。例如,*DEFCN* 为 75 ℃下 KNO_3 结晶区,*LAEFB* 为 75 ℃下 NaCl 结晶区,以物质的量分数为单位,*EF* 和 E_1F_1 分别为 75 ℃和 25 ℃下 KNO_3,NaCl 两盐共饱和线,*E*,*F* 和 E_1,F_1 分别为 75 ℃和 25 ℃下相应的三盐共饱和点。图 3-1 水图纵坐标表示体系的水含量,以水/总盐量(物质的量之比)为单位,纯水坐标在无穷远处,这实际上是以一个底面为正方形的长方体作为坐标空

间来表示盐的溶解度和水含量。

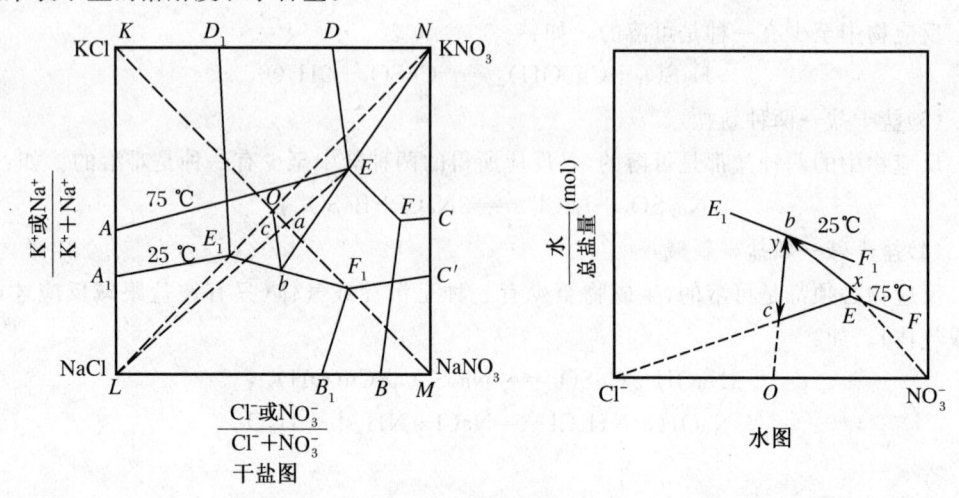

图 3-1 典型的四元体系相图

从干盐图上可知:75 ℃下三盐共饱和点 E 的溶液冷却到 25 ℃时,析出 KNO₃ 结晶,溶液组成为 b。从水图上可知:为了使 b 落在 25 ℃ E_1F_1 线上,E 溶液必须加水至组分为 x,加水量为 $x-E$。25 ℃下溶液 b 加入 KCl:NaCl=1:1 的混合物,其组成落在干盐图上的 c 点,加热至 75 ℃,NaCl 结晶析出,溶液落到 E 点。在水图上,为了满足循环过程水平衡,溶液 b 必须先蒸发至浓度为 y,蒸去水量为 $b-y$。上述循环过程在干盐图上以 EbcE 表示,在水图上以 ExbycE 表示。

3.2.2 复分解反应的应用

利用复分解反应制取所需产品,一般要求作为反应物的两种盐在水中溶解度比较大,作为生成物的盐溶解度比较小,且在一定温度范围内能成为固体析出。根据生成物状态不同,有三种情况:(1)析出的固体结晶就是所需产品。如氯化钾和硝酸钠复分解时,在低温下即可析出硝酸钾固体结晶。(2)复分解反应所得溶液需进一步加工才能得到产品。如碳酸铵和硫酸钙发生复分解反应后,需将碳酸钙沉淀分离后的溶液进行蒸发,才能得到硫酸铵固体产品。(3)生成物的两种盐都是沉淀,它们的混合物就是产品。如硫酸锌和硫化钡复分解时,生成硫化锌和硫酸钡两种盐的沉淀混合物,经过滤、洗涤和高温灼烧,而成为白色颜料锌钡白(立德粉)。

盐在水溶液中的饱和浓度与温度有关。除了生成物是溶解度很小的盐外,复分解反应过程中,原料盐的一次利用率(或称转化率)通常不会很高,需要将分离出固体结晶后的母液循环使用,以提高总利用率。

利用复分解反应生成无机盐,一般是在带有机械搅拌的槽式反应器中进行,操作可以是间歇的,也可以是连续的。利用复分解反应生产无机盐的过程中,常用到过滤、结晶等化工单元操作。

3.2.3 复分解反应的方向

反应 LiBr+KF $\rightleftharpoons$ LiF+KBr 是一个复分解反应,在水溶液中或在熔融状态下都可建立平衡。但其平衡偏向哪一方呢?

假定体系中没有复合物生成,反应的熵变也可以忽略,则可用反应焓变考察反应正向进行的条件,即由于各离子焓变数值各自互相消去,所以反应焓变只取决于晶格能。因上述四种化合物正、负离子电荷相同,那么,反应焓变的决定因素是有关离子的半径大小。

设复分解反应为:AB+CD $\rightleftharpoons$ AD+CB,离子半径分别是 $r(A^+)$,$r(B^-)$,$r(C^+)$,$r(D^-)$,则 $r(A^+)>r(C^+)$,$r(D^-)>r(B^-)$ 或 $r(A^+)<r(C^+)$,$r(D^-)<r(B^-)$。

因此,可以得出结论,从离子半径来看,复分解反应进行的条件是:半径小的正、负离子结合在一起,半径大的正、负离子结合在一起,如前例中生成物是 LiF 和 KBr。这就是大-大、小-小结合稳定的规则。

化合物分解成含相同或不同电荷数阴离子的化合物,过氧化物和超氧化物的分解都是阴离子由大分解为小的反应。大阴离子和大阳离子结合稳定,小阴离子与小阳离子结合稳定,所以不难看出化合物分解稳定性的趋向。

例如:AH_4X 可看作是阳离子 AH_4^+ 和阴离子 X^- 的结合,由此可见,上述规则也成立。

尽管 $r(K^+)>r(Ag+)$,$r(Br^-)>r(F^-)$,反应 KBr+AgF $\rightleftharpoons$ KF+AgBr 向右进行的趋势很大,这显然与上述规则相抵触。因为不仅要考虑到离子半径的大小对晶格能发生作用,还应考虑到离子极化时对晶格能的影响。卤化银晶格能的实验值若大于理论计算值,表明在该晶格中有着明显的共价键能的贡献,这种贡献来源于强的离子极化作用。所以,对有强离子极化作用的化合物参与的反应来说,反应是朝着由极化力大的正离子和变形性大的负离子组成的稳定的方向进行的。例如:CuF+KI $\rightleftharpoons$ CuI+KF,根据离子半径 $r(Cu^+)<r(K^+)$,$r(F^-)<r(I^-)$ 判断,似乎 CuF+KI 是稳定对,但考虑到离子极化作用,实际的稳定对是 CuI+KF。考虑到离子的电荷对晶格能的影响,即电荷多的正、负离子结合在一起,电荷少的正、负离子结合在一起。

基于与前面所述的同样理由,半径小的离子将与电荷多的异号离子相结合。所以 $2NaF+CaCl_2 \rightleftharpoons 2NaCl+CaF_2$。

最后,再一次强调,由于其他因素在起作用,上述规律并不是在任何场合都适用。特别是当离子电荷不同或离子的电子构型不同时,晶格能的实际值与理论值差别甚大。此外,反应的熵变也不能忽略。因此,在应用上述规律时,一定要加以注意。

思考题

如何判断一个复分解反应进行的方向？

参考文献

[1] 关鲁雄. 高等无机化学. 北京：化学工业出版社，2004
[2] 陈慧兰. 高等无机化学. 北京：高等教育出版社，2005
[3] 唐宗薰. 中级无机化学. 北京：高等教育出版社，2003

（赵建茹）

第4章 金属卤化物的制备

学习目标

了解无水卤化物的主要应用及一般合成方法。

学习指导

所有金属都可以形成卤化物。碱金属元素（锂除外）、碱土金属元素（铍除外）、大多数镧系元素、某些低氧化态的 d 区元素、锕系元素的卤化物和几乎所有金属的氟化物都是离子型化合物。通过金属卤化物制备方法的学习，结合教材中实验项目总结出制备金属卤化物的方法和注意事项。

建议课外 2 学时。

多数金属卤化物表现对水的强亲和作用，故一般较多地以水合物的形式存在。虽然水合金属卤化物在通常的水溶液反应体系中有广泛的应用，但对许多特定的用途而言，则必须使用无水卤化物，如用于非水介质中合成某些金属配合物（当配体竞争不过水或金属卤化物发生强烈水解时）；用于合成金属有机配合物；用于有机反应的催化剂（如 $AlCl_3$、$FeCl_3$、$ZnCl_2$、SbF_3 等）；用于制备金属醇盐等。无水卤化物在实际应用中有着非常特殊的地位。

金属卤化物的水合物广泛存在，人们试图简单地采用水合物加热脱水的方法来制备无水卤化物，往往由于强烈的水解倾向而无法实现。因此，制备无水卤化物将应用以下特定的方法来完成。

4.1 直接卤化法

碱金属、碱土金属、铝、镓、铟、铊、锡、锑及过渡金属等，都能直接与卤素或 HX 化合。特别是过渡金属卤化物，具有强烈的吸水性，一遇到水（包括空气中的水蒸气）就迅速反

应生成水合物,因此它们不宜在水溶液中合成,必须采用直接卤化法合成。例如:
$$2Fe+3Cl_2 =\!=\!= 2FeCl_3$$
$$2Cr+3Cl_2 =\!=\!= 2CrCl_3$$

上述卤化法的干法反应,方法简单,操作简便,是制备无水卤化物的常用方法,但须注意严格控制合成温度。

直接卤化法有时需在非水介质中进行。如制备 SbI_3 时,因干法反应十分激烈,难以控制,若在沸苯中反应则能得到纯净的 SbI_3 晶体。

4.2 氧化物转化法

金属氧化物一般容易制得,且易于制得纯品,所以人们广泛地研究由氧化物转化为卤化物的方法。但这个方法仅限于制备氯化物和溴化物。主要的卤化剂有四氯化碳、氢卤酸、卤化氨、PCl_5、六氯丙烯等,如:
$$Cr_2O_3 + 3CCl_4 =\!=\!= 2CrCl_3 + 3COCl_2$$

根据元素的氧化物转化为卤化物的标准自由能变化 $\Delta G^{\ominus}$ 可以看出,许多元素的氯化物,25 ℃时比其氧化物更稳定,所以很多氧化物转化为氯化物在热力学上完全是可能的。但在常温下反应速率很慢,氯化反应的速率是随温度的升高而加大,但氯化反应的平衡常数是随着温度升高而减小,即升温平衡逆向移动,对合成不利。因此,要选择一个最适宜的氯化温度,在此温度下使平衡常数和反应速率对于相应的制备反应最有利。对于不同的化合物来说,最佳反应温度不同,如碱土金属和稀土氧化物在 250 ℃～330 ℃时已能转化为氯化物,而铂、铝、钛、钴等氧化物需约 400 ℃ 的温度才能转化,三氧化二铬要在 600 ℃以上才能转化为氯化物。

4.3 水合盐脱水法

金属卤化物的水合盐经脱水可制备无水金属卤化物,但必须根据实际情况备有防止水解的措施。例如,镁和镧系的水合卤化物,为防止水解可在氯化氢气流中加热脱水;镁、锶、钡、锡(Ⅱ)、铜、铁、钴、镍和钛(Ⅲ)的氯化物,可以在光气的气流中加热脱水;水合三氯化铬可在 CCl_4 气中加热脱水。

周期系中所有金属的水合卤化物都可以用氯化亚硫酰 $SOCl_2$ 作为脱水剂制备无水卤化物。因为 $SOCl_2$ 是亲水性很强的物质,它与水反应可以生成具有挥发性的产物,即:
$$SOCl_2 + H_2O =\!=\!= SO_2\uparrow + 2HCl\uparrow$$

所以它用作脱水剂特别有效,如:
$$FeCl_3 \cdot 6H_2O + 6SOCl_2 \longrightarrow FeCl_3 + 6SO_2\uparrow + 12HCl\uparrow$$
$$NiCl_2 \cdot 6H_2O + 6SOCl_2 \longrightarrow NiCl_2 + 6SO_2\uparrow + 12HCl\uparrow$$
该方法的缺点是残存的痕量 $SOCl_2$ 很难除尽。

4.4 置换反应

制备无水金属卤化物的几个主要置换反应。
(1) 卤化氢作为置换剂的置换反应
$$TiCl_4 + 4HBr \longrightarrow TiBr_4 + 4HCl$$
$$VCl_3 + 3HF \longrightarrow VF_3 + 3HCl$$
(2) 盐类作为置换剂的置换反应
在这种置换反应中所用的盐多为汞盐。
$$2In + HgBr_2 \longrightarrow 2InBr + Hg$$
$$HgSO_4 + 2NaCl \longrightarrow Na_2SO_4 + HgCl_2$$

4.5 氧化还原反应

4.5.1 用氢气作为还原剂

用氢气还原高价卤化物能制备低价金属卤化物,如:
$$2TiCl_4 + H_2 \longrightarrow 2TiCl_3 + 2HCl$$
用氢还原制备低价无水金属卤化物时,控制温度特别重要。一般来说,温度越高,生成的卤化物中金属的价态越低;温度太高,甚至可能还原成金属。例如,氢气还原 VCl_3,675 ℃得到 VCl_2,温度升到 700 ℃以上则得到的是金属钒。

4.5.2 用卤素作为氧化剂

见 2.2.3.2 节。

4.5.3 用卤化氢作为氧化剂

卤化氢在一定条件下可以氧化金属,氢被还原为氢气。例如,金属铁在高温下与氯化氢或溴化氢反应可以得到铁化合物,反应必须在氮气中进行。
$$Fe(还原铁粉) + 2HCl \longrightarrow FeCl_2 + H_2\uparrow$$

4.6 热分解法

利用热分解法制备无水金属卤化物，一是要注意温度的控制，二是要注意反应气氛的控制。反应如下：

$$ReCl_5 \Longrightarrow ReCl_3 + Cl_2$$
$$2VCl_4 \Longrightarrow 2VCl_3 + Cl_2$$
$$PtCl_4 \Longrightarrow PtCl_2 + Cl_2$$

Pt 在 435 ℃～581 ℃ 是稳定的，但温度超过 581 ℃ 时即分解，所以制备反应宜在 450 ℃ 下进行。

若用氧化物氯化法来制备无水三氯化铬，可用无水 Cr_2O_3 与卤化剂在氮气保护下，加热到 650 ℃ 以上，通过升华而制得。反应如下：

$$Cr_2O_3(s) + 3CCl_4 \Longrightarrow 2CrCl_3 + 3COCl_2(g)$$

由于生成的 $CrCl_3$ 在高温下能与氧气发生氧化还原反应，所以必须在惰性气氛中进行。反应过程中会产生少量极毒的光气（$COCl_2$），因此本实验必须在良好的通风条件下进行。

此法所得到的无水三氯化铬，是经升华后的纯净产品，为紫色鳞片状的晶体，不溶于水，也不潮解。当产物中含有 Cr(Ⅱ) 化合物（如 $CrCl_2$）杂质时，无水三氯化铬很容易发生水合反应。

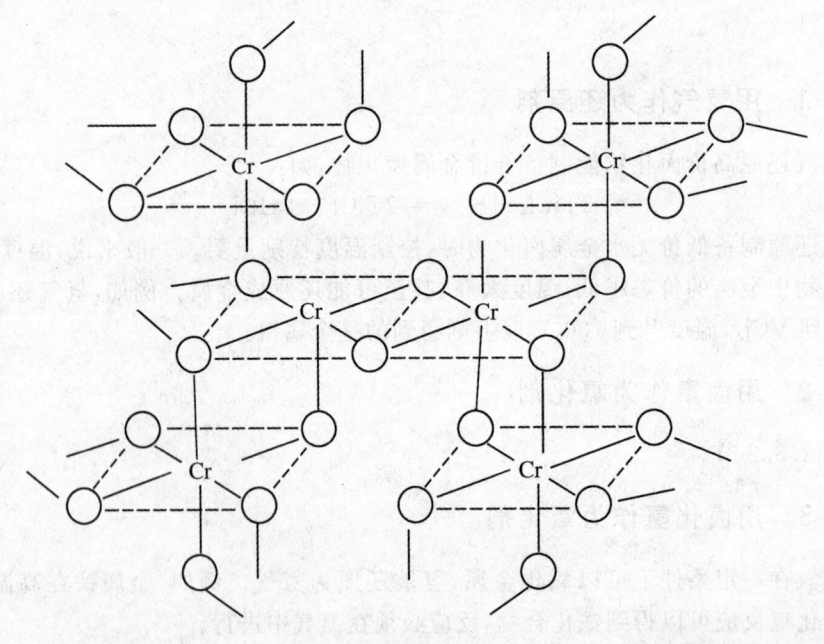

图 4-1 $CrCl_3$ 分子结构示意图

$CrCl_3$ 的结构如图 4-1 所示,图 4-1 中小圆圈代表 Cl 原子。由图 4-1 可见,每个 Cr 原子为 6 个近邻的 Cl 原子所包围,而每个 Cl 原子又与两个 Cr 原子相联结,形成一系列相互联结的正八面体结构。如其他 Cr(Ⅲ)离子一样,它的配位离子 Cl^- 不易被溶液中的 H_2O 分子所取代,所以它在配合物的取代反应中,是属于惰性的。

思考题

1. 熟悉金属卤化物的制备方法,制备无水金属卤化物时应注意什么问题?
2. 结合教材"基本实验 8"的内容分析制备无水 $CrCl_3$ 的条件。

参考文献

[1] 张启昆,卢蜂. 现代无机合成化学. 汕头:汕头大学出版社,1995
[2] 王尊本主编. 综合化学实验. 北京:科学出版社,2003

（赵建茹）

第5章 配位化合物的制备

📩 学习目标

1. 掌握配位化合物的基本理论及其应用。
2. 掌握配合物的基本合成方法。

🔘 学习指导

配位化合物是一类非常广泛和重要的化合物。随着科学技术的发展,它在科学研究和生产实践中显示出越来越重要的意义,配合物不仅在化学领域里得到广泛的应用,并且对生命现象也具有重要的意义。通过本章的学习了解制备配合物的方法。

建议课外 2 学时。

配合物在化学学科,尤其是在分析化学中具有广泛的应用,如在定性鉴定、定量测定中应用了许多配合物和配位反应;配合物在化工、冶金和电镀工业中占有重要的地位,湿法冶金和金属电镀中使用了许多配位反应。配合物在生命科学中也很重要,只要想植物的光合作用和人体内血液的携氧作用有多重要,就很容易理解配合物在生命体中的重要性。

配合物的制备方法很多,本章将简单介绍直接合成法和取代合成法。

5.1 直接法

通过配体和金属离子直接进行配位反应,从而合成配合物的方法,称为直接法,包括溶液中的直接配位反应、金属蒸气法和基底分离等。

5.1.1 溶液中的直接配位作用

在直接配位合成中,作为中心原子最常用的金属化合物是无机盐(如卤化物、醋酸盐、硫酸盐等)、氧化物和氢氧化物等。选择过渡金属化合物时,要兼顾易与配体发生反应和易与反应产物分离两方面。

直接法合成配合物时,溶剂的选择也是很重要的。一种良好的溶剂应该是反应物在其中有较大的溶解度而且不发生分解(水解、醇解等),并有利于产物的分离等特点。

水是重要的溶剂之一。乙酰丙酮、氨、氰和胺类的许多配合物的合成是在水溶液中进行的。例如,由硫酸铜和草酸钾直接合成二草酸合铜(Ⅱ)酸钾是在水溶液中进行的:

$$CuSO_4 + 2K_2C_2O_4 = K_2[Cu(C_2O_4)_2] + K_2SO_4$$

溶液的酸度对反应产率和产物分离有很大影响,控制溶液的 pH 是合成某些配合物的关键。例如,由三氯化铬与乙酰丙酮水溶液合成 $[Cr(C_5H_7O_2)_3]$ 时,由于反应物和产物都溶于水,使反应无法进行到底,所以在反应液中加入尿素,由尿素水解生成氨控制溶液的 pH,使产物很快地结晶出来。

$$CO(NH_2)_2 + H_2O = 2NH_3 + CO_2$$
$$CrCl_3 + 3C_5H_8O_2 + 3NH_3 = [Cr(C_5H_7O_2)_3] + 3NH_4Cl$$

对于卤素、砷、磷酸酯、膦、胺、β-二酮等配体的配合物可在非水溶液中合成,常用的溶剂有醇、乙醚、苯、甲苯、丙酮、四氯化碳等。例如,把二酮 $CF_3COCH_2COCF_3$ 直接加到 $ZrCl_4$ 的 CCl_4 悬浊液中,加热回流混合物直至无 HCl 放出,即可得到锆的螯合物:

$$ZrCl_4 + 4CF_3COCH_2COCF_3 \xrightarrow[\text{回流}]{CCl_4} [Zr(CF_3COCHCOCF_3)_4] + 4HCl$$

有些配体(例如乙醛、吡啶、乙二胺等)本身就是良好的溶剂。例如,反应

$$Cu_2O + 2HPF_6 + 8CH_3CN = 2[Cu(CH_3CN)_4]PF_6 + H_2O$$

直接在乙腈溶液中进行。混合溶剂在直接合成中也是经常用到的。

5.1.2 组分化合法合成新的配合物

把配合物的各组分按适当的分量和次序混合,在一定反应条件下直接合成配合物,例如:

二水合醋酸锌的吡啶饱和溶液经分子筛脱水,然后与吡咯、吡啶醛、分子筛一起装入高压瓶中,脱气后,用油浴加热到 130 ℃~150 ℃,保温 48 h,冷却,过滤,用无水乙醇洗涤晶体,风干,得到大环合锌紫色晶体。

该方法特别用来制备不稳定的配合物,因为这在合成过程中避免了制备、分离配体的步骤。

5.1.3 金属蒸气法和基底分离法

金属蒸气法简称MVS法,用于合成某些低价金属的单核配合物、多核配合物、簇状配合物和有机金属配合物。金属蒸气法以及在其基础上发展起来的基底分离法为合成化学开辟了一条很有希望、很有价值的新的配合物合成途径。

MVS法的反应装置多种多样。由于各种金属的熔点不同,加热条件下金属的蒸气压不同,金属存在的形式不同(粉末、丝状或片状等)以及化学性质不同,反应装置因而也不相同。一般装置是由金属蒸发器、反应室和产物沉积壁等组成,整个体系要保持良好的真空度。反应物在蒸发器中经高温蒸发生成活性很高的蒸气,这些活泼的金属原子和配体(分子或原子团)在低温沉积壁上发生反应而得到产物。低温下,金属原子和配体的沉积和反应避免了配合物分子的热分解。

例如,由钴原子直接合成$Co_2(PF_3)_8$的简单装置如图5-1所示。先在气体量管中充以PF_3,金属钴置于氧化铝坩埚中,将体系抽真空后把坩埚加热到1300 ℃,用液氮冷却反应器,PF_3以10 mmol·min^{-1}的速率参加反应,继续将坩埚升温到1600 ℃使金属蒸发,反应器壁作为沉积壁用来沉积反应产物。待反应结束后,冷却坩埚,反应器中充入氮气,取出蒸发器并装入盲板。然后将反应器加热到室温,使未反应的PF_3抽出,而产物$Co_2(PF_3)_8$的挥发性小,留在反应器壁上,最后可得到产物。

用MVS法合成的配合物已经越来越多,例如:$Ni(PF_2Cl)_4$,$Mn(PF_3)(NO)_3$,$Cr(PF_3)_6$,$Ni(PF_3)_6(PH_3)$以及许多Cr,Pd,Ni,Fe,Mn过渡金属与共轭有机配体的π配合物等等。

基底分离法与MVS法相似。在MVS法中,最低共沉积温度是液氮温度

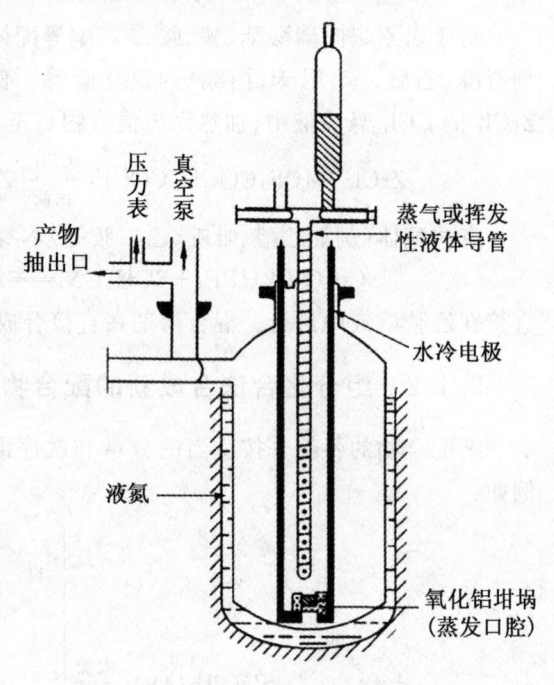

图5-1 合成$Co_2(PF_3)_8$的简单装置图

(77 K),若要合成以克计的含N_2,O_2,H_2,CO,NO和C_2H_4等配体的配合物是不可能的。一方面是因为在77 K温度下,这些配体不凝聚;另一方面,金属原子在这类挥发性配体中的扩散和凝聚过程远超过金属-配体间的配位反应,所以在反应器壁上得到的是胶态金属。当体系温度低于配体熔点的1/3时,基底上金属-配体的配位作用超过金属的凝聚作

用。例如 Ni 原子和 N_2 的反应：

$$Ni + N_2 \begin{cases} \xrightarrow{77\ K} Ni_x(N_2)_{吸附} \\ \xrightarrow{12\ K} Ni(N_2)_4 \end{cases}$$

所以要实现配合物的合成必须在很低的温度下进行。在具体的合成工作中要针对反应体系选择适当的温度、沉积速率以及配体和金属原子的浓度。

Ozin G. A. 的基底分离法合成装置中包括由电子枪产生金属(V,Cr,Mn,Fe,Ru 等)原子蒸气,大容量闭合循环氦制冷器(反应室温度可达 10 K)作为反应室和用来沉积配合物的反应屏。例如,用此法合成过渡金属的羰基配合物时,把 10～100 mg 金属蒸气和 10～100 g 一氧化碳沉积到 10^{-3} Pa,30 K 的铜质反应屏上,反应完成后,将深冷屏加热除去未反应的一氧化碳,然后把产物溶于适当的溶剂(如戊烷、甲苯等)中,将产物分离出来。

5.2 配体取代

过渡元素和主族元素的大多数配合物是经取代反应制备的。该方法的原理就是用一适当的配体(通常是位于光谱化学序列右边的配体)取代化合物中的水分子或其他配体(通常是位于光谱化学序列左边的配体)。取代反应中,一般不发生配位数变化。从实验角度讲,有两类特点鲜明的取代反应,一类是活性配合物的取代反应,另一类是惰性配合物的取代反应。活性配合物的取代反应进行得很迅速,当混合物反应时,反应几乎立即完成。活性配合物的取代,通常在水溶液中进行,因为绝大多数水合物是活性配合物;惰性配合物的取代反应进行得很慢,实验中通常要使用较大的反应物浓度或(和)加热反应混合物,有时还要使用催化剂等。

5.2.1 活性配合物的取代反应

往 Cu^{2+} 离子的水溶液中加入过量的氨水,立即形成蓝紫色的铜氨配离子：

$$[Cu(H_2O)_4]^{2+} + 4NH_3(aq) =\!=\!= [Cu(NH_3)_4]^{2+} + 4H_2O$$

虽然这个反应能迅速完成,但溶液中实际上能够同时存在的物种包括有 $[Cu(H_2O)_4]^{2+}$,$[Cu(NH_3)(H_2O)_3]^{2+}$,$[Cu(NH_3)_2(H_2O)_2]^{2+}$,$[Cu(NH_3)_3(H_2O)]^{2+}$ 和 $[Cu(NH_3)_4]^{2+}$ 多种配离子。它们的浓度分布决定于反应物的浓度。依据稳定常数数据,适当选择反应物浓度,就可以使其中某一物种的浓度最大,但当加入乙醇以降低配合物的溶解度时,得到的固体配合物仅含 $[Cu(NH_3)_2(H_2O)_2]^{2+}$ 配离子,说明溶液中配合物的组成往往跟固态时不同。

硫脲与硝酸铅在水溶液中的反应是活性取代反应的另一例子：

$$[Pb(H_2O)_6]^{2+} + 6SC(NH_2)_2 =\!=\!= [Pb[SC(NH_2)_2]_6]^{2+} + 6H_2O$$

反应中硫脲迅速取代配位水分子，生成的产物中也包含有多种组成的配离子(甚至还含有多聚体)，但它们基本上是六配体的配离子。

用一个配位能力很强的配体，可以很容易地在水溶液中取代全部配位水分子，生成电中性的不溶于水的配合物。该配合物沉淀可在有机溶剂中重结晶，例如：

$$[Fe(H_2O)_6]^{3+}(aq)+3acac^-(aq) = [Fe(acac)_3](s)+6H_2O$$

式中，$acac^-$ 为乙酰丙酮阴离子。

5.2.2 惰性配合物的取代反应

惰性配合物的取代反应多涉及低自旋型的配合物，反应机理比活性配合物更复杂，实验操作要求也更精细。例如，为了制备 $K_3[Rh(C_2O_4)_3]$，必须使用较浓的 $K_3[RhCl_6]$ 水溶液和 $K_2C_2O_4$ 溶液，并煮沸 2 h，随后进行浓缩蒸发，方可获得产物晶体：

$$K_3[RhCl_6]+3K_2C_2O_4 = K_3[Rh(C_2O_4)_3]+6KCl$$
$$\text{酒红色} \qquad\qquad\qquad \text{黄色}$$

$K_3[Co(NO_2)_6]$ 是一惰性配合物，它与乙二胺水溶液的取代反应需在加热的条件下方可完成，由于反应进行得较慢，还可以分离出它的中间产物，例如 $[Co(NO_2)_4(en)]^-$：

$$[Co(NO_2)_6]^{3-}+2en = cis-[Co(NO_2)_2(en)_2]^+ +4NO_2^-$$

向含有碳酸铵和氨水的 Co(Ⅱ)盐(活性)的水溶液中通入空气，使 Co^{2+} 氧化并生成惰性的 $[Co(CO_3)(NH_3)_5]^+$ 配离子，后者与酸式氟化铵水溶液只有加热到 90 ℃，并持续 1 h，方可转变为 $[CoF(NH_3)_5]^{2+}$ 配离子：

$$[Co(CO_3)(NH_3)_5]^+ +2HF \longrightarrow [CoF(NH_3)_5]^{2+}+F^-+CO_2+H_2O$$

反应中也生成中间产物 $[Co(NH_3)_5(H_2O)]^{3+}$。

简单的配体取代反应，甚至可以用来制备双氮金属配合物即含氮分子的配合物：

$$[Ru(NH_3)_5(H_2O)]^{2+}+N_2 = [Ru(NH_3)_5(N_2)]^{2+}+H_2O$$

双氮配合物的合成，具有极大的意义。多种研究表明，通过双氮配合物的生成，削弱 N≡N 三键的强度，为在室温、常压下将 N_2 转化为 NH_3 创造了条件。

5.2.3 非水介质中的取代反应

在制备某些配合物，特别是金属有机化合物时，需要避免水的存在。一个典型的例子是，如果在铬(Ⅲ)盐的水溶液中，滴加氨水或乙二胺的水溶液，就会析出胶状的羟基配合物沉淀，而得不到 $[Cr(NH_3)_6]^{3+}$ 或 $[Cr(en)_3]^{3+}$：

$$[Cr(H_2O)_6]^{3+}+3NH_3 = [Cr(OH)_3(H_2O)_3]\downarrow +3NH_4^+$$
$$[Cr(H_2O)_6]^{3+}+3en = [Cr(OH)_3(H_2O)_3]\downarrow +3enH^+$$

这时，就应该考虑使用金属无水盐在非水介质中合成。

我们已有多种方法可用于制备无水金属氯化物，例如，用氯化亚砜、二甲氧基丙烷或原甲酸三乙酯与水合盐在加热条件下反应，可以除去结合水：

$$H_2O+SOCl_2 = SO_2+2HCl$$

$$H_2O+(CH_3O)_2C(CH_3)_2 = 2CH_3OH+(CH_3)_2CO$$
$$H_2O+(C_2H_5O)_3CH = 2C_2H_5OH+HC(O)OC_2H_5$$

另一制备无水金属盐的非常有用的方法是用金属氧化物与氯代烃反应。高沸点的六氯丙烯 $C(Cl)_2C(Cl)CCl_3$ 是很理想的氯化剂，反应终端基—CCl_3 变成—$COCl$。

用无水 $CrCl_3$ 与液氨作用，可以制得 $[Cr(NH_3)_6]^{3+}$：

$$CrCl_3(无水)+6NH_3(l) = [Cr(NH_3)_6]Cl_3$$

在乙醚中，是用无水 $CrCl_3$ 与 en 作用，便可顺利制得 $[Cr(en)_3]^{3+}$：

$$CrCl_3+3en \xrightarrow{乙醚} [Cr(en)_3]Cl_3$$
$$紫色 \qquad\qquad 黄色$$

硫氢酸钾在 173 ℃时熔化，熔化的 KNCS 在高于熔点的温度下，可用作溶剂。在该介质中，$[Cr(H_2O)_6]^{3+}$ 中的水很容易被取代：

$$[Cr(H_2O)_6]^{3+}+6NCS^- \xrightarrow{180\ ℃} [Cr(NCS)_6]^{3-}+6H_2O$$

前面提到氯化亚砜跟水一起回流时，可以制得金属氯化物。此外，氯化亚砜也是制备金属氯配阴离子的合适试剂：

$$2NEt_4Cl+NiCl_2 \xrightarrow{SOCl_2} (NEt_4)_2[NiCl_4]$$

但在温度过高时，氯化亚砜会慢慢产生氯气，这一缺点妨碍了它的更广泛应用。

BrF_3 可使大多数盐转化为该元素的最高氟化物，如果同时存在碱金属盐的话，可变为氟配阴离子。BrF_3 是一个非常强的氟化剂，它甚至可以跟金属和合金反应，例如跟银-金（1∶1）合金反应：

$$AgAu(合金) \xrightarrow{BrF_3} Ag[AuF_4]$$

思考题

1. 在配合物的制备中应用溶剂的作用及选择原则是什么？
2. 结合教材中"设计实验3"理解本章的思想。

参考文献

[1] 张克立，孙聚堂等编. 无机合成化学. 武汉：武汉大学出版社，2004
[2] 关鲁雄编. 高等无机化学. 北京：化学工业出版社，2004
[3] 朱文祥编. 中级无机化学. 北京：高等教育出版社，2005

（赵建茹）

第6章 有机金属化合物的制备

📪 **学习目标**

1. 了解金属有机化合物的基本概念。
2. 了解金属有机化合物的制备方法。

🕐 **学习指导**

以研究元素有机化合物为对象的元素有机化学是在20世纪50年代后所形成的一门新兴学科,它是介于有机化学与无机化学之间的一门边缘学科。金属有机化学是元素有机化学的一个分支,近二十年来,有机金属化学飞速发展,成为当前最活跃的化学领域之一。通过本章的学习及结合教材中"综合实验7"了解金属有机化合物的制备方法。
建议课外2学时。

6.1 概述

金属有机化合物又称有机金属化合物,有机金属化合物化学是以有机金属化合物为研究对象的一门学科。凡含有金属—碳(M—C或M—R)键的一类化合物皆称为有机金属化合物。根据这一定义,不含有M—C键的金属烷氧基化合物、烷硫基化合物或羧酸盐不是金属有机化合物。通过其氮、氧、硫等原子与金属配位的化合物也不算金属有机化合物。然而硼、硅、砷与碳键合的化合物,按照习惯被放在金属有机化学中讨论,这是由于硼、硅、砷是类金属元素,它们的碳化合物类同于金属有机化合物,其类型、制法、性质等许多方面与真正的有机金属化合物非常相似。

当有机金属化合物中可以含有其他阴性基,如—OH,—O—,—H,—S—,—NH$_2$,—NH—,—CO,—SCN,—F,—Cl,—Py,—I,—ONO$_2$,—OSO$_2$H等时,它的性质来源于所有结合于金属原子的原子、基或分子,并且每个键皆彼此影响着,从而可能通过适当的有机基取代作用来改变有机金属化合物的化学行为。

6.2 金属有机化合物制备方法

6.2.1 非过渡金属有机化合物制备方法

主族金属和碳键的形成可大致分为氧化反应、交换反应、插入反应、消除反应四大类。

6.2.1.1 氧化反应或直接合成法

$$2M + nRX \Longrightarrow R_nMMX_n (或 R_nMX_n)(金属+有机卤化物)$$

$$2Li + C_4H_9Br \Longrightarrow C_4H_9Li + LiBr$$

MX_n 盐的高生成焓使上述反应为放热反应,但对高原子序数的元素(Pb,Hg)应用混合金属合成法。

$$2C_2H_5Cl + Na/Hg(汞齐) \xrightarrow{乙酸乙酯} (C_2H_5)_2Hg + 2NaCl$$

改变条件也可得到格氏试剂:

$$C_2H_5I + Mg \xrightarrow{乙醚} C_2H_5MgI$$

6.2.1.2 交换反应

(1)金属转移法(金属+金属有机化合物)

$$R_2M' + M'' \Longrightarrow R_2M'' + M'$$

这种金属互换反应例子如:

$$R_2Hg + 2Na \Longrightarrow 2RNa + Hg$$

(2)金属交换反应(金属有机化合物+金属有机化合物)

$$RM + R'M' \Longrightarrow R'M + RM'$$

$$4PhLi + (CH_2=CH)_4Sn \longrightarrow 4(CH_2=CH)Li + Ph_4Sn \downarrow$$

Ph_4Sn 沉淀使反应平衡向右移动,并得到高产率的 $(CH_2=CH)Li$,采用其他方法合成 $(CH_2=CH)Li$ 是困难的。

(3)复分解反应(金属有机化合物+金属卤化物)

$$RM + M'X \Longrightarrow RM' + MX$$

$$4RLi + GeCl_4 \Longrightarrow R_4Ge + 4LiCl$$

6.2.1.3 插入反应

(1)金属氢化(金属氢化物+烯、炔烃)

将 α-烯烃用作合成试剂已成为制备共价有机金属化合物的一种较新方法的基础。例如:

$$AlH_3 + 3CH_2=CHR \xrightarrow{400K} (RCH_2CH_2)_3Al$$

(2)卡宾插入(金属氢化物＋卡宾物)

$$PhSiH_3 + CH_2N_2 \xrightarrow{h\nu} PhSi(CH_3)H_2 + N_2$$

6.2.1.4 消除反应

(1)羧酸盐热裂解(脱羧)

$$HgCl_2 + 2NaOOCR \longrightarrow Hg(OOCR)_2 \xrightarrow{\Delta} R_2Hg + 2CO_2$$

(2)金属氯化物(氢氧化物)＋芳香重氮盐

$$ArN_2^+Cl^- + As(OH)_3 \longrightarrow ArAsO(OH)_2 + N_2 + HX$$

6.2.2 过渡金属有机化合物制备方法

主族金属有机化合物的几种合成方法同样适用于过渡金属有机化合物的制备。

有机金属化合物的制备方法往往是从另一有机金属化合物开始,起始试剂经常是镁或钠的化合物,如格氏试剂或环戊二烯钠。

6.2.2.1 用镁的取代反应

格氏试剂可用 Mg 屑或 Mg 粒在乙醚溶剂中与烃基或芳基卤代物作用便可制得。经常采用的卤化物是碘化物,溶剂经常采用乙醚,反应为:

$$C_2H_5I + Mg \xrightarrow{乙醚} C_2H_5MgI$$

在制备时应排除空气和湿气,因为产物易氧化为 ROMgX;痕量的水也能使反应发生,因为 $RMgX + H_2O \Longrightarrow RH + Mg(OH)X$。

原始试剂制得后,便可制备某一金属的相应的烃基或芳基化合物,或部分烃基化的衍生物。例如:

$$HgCl_2 + 2C_2H_5MgBr \Longrightarrow (C_2H_5)_2Hg + MgCl_2 + MgBr_2$$

$$PbBr_2 + 4C_2H_5MgBr \Longrightarrow (C_2H_5)_4Pb + MgBr_2 + Pb$$

6.2.2.2 其他取代反应

例如,金属钠取代二苯基汞中的汞,生成苯基钠而剩余金属汞:

$$2Na + (C_6H_5)_2Hg \Longrightarrow 2C_6H_5Na + Hg$$

这一反应所以能进行,可能是由于 Na 比 Hg 活泼。一般来说,把有机基转移到电正性比原始试剂中的金属更大的金属时,用该金属本身;若欲将有机基转移到电正性比原始试剂中的金属小的金属时,需用该金属的氯化物。

有时无需先制得原始试剂,取代反应便可以一步完成,例如用 Zn-Mg 合金与 CH_3I 反应来制取二甲基锌:

$$2CH_3I + Zn\text{-}Mg \Longrightarrow (CH_3)_2Zn + MgI_2$$

这种反应,称为镁凝聚反应。

钠凝聚反应应用更普遍:

$$4C_6H_5Cl + SiCl_4 + 8Na \Longrightarrow (C_6H_5)_4Si + 8NaCl$$

这些反应都是复杂的,其中活泼金属在功效上是作为卤素的接受体。

6.2.2.3 直接合成

一般采用的方法是某种特定金属与某种适宜试剂之间发生直接反应而不需要另一金属。例如,历史上曾用下列三步方法制备二甲基二氯硅烷以制备硅酮聚合物:

$$Si + 2Cl_2 \xrightarrow{573\ K \sim 673\ K} SiCl_4$$

$$CH_3Cl + Mg = CH_3MgCl$$

$$SiCl_4 + 2CH_3MgCl = (CH_3)_2SiCl_2 + 2MgCl_2$$

但现在这种化合物是用气态 CH_3Cl 直接与单质硅反应来制得:

$$2CH_3Cl + Si = (CH_3)_2SiCl_2$$

其他直接合成法还有历史悠久的经典的制取二乙基锌的方法:

$$2Cu\text{-}Zn(电偶) + 2C_2H_5I = (C_2H_5)_2Zn + ZnI_2 + 2Cu$$

这种反应实质上是在活泼气氛中,两种不同金属的电池发生腐蚀作用,Li,Na,Ge,Sn,Cd,As,Sb 和许多其他金属的有机衍生物都可按相似方法来制备。

由于它们结构的特殊性,一些含一个或多个酸性氢原子的碳氢化合物可与高度电正性金属进行直接反应。乙炔对碱金属就是这种行为;环戊二烯显酸性它不仅能与钠迅速反应,而且还能与还原铁粉作用:

$$2C_5H_6 + Fe = (C_5H_5)_2Fe + H_2$$

二茂铁就是根据这一反应首先发现的。环戊二烯甚至可以还原氧化铁而得相同产物:

$$2C_5H_6 + FeO = (C_5H_5)_2Fe + H_2O$$

CuO 也有相似的反应。特别是在三乙基膦作用下,而且这些可能是仅有的用氧化物来直接合成它们的有机金属衍生物的例子。

6.2.2.4 加合反应

一般方法是金属的活泼性化合物(往往是氢化物)加合于不饱和碳氢化合物。例如,二硼烷在 100 ℃加合于乙烯,经过几天后,形成三乙基硼:

$$B_2H_6 + 6H_2C=CH_2 \longrightarrow 2(C_2H_5)_3B$$

相似地,在高温和不存在催化剂时,或在中等温度有某些过氧化物或载铂木炭存在时,或在室温与氯铂酸存在时,把含 Si—H 键的化合物加合于烯烃:

$$HSiCl_3 + C_5H_{13}CH=CH_2 \longrightarrow C_8H_{17}SiCl_3$$

乙炔可按这种方式进行两次反应:

$$HSiCl_3 + HC\equiv C-H \longrightarrow H_2C=CHSiCl_3$$

$$H_2C=CHSiCl_3 + HSiCl_3 \longrightarrow Cl_3SiCH_2CH_2SiCl_3$$

这个一般反应已成为有用的方法,如利用乙烯和丙烯腈($CH_2=CHCN$)来制备很多的重要有机金属中间体。

氢化铝是另一种活泼性氢化物,它也可加合于烯烃,但不易获得,并且极活泼,甚至难于储存和处理。不过,这些困难在 Zieeler 反应中被巧妙地防止了,在这种反应中,金属铝与高压的氢和烯烃的两种气体混合物反应:

$$2Al+3H_2+6H_2C=CH_2 \xrightarrow{高压} 2(C_2H_5)_3Al$$

Zieeler 反应的重要性在于它的各种产物广泛地在烯烃的聚合反应中作为催化剂。在适当条件下,烯烃还会继续加合于活泼的 Al—C 键而形成无数的碳-氢键:

$$Al-C_2H_5 \xrightarrow{C_2H_4} Al-C_2H_4-C_2H_5 \xrightarrow{C_2H_4} Al-(C_2H_4)_2-C_2H_5$$

以上为有机金属化合物的常用制法,当然个别化合物还有它自己的特殊制法。

6.3 几种常见有机金属化合物制备

6.3.1 有机锂、有机镁的制备

6.3.1.1 有机锂的制备

常用于制备烷基锂的方法有三种:第一种是直接用金属锂与卤代烃反应;第二种是用有机锂对有机化合物进行金属化反应;第三种是用有机锂和卤代烃进行锂-卤素交换反应。锂和其他金属衍生物发生金属置换的反应已不常用于实验室。

(1) 金属锂-卤代烃法

这个方法类似于格氏试剂的制备。在一个溶剂中,将剪碎的金属锂片或锂丝与卤代烃起反应。这是最基本的有机锂制备方法,常用于制苯基锂、乙基锂和丁基锂。

$$RX+2Li \longrightarrow RLi+LiX$$

某些有机锂在国外已成为商品,如丁基锂在美国 1963 年产量高达 700 多吨,它是其他有机锂的原料,也用作双烯聚合的引发剂。为了达到制备的最佳效果,对所用的试剂和条件首先必须注意:(1) 卤代烃的卤素的选择;(2) 锂的纯度和物理状态;(3) 溶剂的性质。其次是保护气体,用氩气和氮气都可以,只要气体中不含氧和水就行。

卤代烃常用的是氯代物,或溴代物,很少用氟代物。氯代物比较好,它的副反应少,只是反应速率慢于溴代物;但溴代物与锂作用后生成溴化锂,能溶于乙醚中,故后续反应如受溴化锂影响时,最好用氯代物。

金属必须纯净,把刚刚剪小的锂片或锂丝直接投入溶剂,使它表面暴露在空气中的时间越短越好。只有在反应特慢的情况下才用锂沙。锂沙是在一个惰性、高沸点的熔剂中,把熔融的锂进行高速搅拌,然后冷却制得。许多商品锂中含少量钠以加速反应,但钠含量以不超过 2% 为好。

溶剂是至关重要的。有机锂制备与格氏试剂制备的最大不同点似乎表现在溶剂方

面。有机锂可以在惰性溶剂如戊烷、石油醚等烷烃中制备,格氏试剂不熔于烃类溶剂,只有少数能在这类溶剂中制得。当然有机锂更容易在乙醚、四氢呋喃中制取,但由于有机锂能慢慢地同醚类反应,作为储备用的有机锂最好还是用烃类溶剂制取。

(2) 金属化反应

所谓"金属化反应"就是一个含氢的有机衍生物与有机金属化合物发生 H－M 交换的反应。当 M 为 Li 时,则制得新的有机锂:

$$RLi + XYZC-H \longrightarrow XYZC-Li + RH$$

反应可以认为是一个较强的酸(在此为 XYZCH)与一个酸性较弱的锂盐(RLi)发生反应。一般用于金属化的有机锂为丁基锂、乙基锂和苯基锂等。已知烃类的酸性很弱,可以根据它们的 pK_a 大小排列出其酸性强弱次序,pK_a 越小,酸性越强。

6.3.1.2 有机镁的制备

镁的有机化合物有 $RMgX$(格氏试剂)和 MgR_2 两种类型。

格氏试剂是用金属镁和有机卤化物 RX(R=烷基或芳基,X=Cl,Br 或 I)在适当溶剂(通常是像乙醚或四氢呋喃之类的醚)中直接相互作用而制成的。一般以 RI 的反应为最快,但要用碘作为引发剂。

$$RX + Mg \xrightarrow{Et_2O} RMgX$$

RMgX 是活泼的,不需分离即可直接用于各种化学反应。

由于格氏试剂遇水就分解,所以在制备格氏试剂时必须用无水溶剂和干燥的反应器,操作时也要隔绝空气中的湿气。

6.3.2 金属羰基化合物的制备

单核金属羰基化合物是制备其他类型的金属有机物一种最基本的原料。其中有一些可以买到,如 $Fe(CO)_5$ 和 $Ni(CO)_4$,且前者可能是最便宜的一种金属羰基化合物。制备单核金属羰基化合物一般都需要特殊设备,如高压釜和 CO 加压设备。钢瓶装 CO 的压力一般不超过 6.8 MPa,因为 CO 在高压下会腐蚀钢瓶。钢瓶装 CO 气体中常沾有微量 $Fe(CO)_5$,在制其他金属羰基化合物时应注意除去。金属羰基化合物的制备有以下五种方法。

(1) 直接合成法

多数的金属羰基化合物是金属与 CO 直接化合制得的,但金属必须是新还原产品,并处于非常活化状态。

$$Ni + 4CO \xrightarrow{室温} Ni(CO)_4$$

$$Fe + 6CO \xrightarrow{250\ ℃,压力} Fe(CO)_6$$

此法可获得高产率和好产品。将镍粒通过 CO,以冻结法获得产品后,再通入 CO,使

CO 得以循环使用,从而获得高产率。

(2) 高压下还原性羰基化反应

在高压下,利用还原剂,使金属与羰基发生羰基化反应。所用的还原剂,主要是氢、活泼性金属、溴化苯基镁(C_6H_5MgBr)等。

$$CrCl_3 + 6CO \xrightarrow{C_6H_5MgBr, 高压} Cr(CO)_6$$

但大部分其他金属羰基化合物则是通过还原金属卤化物或氧化物来制取的。六羰基铬是在 30 MPa 下,由三氯化铬进行还原羰基化制得:

$$CrCl_3 + Al + 6CO \xrightarrow{C_6H_6, AlCl_3} Cr(CO)_6 + AlCl_3$$

反应中可能有二苯铬作为中间体,然后被取代为羰基铬。铬、钨、钒的羰基化合物可用类似的方法从其卤化物来制取。

(3) 利用歧化反应制取法

用 CO 使 NiCN 发生歧化反应来制备羰基化合物:

$$2NiCN + 4CO \longrightarrow Ni(CN)_2 + Ni(CO)_4$$

(4) 用羰基化合物的衍生物制备新的羰基化合物

$$3Fe(CO)_3 \cdot CH_3OH + 4H^+ \longrightarrow Fe(CO)_6 + 2Fe^{2+} + 3CH_3OH + 2H_2 + 3CO$$

(5) 在紫外光照射下,用某些单核羰基化合物制得多核羰基化物

$$2Fe(CO)_5 \xrightarrow{uv} Fe_2(CO)_9 + CO$$

6.3.3 过渡金属二茂化合物(Cp_2M)的制备

最常用的制法之一是用金属钠和环戊二烯先在甲苯中反应制得环戊二烯基钠,然后改在四氢呋喃中与过渡金属二卤化物反应:

$$2Cp-Na^+ + MCl_2 \xrightarrow{THF} \pi-Cp_2M + 2NaCl$$

1,2-二甲氧乙烷(乙二醇二甲醚)也可作为溶剂。用这种方法可制各种过渡金属二茂化合物,如用 $FeCl_2$,则得二茂铁;用 $NiCl_2$,则得二茂镍。

直接用环戊二烯和过渡金属盐在乙二胺或 KOH 存在下反应也能制得二茂金属。这种方法是利用了环戊二烯具有酸性氢,能在弱配位的质子碱的作用下原位产生环戊二烯基负离子的特性。由于环戊二烯可以由廉价易得的工业原料二聚环戊二烯热解制得,所以制取二茂金属比较方便,尤其后一种所谓直接法更方便:

$$2C_5H_6 + FeCl_2 + 2KOH \longrightarrow \pi-Cp_2Fe + 2KCl + 2H_2O$$

在水溶液中制取的环戊二烯基铊也可用于制备各种双环戊二烯基化合物,例如:

$$C_5H_6 + TlOH \xrightarrow{HgO} C_5H_5Tl + H_2O$$

$$2C_5H_5Tl + FeCl_2 \longrightarrow \pi-Cp_2Fe + 2TlCl$$

环上有取代基的环戊二烯基金属化合物可以用前述钠法制取。

参考文献

[1] 戚冠发. 有机金属化合物化学基础(第 1 版). 哈尔滨:东北师范大学出版社,1986

[2] 徐如人,庞文琴. 无机合成与制备化学(第 1 版). 北京:高等教育出版社,2001

[3] [美]Robert J. Angelici. 无机化学合成和技术(第 1 版). 北京:高等教育出版社,1990

[4] 申泮文. 无机化学(第 1 版). 北京:化学工业出版社,2002

[5] 蒋挺大. 合成化学基础(第 1 版). 北京:科学出版社,1992

[6] 杜诗初. 高等有机化学选论(第 1 版). 郑州:河南大学出版社,1990

(康桃英)

第 7 章　晶体生长

学习目标

1. 了解晶体形成的方式及晶体的生长。
2. 了解影响晶体成长的因素。

学习指导

晶体的生成在无机物制备中具有重要的作用。通过本章的学习,了解晶体生成及其影响因素,结合教材中"基本实验 2"晶体的制备,理解本章的内容。

建议课外 4 学时。

7.1　晶体的形成方式

晶体是一个固体,所以晶体的形成方式就是一种物质从一种物态转变为固态的过程。物态决定于温度、压力和比容之间的相互关系。随着这三个因素的改变,物质存在的状态也就发生变化。

晶体的形成方式有下面几种:

(1) 由气态转变为固态的方式——升华作用下的结晶作用。
(2) 由固态转变为固态的方式——固体的再结晶作用。
(3) 由液态转变为固态的方式——由熔体或溶液中的结晶作用。

在这些方式中,由液态转变为固态的方式最为普遍。这是自然界和实验室中晶体生成的最主要的方式。由液态转变为固态的方式是通过两种途径来进行的:一种是由熔体结晶;另一种是由溶液中结晶。

从溶液中生成晶体的方式是我们日常生活中都很熟悉的一种结晶作用。例如:引海水到盐田里晒盐,在糖水里结晶出冰糖的晶体,以及我们在化学实验室里所进行的一些结晶沉淀的实验等,都是由液态转变为固态的实例。但是从溶液中结晶必须在过饱和溶液中方能发生。要得到过饱和溶液必须降低饱和溶液的温度,通过饱和溶液的蒸发及化学反应,也可以获得过饱和溶液。

从熔体中结晶,对我们来说也不是生疏的事情。例如:从高炉中的铁水(金属烤体)内结晶出生铁的块体;从硫磺的熔体中结晶出硫磺的针状晶体。在自然界中由炽热的岩浆里结晶成各种各样的岩石和矿物,也可以看成是由熔体中结晶的例子(因为这里面包含有从溶液中的结晶,但是以从熔体中的结晶为主)。熔体结晶只能在温度低于该物质的熔点时才能发生,也就是说只有当熔体处于过冷却的条件下才能结晶。

由气态转变为固态的作用就是升华作用。例如,秋天在田野里覆盖着的霜,冬天下的雪以及在玻璃窗上结成的冰花,都是由于大气中的水蒸气经升华作用所形成的晶体。在火山口附近,由于火山的升华作用就形成了碘、硫、NH_4Cl 晶体。

从固体状态转变为固体状态的方式,这就是物理化学上所说的再结晶作用。

7.2 晶体的发生

在绝大多数的情况下,溶液中晶体的发生,首要条件是溶液温度的降低,以及由此而产生的过饱和溶液的程度。

溶液按其稳定的情况可以分为三类。在图 7-1 中,AA_1 代表某物质的溶解曲线,BB_1 代表过饱和曲线。这两条曲线就把溶液的状态分成了三部分。在 AA_1 曲线之下为稳定区,在这里溶液是处于饱和状态。在 AA_1 之上,溶液都是过饱和溶液,过饱和溶液在一定条件下也是稳定的,这部分称为准稳定区。但是溶液的过饱和是有一定限度的,超过此限度,过饱和溶液就会自发结晶,这就形成了溶液中的不稳定区。BB_1 以上就是不稳定区。

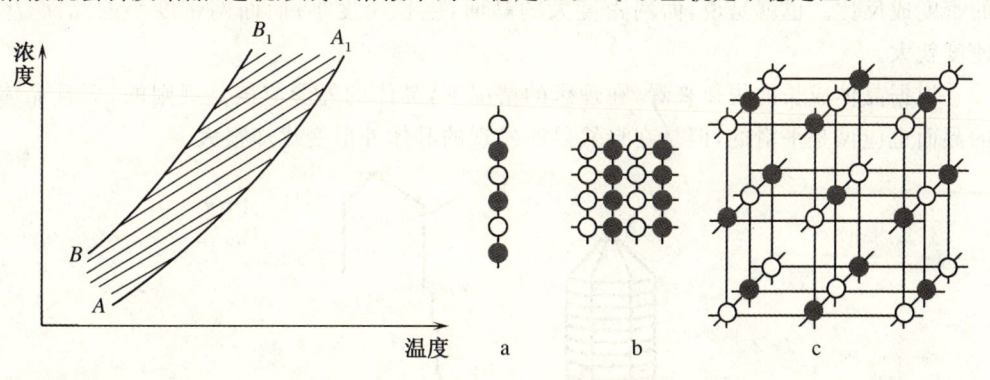

图 7-1 溶液中的三个区域   图 7-2 晶体从溶液中发生的过程

从以上可以看出:如果溶液处于不稳定的状态,晶体就会自发地从溶液中产生,并且很快地成长而完成它的全部结晶过程。在溶液中最先形成的、最小的晶体称为晶芽。当离子在溶液中互相碰撞的时候,这种引力就使它们彼此结合起来。这些离子首先结合成

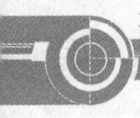

线晶(图 7-2a),线晶再结合成为面晶(图 7-2b),面晶再结合则形成很小的晶体,它就是晶芽(图 7-2c)。

7.3 晶体的成长

在过饱和溶液中,如果不断地保持着过饱和的程度,晶芽就会在里面继续成长。晶体的成长实际上就是溶液中的质点不断地向已经形成的晶芽上黏附,而使结晶格子逐渐扩大的过程。质点向已经形成的晶芽上的黏附,可以是单个的离子或分子,也可以是线晶、面晶,甚至于另外的晶芽。但是这些质点的黏附,必然受着晶格的控制。下面介绍一下晶体成长的规律。

在理想的情况下晶体成长规律是:晶体成长的时候是长完了一个行列,再长另外相邻的一个新的行列;长满了一层面网,再长另外一层新的面网。因此,晶面的生长是平行地向外移动。这个规律可以说明晶体的自限性,也可以说明晶体上对应晶面之间的夹角是永远不变的。

在晶体成长的不同阶段,表现在颜色、密度、折光率等性质上就有所不同。正是由于这些性质的不同,使得晶体在各个生长阶段所形成的生长线能够显现出来,而且这些生长线也确实是平行的。这种现象有时候在晶体外形上也可以看得到。由于晶体具有这种带状的构造,因此为我们研究晶体成长的规律提供了有用的资料。

晶面的生长速度决定于许多因素。在溶液保持一定的过饱和浓度的情况下,面网的性质(质点的种类及密度)起着主要的作用。从实验可以得出:晶面的生长速度与其面网的密度成反比。也就是说,面网密度大的晶面,生长速度小;而面网密度小的晶面,生长速度就大。

根据晶体成长的规律来看,在理想的情况下,晶体的外形应该是规则的,而且晶体上的晶面也应该是平滑的,但是在自然界所发现的晶体外形变化却很大。

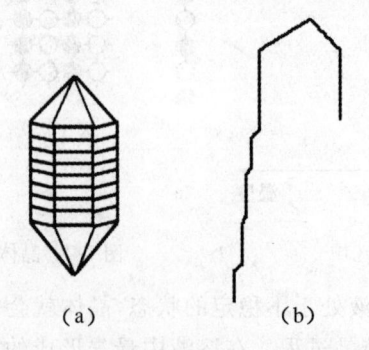

(a)　　　　　(b)

图 7-3　石英晶体的晶面条纹(a)及阶梯状的平面(b)

我们观察晶体的时候,有一部分晶面的确很光滑,但是也有一部分晶体,晶面上有粗细不等的条纹。如果条纹很粗的话,可以使晶面表现为阶梯状的平面(图 7-3)。产生这种现象的原因还不太清楚,因为影响晶体成长的因素很多。但是在晶面生长的时候,一般都是从晶面的边缘开始,也就是从一个不大的突起处开始的,这是因为在突起的地方容易接受过饱和溶液中的溶质,因而晶面就容易从这里生长。

7.4　影响晶体成长的因素

影响晶体成长的因素,除去晶体的内部构造以外,结晶作用的条件对晶体的成长有着极大的影响。环境对晶体生长的影响是显著而且复杂多样的,许多方面至今尚未弄清楚,但从已有的资料可以得出一些重要的结论。下面我们讨论影响晶体生长的最主要因素。

7.4.1　温度

温度对于晶体的生长速度和晶体形态具有很大的影响。如果保持溶液的浓度不变,所有晶体的生长速度是随着温度的升高而加快的。温度对于结晶形态的影响可从泻利盐($MgSO_4 \cdot 7H_2O$)的结晶实验中得到极好的说明。实验证明:泻利盐的外形是随着温度的增加而变"肥"的(图 7-4)。

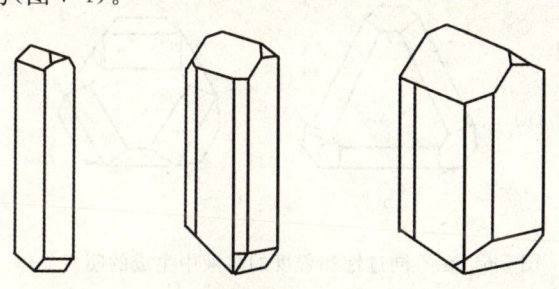

图 7-4　溶液的温度对泻利盐晶体形状的影响

在自然界中,矿物形成的温度也明显地影响着晶体的外形。例如,石英的晶体就反映了这种情形(图 7-5)。方解石、萤石、正长石、磷灰石、闪锌矿等的晶体,也是随着生成温度的变化而有改变的。

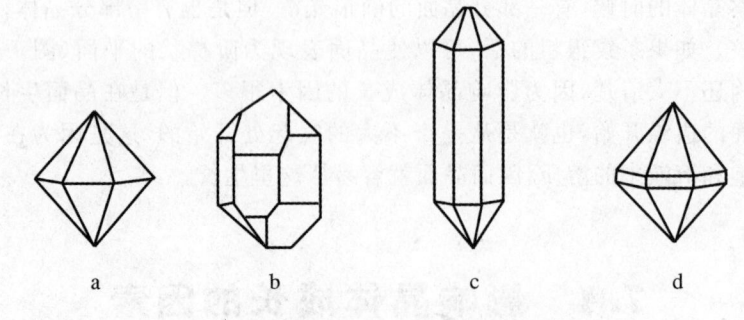

图 7-5　在各种自然条件下形成的石英晶体
a. 产自燃热的岩浆　b. 产自高温溶液　c,d. 产自低温溶液

7.4.2　浓度

溶液的浓度（过饱和程度）往往可以影响晶体的形状和晶面的数目。溶液的浓度大，晶面就少。溶液的浓度小，晶面就多，因而晶体的形状也就复杂。这种影响可以明矾为例来加以说明（图 7-6）。在其他影响因素相同时，明矾的晶面是随着过饱和程度的降低而逐渐增多的。在极度过饱和的溶液中其晶体的外形呈八面体（图 7-6a）；在过饱和程度降低时，八面体的顶角就变钝了，而出现了立方体和菱形十二面体的晶面（图 7-6b,c）；在过饱和程度极弱的溶液中，晶体的形状就近于球形（图 7-6d），当然晶体上的晶面还是平的。

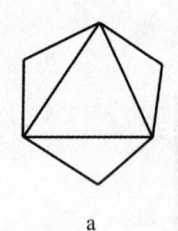

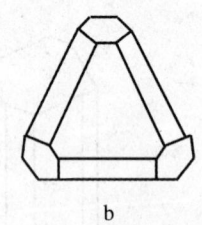

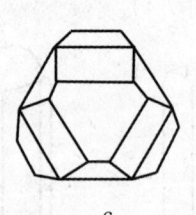

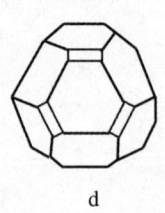

图 7-6　在不同过饱和程度的溶液中生成的明矾晶体

7.4.3　杂质

溶液中的杂质非常严重地影响着晶体的外形。杂质在溶液中的出现，会使晶面生长的相对速度发生很大的变化。例如：明矾在过饱和溶液中生成八面体的晶体（如图 7-7a）。若在此溶液中加入一些硼砂（$Na_2B_4O_7 \cdot 10H_2O$），则在八面体的面上就立刻出现了立方体的面（图 7-7b）。这些立方体的面，起初是使八面体的顶角变钝，以后就逐渐扩大（图 7-7c），最后使明矾变成了立方体的外形（图 7-7d）。

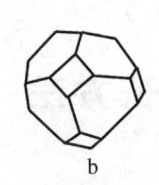

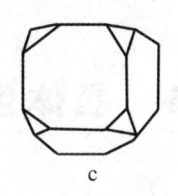

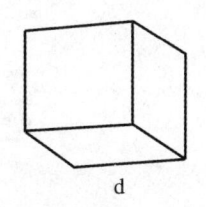

图 7-7　在溶液中含有硼砂时明矾晶体的不同形态

溶液中的杂质如何影响着晶体的习性,现在还不太清楚。但是多数人认为,晶体上不同生长速度的晶面,对溶液中杂质具有不同程度的吸附。吸附杂质多,晶面的生长速度就必然降低;如果吸附得较少,生长速度也就较快,因此就引起了晶体外形的变化。

7.4.4　重力

在晶体生成的过程中,重力的影响永远是存在的。由于重力的影响,在晶体生长的同时产生了一种涡流现象。这种现象表现在晶体生长的时候,常常可以看到由晶体表面向溶液表面上升着的细流,这种细流就称为涡流(如图 7-8)。

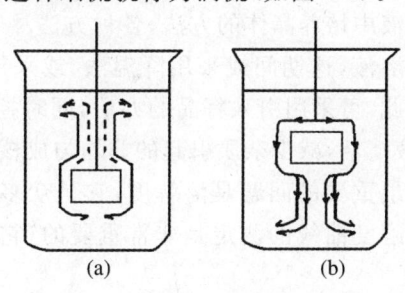

图 7-8　在晶体生长(a)及溶解(b)时溶液中产生的涡流

在晶体生长的时候,涡流是向上的;而在晶体溶解的时候,涡流是向下的。涡流本身是晶体生长的伴生现象,它直接反映着晶体的生长速度,同时也影响着晶体的形态。因为涡流的产生,就会引起一股潮流冲向晶体,这股潮流携带着大量的过剩物质,因此凡是和这股潮流接近的晶面,其生长速度就快;相反,其生长速度也就较慢。这样一来,当然也就影响晶体的形态,所以当晶体生长的时候,由于晶体在容器中各处的位置不同,其形状也并不相同,原因就在于此。

7.4.5　黏度

晶体生长所处溶液的黏度亦影响晶体生长。当然,黏度的加大,将妨碍涡流的产生;溶质的供给只有以扩散的方式来进行,晶体则在物质供给十分困难的条件下生长,在这种条件下生长的晶体可以长成特殊的形态。

我们可以把晶体生长的过程总结如下:晶体发生和成长的过程,实质上是物质质点由混乱到规律的过程,这一过程趋向于遵循居里-吴里弗原理(或遵循布拉维法则),而且受晶体生长所处环境的影响。

7.5 晶体生长方法

人工晶体品种繁多。不同晶体根据技术要求可采用一种或几种不同的方法生长。这就造成了人工晶体生长方法的多样性及生长设备和生长技术的复杂性。在这一节里，将简单介绍现代晶体生长技术中经常使用的几种主要方法。

7.5.1 从溶液中生长晶体

从溶液中生长晶体的方法历史最久，应用也很广泛。从溶液中结晶，是自然界中大量存在的一种结晶方式。今天用人工的方法从溶液中培养大块优质单晶体，已经成为应用最广泛、工艺最成熟的一种生长方法了。这种方法的基本原理是将原料（溶质）溶解在溶剂中，采取适当的措施造成溶液的过饱和，使晶体在其中生长。根据从溶液中结晶的规律，人们设计了各种从溶液中培养晶体的方法，各种方法尽管工艺各不相同，但原理是相同的：一是要造成过饱和溶液，这期间或采用降温法、或采用恒温蒸发法或两者兼用；二是要避免非均匀成核，为此，可采用引入籽晶的办法，同时控制溶液浓度使之始终处于亚稳过饱和区内。保持溶液清洁，减少杂质引起的非均匀成核几率。

从溶液中生长晶体时，最重要的问题是溶解度，它是众多的生长参数中最基本的数据。从溶液中培养晶体，溶解度曲线的测定是非常重要的，它是选择生长方法和生长温度的重要依据。

在我们所讨论的溶液体系中，压力对溶解度的影响是很小的，而温度的影响却十分显著。这种温度-浓度关系可用比较典型的溶解度曲线（图7-9）表示。曲线 AB 将整个溶液区划分为两部分：曲线之上是过饱和区，也称为不稳定区；曲线以下为不饱和区，也称为稳定区。曲线 AB 即为溶解度曲线，也叫做饱和曲线。把曲线 $A'B'$ 叫做过溶解度曲线。整个溶液区就由两条曲线分成三部分（见图7-9）。这三个区域中，以亚稳过饱和区最为重要，从培养单晶体的角度看，我们总是希望析出的溶质部是在籽晶上生长而不发生在溶液的其他部位。所以，从溶液中培养晶体的过程，就是在这个区域进行的。

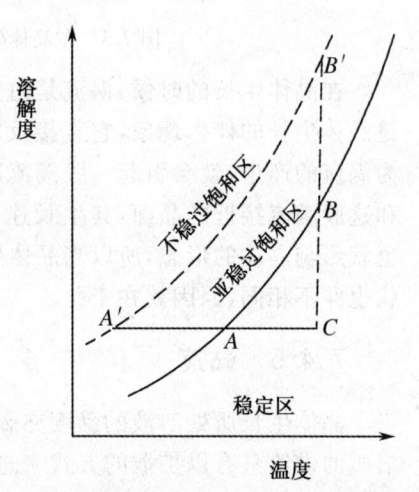

图 7-9 溶解度曲线

从溶液中生长晶体过程的最关键因素是控制溶液的过饱和度，使溶液达到过饱和状态，并在晶体生长过程中维持其过饱和度。在晶体生长过程中维持溶液过饱和度的途径有：(1)据溶解度曲线，改变温度。(2)采取各种方式(如蒸发、电解)移去溶剂,改变溶液成分。(3)通过化学反应来控制过饱和度,由于化学反应速度和晶体生长速度差别很大,做到这一点是很困难的,需要采取一些特殊的方式,如通过凝胶扩散使反应缓慢进行等。(4)用亚稳相来控制过饱和度,即利用某些物质的稳定相和亚稳相的溶解度差别,控制一定的温度,使亚稳相不断溶解,稳定相不断生长。

根据晶体的溶解度与温度系数,从溶液中生长晶体的具体方法有下列几种。

7.5.1.1 降温法

降温法是从溶液中培养晶体的一种最常用的方法。这种方法适用于溶解度和温度系数都较大的物质,并需要一定的温度区间。这一温度区间也是有限制的:温度上限由于蒸发量大而不宜过高,当温度下限太低时,对晶体生长也不利。一般来说,比较合适的起始温度是50 ℃～60 ℃,降温区间以15 ℃～20 ℃为宜。

降温法的基本原理是利用物质较大的正溶解度温度系数,在晶体生长的过程中逐渐降低温度,使析出的溶质不断在晶体上生长。用这种方法生长的物质的溶解度温度系数最好不低于1.5 g/(1000 g 溶液·℃),下表是符合此要求的一些物质的数据。

表 7-1 一些物质的溶解度及其温度系数

物　质	溶解度 (g/1000 g 溶液)	溶解度温度系数 [g/(1000 g 溶液·℃)]
明矾　$K_2SO_4 \cdot Al_2(SO_4)_3 \cdot 24H_2O$	240	+9.0
ADP　$NH_4H_2PO_4$	360	+4.9
TGS　$(NH_2CH_2COOH)_3 \cdot H_2SO_4$	300	+4.6
KDP　KH_2PO_4	250	+3.5
EDT　$(CH_2NH_2)_2C_2H_4O_4$	598	+2.1

降温法生长晶体的装置,如图 7-10 所示。在降温法生长晶体的整个过程中,必须严格控制温度,并按一定程序降温。研究表明,微小的温度波动就足以在生长的晶体中造成某些不均匀区域。为提高晶体生长的完整性,要求控温精度尽可能高(目前已达±0.001 ℃),此外还需要造成适合晶体生长的其他条件。

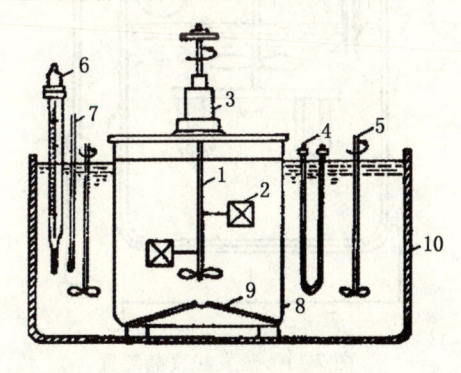

图 7-10　水浴育晶装置

1. 制晶杆　2. 晶体　3. 转动密封装置　4. 浸没式加热器　5. 搅拌器　6. 接触温度计
7. 温度计　8. 育晶器　9. 有空隔板　10. 水槽

在降温法生长晶体的过程中,不再补充溶液或溶质,因此整个育晶器在生长过程中必须严格密封,以防溶剂蒸发和外界污染。为增加温度的稳定性,育晶器的容量都比较大(大型育晶器一般为 50~80 L),并将其置于水浴中或加上保温层。育晶器顶部经常保持有冷凝水回流,育晶器底部最好有加热器,使得溶液表面和底层都有不饱和层保护,以避免自发晶核的形成。

为使溶液温度均匀并使生长中的各个晶面在过饱和溶液中能得到均匀的溶质供应,要求晶体对溶液作相对运动(最好是杂乱无章的运动)。这种运动可采取多种形式,如晃动法(固定晶体,摇晃整个育晶器,使溶液对晶体作相对运动)、转晶法(晶体在溶液中作自转、公转或行星式转动)等,其中以晶体在溶液中自转或公转最为常用。为了克服这种转动方式所造成的某些晶面总是迎液而动,而某些晶面总是背向液流的缺点,转动需要定时换向,即用以下程序进行控制:正转—停—反转—停—正转。

降温法控制晶体生长的关键是在晶体生长过程中,掌握合适的降温速度,使溶液始终处在亚稳区内并维持适宜的过饱和度,使晶体正常生长。

7.5.1.2 恒温蒸发法

恒温蒸发法是在一定温度和压力条件下,靠溶剂不断蒸发使溶液达到过饱和状态,以析出晶体。这种方法适合于生长溶解度较大而溶解度温度系数又很小的物质。图7-11是蒸发法育晶装置示意图。

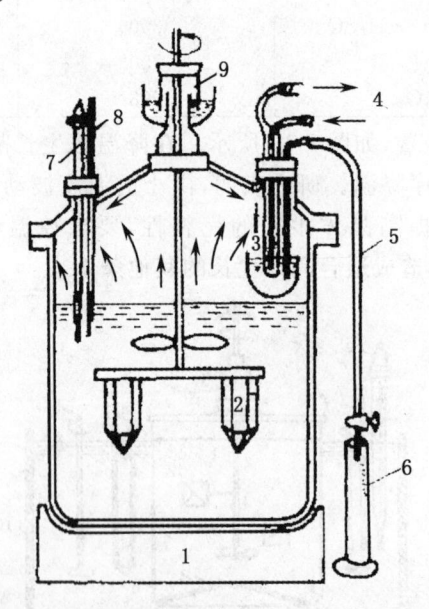

图7-11 蒸发法育晶装置
1.底部加热器　2.晶体　3.冷凝器　4.冷却水　5.虹吸管
6.量筒　7.接触控制器　8.温度计　9.水封

用此法培养晶体,需要仔细控制蒸发量,使溶液始终处于亚稳过饱和,并维持一定的过饱和度,使析出的溶质不断在籽晶上长成单晶。由于温度保持恒定,晶体的应力较小。但由于很难准确控制蒸发量,故用此方法很难长出大块的单晶体。在室温下用蒸发法培养晶体时,也可采用减压蒸发法。表7-2列出了一些适用于蒸发法生长的晶体在60℃时的溶解度及其温度系数。

表7-2 具有高溶解度和低温度系数的材料在60℃时的溶解度和温度系数

物质	g/1000 g 溶液	g/(1000 g 溶液·℃)
K_2HPO_4	720	−0.1
$Li_2SO_4 \cdot H_2O$	244	−0.36
$LiIO_3$	431	−0.2

7.5.1.3 循环流动法

用温差法获得过饱和溶液的方法很多,我们这里只介绍其中的两种,循环流动法和温差水热法。循环流动法装置示意图如图7-12所示。

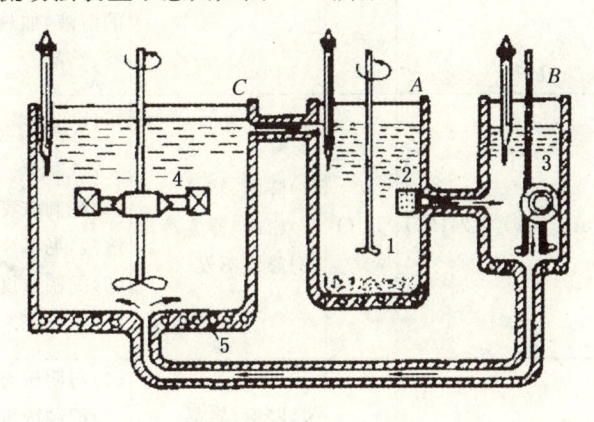

图7-12 循环流动法育晶装置
1. 原料　2. 过滤器　3. 泵　4. 晶体　5. 加热电阻丝

由图7-12可知,整个循环系统是由三部分组成的。其中,C为生长槽,结晶过程即在这里发生;A是饱和槽,其作用是产生饱和溶液;B是过热槽。A槽的温度高于C槽,原料在A槽中不断溶解,成为该温度下的饱和溶液,然后进入槽进行过热处理,过热的溶液由泵3打回C槽。由于C槽的温度比A槽的低,所以由泵体打入C槽的溶液,在较低的温度下即由饱和状态变成了过饱和状态。析出的溶质不断在籽晶上生长,随着溶质的不断析出,溶液的浓度不断降低,稀释的溶液再进入A槽重新溶解溶质,然后再依次重复上述生长过程。由此可见,整个生长过程就是A槽中的原料不断溶解,C槽中的晶体不断长大的过程。晶体的生长速度由溶液的流动速度和A,C槽之间的温度差所决定。整个系统的循环是由泵强迫进行的。可见,这种方法是将溶液配制、过热处理和单晶生长等操作过程,分别在整个装置的不同部位进行,而构成一个连续的流程。这种生长方法的优点是生长温度和过饱和度固定,调节方便,可选择较低的培养温度,便于培养大尺寸的单晶;同时,可以保证晶体始终是在最有利的生长温度和最合适的过饱和度下恒温生长。缺点是设备

较复杂,在连接的管道内易发生结晶而使管道堵塞,这在某种程度上也限制了它的应用。

从溶液中生长晶体的方法还有溶胶法、电解溶剂法,但以降温法、蒸发法、流动法最为常见,大部分水溶性晶体都是用这些方法进行培养的。表7-3列出了从溶液中生长的一些晶体的单晶培养和一般的结晶方法。

表 7-3 从溶液中生长的一些重要晶体

名称及缩写	化学式	溶剂	生长方法	工艺要领
酒石酸钾钠(KNT)	$KNaC_4H_4O_6 \cdot 4H_2O$	H_2O	(1)降温、转晶 (2)密封、静置冷却 (3)静置蒸发	(1)起始温度 45 ℃,降温先慢后快,1~2月可长出约 10 kg 单晶。 (2)配制浓度为 134 g/100 mL 水的溶液,加热至完全溶解,然后在密封容器中静置、冷却、结晶。 (3)配制浓度为 130 g/100 mL 水的溶液,加热至完全溶解,静置、蒸发、结晶。
明矾	$K_2SO_4 \cdot Al_2(SO_4)_3 \cdot 24H_2O$	H_2O	(1)降温、转晶 (2)密封、静置冷却 (3)静置蒸发	(1)起始温度 48 ℃,降温速度约 0.2 ℃/天。 (2)配制浓度为 24 g/100 mL 水的溶液,见 KNT(2)。 (3)配制浓度为 20 g/100 mL 水的溶液,见 KNT(3)。
铬矾	$K_2SO_4 \cdot Cr_2(SO_4)_3 \cdot 24H_2O$	H_2O	(1)降温、转晶 (2)密封、静置冷却 (3)静置蒸发	(1)与明矾类似。 (2)配制浓度为 65 g/100 mL 水的溶液,见 KNT(2)。 (3)配制浓度为 60 g/100 mL 水的溶液,见 KNT(3)。
磷酸二氢钾	KH_2PO_4	H_2O	降温、转晶	起始温度50 ℃~60 ℃,以(001)切片为籽晶,成堆过程降温稍快。
α-碘酸	α-HIO_3	H_2O	蒸发	起始温度 50 ℃,用 Z 切籽晶。
碘酸钾	KIO_3	H_2O	蒸发	流动和蒸发相结合,溶解区 42 ℃,生长区 24 ℃,生长速度很慢。
硝酸钠	$NaNO_3$	H_2O	降温、转晶	起始温度约 50 ℃,降温要慢。
酒石酸乙二胺(EDT)	$(CH_2NH_2)_2C_4H_4O_6$	H_2O	降温、转晶	EDT 无水物在 40.6 ℃以上稳定,但也可在 40.6 ℃以上生长 EDT。
酒石酸钾(DKT)	$K_2C_4H_4O_6 \cdot 1/2H_2O$	H_2O	降温、转晶	起始温度 60 ℃。

7.5.2 从熔体中生长晶体

熔体生长的方法有许多种,目前尚无统一和严格的分类方法。可以根据是否使用坩埚来分类,也可以根据熔区的特点来分类,前一种分类法是从技术和工艺的角度来考虑,有其便利之处;而后一种分类法对于讨论生长过程中的某些问题,则可能是方便的。这里采用后一种分类法,将熔体生长的方法分为正常凝固法和逐区熔化法两大类。

7.5.2.1 正常凝固法

正常凝固法的特点是在晶体开始生长的时候,全部材料均处于熔态(引入的籽晶除外)。在生长过程中,材料体系由晶体和熔体两部分所组成,生长时不向熔体添加材料,而是以晶体的长大和熔体的逐减而告终。

正常凝固法包括晶体提拉法、坩埚移动法、晶体的泡生法、弧熔法等。最常用的是晶体提拉法,这是熔体生长中最常用的一种方法,许多重要的实用晶体是用这种方法制备的。近年来,这种方法又得到了几项重大改进(如 ADC 技术、LEC 技术、EFG 技术),能够顺利地生长某些易挥发的化合物(如 Gap 等)和特定形状的晶体(如管状宝石和带状硅单晶等)。下面主要介绍提拉法。

提拉法的设备如图 7-13 所示。材料装在一个坩埚中,并被加热到材料的熔点以上。坩埚上方有一根可以旋转和升降的提拉杆,杆的下端有一个夹头,其上装有一根籽晶。降低提拉杆,使籽晶插入熔体之中,只要熔体的温度适中,籽晶既不熔掉,也不长大,然后缓慢向上提拉和转动晶杆,同时缓慢降低加热功率,籽晶就逐渐长粗,小心地调节加热功率,就能得到所需直径的晶体。整个装置安放在一个外罩里,以便使生长环境中有所需要的气体和压强,通过外罩的窗口可以观察到生长的状况。用这种方法已成功地生长了半导体、氧化物和其他绝缘体等类型的大晶体。

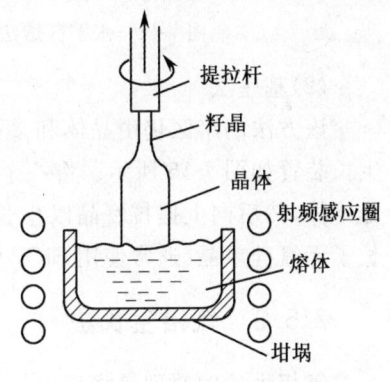

图 7-13 提拉法示意图

7.5.2.2 逐区熔化法

逐区熔化法的特点是固体材料中只有一小段区域处于熔态,材料体系由晶体、熔体和多晶原料三部分所组成,体系中存在着两个固-液界面,一个界面上发生结晶过程,而另一个界面上发生多晶原料的熔化过程。熔区向多晶原料方向移动,尽管熔区的体积不变,实际上是不断地向熔区中添加材料。生长过程将以晶体的长大和多晶原料的耗尽而告终。逐区熔化法包括水平区熔法、浮区法、基座法、焰熔法等,下面介绍水平区熔法和基座法。

(1) 水平区熔法

这种方法主要用于材料的物理提纯,但也常用来生长晶体。该方法与水平 B-S 方法

大体相同,不过熔区被限制在一段狭窄的范围内,而绝大部分材料处于固态。随着熔区沿着料锭由一端向另一端缓慢移动,晶体的生长过程也就逐渐完成。这种方法比正常凝固法的优点是减小了坩埚对熔体的污染(减少了接触面积),并降低了加热功率。另外,这种区熔过程可以反复进行,从而提高了晶体的纯度或使掺质均匀化。生长装置如图7-14。

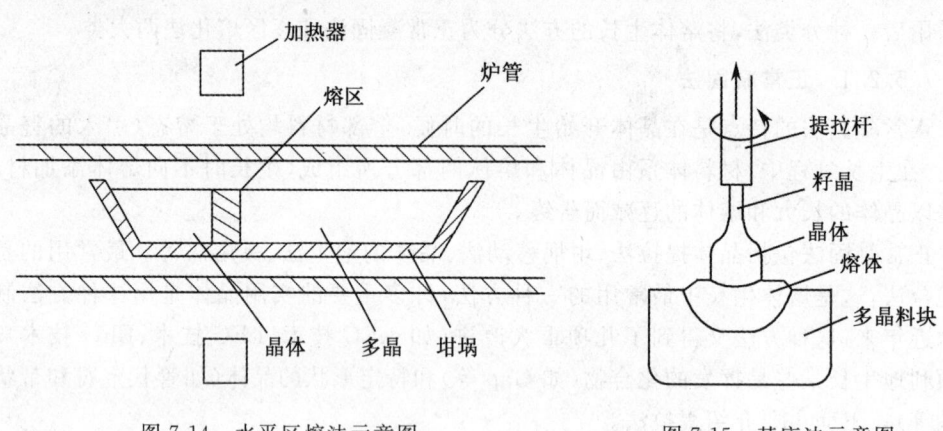

图 7-14　水平区熔法示意图　　　　图 7-15　基座法示意图

(2)基座法

该方法的熔区仍由晶体和多晶原料来支持,多晶原料棒的直径远大于晶体的直径,生长装置如图 7-15 所示。将一个大直径的多晶材料的上部熔化,降低籽晶使其接触这部分熔体,然后向上提拉籽晶以生长晶体。这是一种无坩埚技术,用这种方法曾成功地生长了无氧硅单晶(通常使用 SiO_2 坩埚时,Si 熔体将受到氧的污染)。

7.5.3　气相生长法

气相生长的原理是将拟生长的晶体材料通过升华、蒸发、分解等过程转化为气态,然后在适当的条件下使它成为过饱和蒸气,经过冷凝结晶而生长出晶体。用这种方法生长的晶体,纯度高,完整性好。由于晶体生长的流体相(气相)分子密度很低,气相与固相的比容相差很大,使得从气相中生长晶体的速率要比从熔体或溶液中生长的速率都低许多,所以这种方法目前主要是用来生长晶须以及厚度大约在几微米到几百微米的薄膜单晶,即通常所说的气相外延技术,这是目前气相法中最重要也是发展最为迅速的一个领域。

气相生长最重要的用途是在同质或异质材料的衬底上产生外延膜。这种外延膜需要精确地控制其厚度、表面形态和杂质含量。当使用的衬底材料与生长上去的单晶薄膜为同一种物质时,称为同质外延。例如,在 Si 片上外延一层 Si 单晶质。反之,当使用的衬底材料与生长的单晶薄膜不同于同一种材料时,就叫做异质外延。例如,在 GaAs 衬底上外延一层 ZnS 单晶层。外延膜的取向关系和晶体完整性与衬底的关系取决于晶体结构、原子间距和热膨胀系数这三个基本参数。

7.5.3.1 真空蒸发镀膜法

把待镀膜的衬底置于高真空室内,通过加热使蒸发材料汽化(或升华),而沉积在保持于某一温度下的衬底之上,从而形成一层薄膜,这一工艺即称为真空蒸发镀膜。真空蒸发设备主要是由真空镀膜室和真空抽气系统两大部分组成。

7.5.3.2 升华法

升华法也属气相生长的一种,它是将原料在高温区加热升华成气相,然后输送到较低的温度区,使其成为过饱和状态,经过冷凝成核生长成晶体。主要用来生长小块单晶体、单晶薄膜或晶须。

为了得到纯度高、完整性好的晶体,须适当地调节扩散速度。通常要充 Ar 气或 N_2 气。有开管和准闭管式两种生长方式,对于在升华温度时易于氧化的材料,应采用闭管方式。升华法已用于生长碳化硅单晶体、碳化硅单晶膜和其他化合物半导体,如 CdS,ZnS 等。

图 7-16 是采用准闭管方式生长 CdS,ZnS 等硫族化合物块状单晶的装置示意图。中间放置原料 CdS 处的温度约为 1000 ℃,两侧有生长单晶的石英衬底,温度低于 100 ℃;管内充有 100 kPa 的氩气。

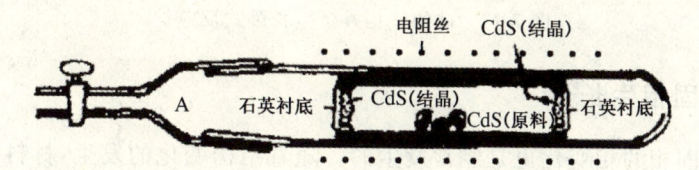

图 7-16 用升华法生长 CdS 单晶

7.5.3.3 化学气相沉积

化学气相沉积(Chemical Vapour Deposition,简称 CVD)是气相生长中很重要的一种生长方法。它是将金属的氢化物、卤化物或金属有机物蒸发成气相,或用适当的气体做载体,输送至其凝聚的较低温度带,通过化学反应,在一定的衬底上沉积,形成所需要的固体薄膜材料的方法的总称。沉积在衬底上的薄膜可以是单晶态的,也可以是非晶态的。

根据化学反应的形式,化学气相沉积可分为热分解反应沉积和化学反应沉积两大类。一般说来,这两类反应大抵局限于元素晶体的生长,尤其是硅和锗的生长。到目前为止,它们很少用于化合物晶体的生长。

(1) 热分解反应沉积

利用化合物加热分解,在衬底表面得到固态膜层的方法称为热分解反应沉积,它是化学气相沉积中最简单的形式。如:

$$SiH_4(g) \xrightarrow{加热} Si(s) + 2H_2(g)$$

$$SiH_2Cl_2(g) \xrightarrow{加热} Si(s) + 2HCl(g)$$

(2) 化学反应沉积

由两种或两种以上的气体物质，在加热的衬底表面上发生化学反应而沉积成固态膜层的方法，称为化学反应沉积。事实上，它几乎包括了除热分解反应以外的其他许多化学反应。由于各种半导体硅元件和大规模集成电路的迅速发展，硅单晶体的气相外延生长技术日臻完善。采用这种生长技术是由于它能控制外延薄膜中的掺杂。所采用的原料气体为硅的化合物，如四氯化硅（$SiCl_4$）或三氯硅烷（$SiHCl_3$），其基本反应为：

$$SiCl_4(g) + 2H_2(g) \longrightarrow Si(s) + 4HCl(g)$$
$$SiHCl_3(g) + H_2(g) \longrightarrow Si(s) + 3HCl(g)$$

生长设备主要包括原料气体发生器、反应室、高频加热器和控温系统。经过提纯的 H_2 和原料气体混合后送入反应室。卧式反应炉如图7-17。

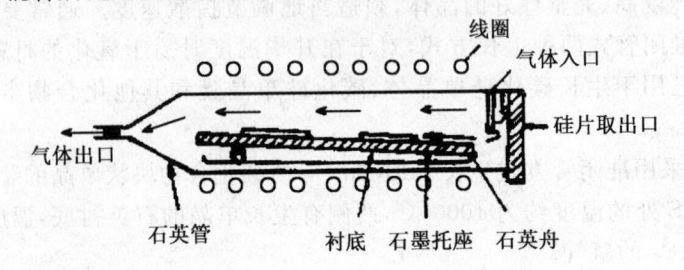

图 7-17 硅的气相外延生长卧式反应炉

7.5.4 固相生长

从固相到固相的相变化也是经常发生的。随着结构变化的发生，材料的性质也会发生很大变化。我们知道，固体材料在一定的温度、压力范围内具有一种稳定的结构，转变前后，材料的力学、电学、磁学等性能可能会发生质的改变。如碳由石墨结构转变为金刚石结构后，即具有超硬的性能；V_2O_3 由单斜结构转变为刚玉结构之后，由原来的反铁磁体转变为顺磁体等等。可见，控制结构相变可以达到控制固体材料性能的目的。

用固-固法生长晶体，有时也称为再结晶生长方法，它主要是依靠在固体材料中的扩散，使多晶体转变为单晶体。由于固体中的扩散速率非常小，因此用此法难于得到大块晶体。

固-固生长方法主要有以下几种：(1)利用退火消除应变的再结晶（应变退火法）；(2)利用烧结的再结晶；(3)利用多形性转变的再结晶；(4)利用退玻璃化的再结晶；(5)利用固态沉淀的再结晶（即脱溶生长）。

由于这种方法在晶体生长中采用的不多，我们不再对它进行详细介绍，有兴趣的读者可查阅有关文献。

思考题

1. 从溶液中生成晶体的方法有哪些？
2. 教材"基本实验2"是用哪种方法制备的晶体？

参考文献

[1] [苏联]Г.М.波波夫. 结晶学(第1版). 北京:化学工业出版社,1957
[2] 姚连增. 晶体生长基础(第1版). 合肥:中国科学技术大学出版社,1995
[3] 陈焕矗. 无机非金属材料(结晶化学)(第1版). 合肥:中国科学技术大学出版社,1986
[4] 翁臻培. 结晶学(第1版). 合肥:中国科学技术大学出版社,1986
[5] 张克从. 近代晶体学基础(第1版). 北京:科学出版社,1987

(康桃英)

第8章 热分解反应

学习目标

1. 了解热分解反应的特点。
2. 了解热分解反应在无机物制备中的应用。

学习指导

热分解反应在无机物制备中应用广泛。通过本章的学习,了解利用热分解法制备单质和氧化物的方法。

建议课外 2 学时。

8.1 热分解反应的特性

无机固体化合物的热分解应用范围很广,除与陶瓷原料、颜料、催化剂、粉末冶金的原料有关外,还与各种化学制品、用于火箭推进剂的固体燃料、氧化剂等有关系。分解温度、分解压、生成物的性质对分析化学(热分析、重量分析)也很重要。在固体中,固体的反应活性,除了受分子本身性质的影响外,还受到固体中分子的位置和周围环境的影响,亦受晶格的不对称、微量杂质和吸附气体等的影响。无机固体化合物的热分解反应具有如下特点:

(1) 分解反应的热效应

氢氧化物、碳酸盐的分解和结晶水的脱离等为吸热反应,生成的气体直接逸出体系外时的表观活化能 E 与反应热 ΔH 大致相等的情况居多。然而,对 $CaCO_3$ 在 CO_2 中的分解而言,试样数量少,并且反应热的冷却不成问题时,有比 ΔH 更高的 E。但当 CO_2 的压力与各种温度下的分解压的比保持一定时,E 与 ΔH 则相等。

(2) 自催化性和界面反应

热分解多为自催化反应。与生成物接触的部分,由于原子(或离子)排列的不连续性或有近于这种程度的变化,所以,与在晶核发生点比其他地方容易发生反应。因此,反应容易采取与生成物的界面反应的方式。

(3) 局部规整

当一种晶体发生晶体转变,或者发生固相反应(例如由加热而引起的脱水反应发生在固相间),或由于化学反应而变为其他晶体物质,原始物和生成物之间存在着三维的某种一定的晶体学关系时,把这种固相变化叫做局部规整反应,这个现象叫做局部规整。

局部规整在各种各样的固相变化中已有发现,例如在相变、氧化、还原、脱水、热分解、固相反应等方面。将固态晶体加热时,分解出气体和生成固体的反应,这种例子是常见的。如氢氧化物脱水生成氧化物的反应:

$$Mg(OH)_2 = MgO + H_2O$$

碳酸盐的热分解反应,也报道有局部规整。

(4) 反应的局限性

在很多情况下,热分解反应由晶体中的某一位置开始,当有小的固体生成物时,它便以向周围生长的形式进行。我们把最初生成物的小区域,称为分解晶核(略称为晶核)。晶核可能发生在点阵内的点缺陷、位错、杂质等结构不规整的位置上。晶体的表面、晶界、晶棱等与晶体内部比较,缺少对称性结合,因此容易发生晶核。在晶体的表面,分布有这样晶核的状态,用明矾及其他晶体,可容易观察到。

8.2 热分解法制备单质

利用某些含氧酸盐($KMnO_4$, $KClO_3$, $AgNO_3$),不活泼金属氧化物(HgO, Ag_2O)及共价型卤化物、羰基化物、氢化物等受热分解可以制备单质。

(1) 碘化物热分解

例如,粗锆制纯锆、粗钛制纯钛等。

$$Zr(s)(粗) + 2I_2 \xrightarrow{450\ ℃} ZrI_4(g) \xrightarrow{1800\ ℃} Zr(s)(纯) + 2I_2(g)$$

反应过程中碘可循环使用。

(2) 羰基化物热分解

例如,粗镍制精镍等。

$$Ni(s)(粗) + 4CO(g) \xrightarrow{50\ ℃} Ni(CO)_4(g) \xrightarrow{200\ ℃} Ni(s)(纯) + 4CO(g)$$

制得的镍纯度可以高达 99.9%~99.99%。

以上这两类反应称化学转移反应,是现代无机合成化学中制备高纯无机材料的新方法。

(3) 氢化物热分解

氢化物 M—H 键的离解能较小，热分解温度低，唯一的副产物是没有腐蚀性的氢气。例如，在半导体生产中制备单晶硅薄膜时，可以使硅烷（SiH_4）热分解，在多晶硅基材上沉积一层晶体完整、无缺陷的单晶硅薄膜；在制镜工业中，在真空或惰性气氛下使氢化铝热分解，在玻璃基板上可以沉积一层铝膜。

$$SiH_4 \xrightarrow{800\ ℃\sim 1000\ ℃} 2H_2 + Si$$

$$AlH_3 \longrightarrow \frac{3}{2}H_2 + Al$$

配合物中的羰基化合物和羰基氯化物多用于贵金属（铂族）和其他过渡金属的沉积，例如：

$$Pt(CO)_2Cl_2 \xrightarrow{600\ ℃} Pt + 2CO + Cl_2$$

$$Ni(CO)_4 \xrightarrow{140\ ℃\sim 240\ ℃} Ni + 4CO$$

这是利用化学气相沉积法或等离子体化学沉积法制备单晶硅或非晶硅薄膜的新型合成方法的化学反应。

8.3 热分解法制备金属氧化物

金属氧化物一般都属于离子型氧化物，是典型的离子晶体，因此具有较高的熔点和较大的硬度。一些金属氧化物常用作高温材料（通称为高温陶瓷材料）以及用作磨料。

由金属的含氧酸盐、氢氧化物或含氧酸经加热分解而制得金属氧化物的方法称为热分解法。由于用于制备氧化物的含氧酸的种数不多，而氢氧化物多属无定型沉淀，难沉降与洗涤，所以，通常选用含氧酸盐进行热分解来制备金属氧化物。在众多的含氧酸盐中，又首选碳酸盐，因为它具有如下优点：(1) 热稳定性较低，分解温度一般在 1000 ℃ 以下，工艺上容易实现。(2) 热分解时产生的 CO_2 气体无毒、无腐蚀性。(3) 许多碳酸盐不溶于水，便于合成和洗涤。(4) 合成碳酸盐所用的沉淀剂如 NH_4HCO_3，Na_2CO_3，$NaHCO_3$ 等，来源充足且价钱便宜。

8.3.1 制备原理

氧化物可由加热相应的碳酸盐、硝酸盐、氢氧化物与某些其他物质来制备。若分解反应不可逆，则只需将反应物加热到指定温度，分解反应即可顺利进行。某些复杂的反应必须考虑到发生可逆反应。例如碱土金属和锂的碳酸盐和氢氧化物的热分解，被分解的物质与反应中逸出的气态物质处于平衡状态：

$$CaCO_3 \rightleftharpoons CaO + CO_2 \uparrow$$

在一定温度下,气相物质达到一定浓度时,分解过程可能终止。例如,在 600 ℃,800 ℃和 890 ℃时,碳酸钙表面的二氧化碳压力相应为 239 Pa,10^3 Pa 和 10^5 Pa,因而如果碳酸钙的分解作用在二氧化碳气氛中进行,则反应只有在高于 897 ℃下(使逸出 CO_2 气体的压力大于 100 kPa)才顺利进行。在空气中于 600 ℃时,碳酸钙也能很好地分解,因为产生的二氧化碳压力大于它在大气中的分压。如果分解块状物质,它的内部细孔隙中可以产生的二氧化碳浓度较大,此时分解过程应该终止。实际上由于二氧化碳逐渐地从碳酸盐块中排出,以及氧气和氮气在它们中扩散,分解反应仍能进行。分解速率取决于这些扩散过程。由此可知,相同条件下,小粒物质将比块状物质更快地分解,但是如果把碳酸盐磨碎成粉末状,并以厚层状倒入,则分解作用急剧地延缓。

8.3.2 反应仪器及操作

把准确称量的块状物质放入坩埚中,并在煤气灯或电炉中将坩埚加热到大约900 ℃,使用吹玻璃灯(带空气的甲烷),能达到1100 ℃~1200 ℃,在氧鼓风下,温度可提高到1500 ℃~1800 ℃。在煤气灯上加热时,可能将制得的氧化物部分还原,例如氧化铝还原为金属等。因此,最好利用电炉或马弗炉加热,温度也易于控制。对于用火焰加热坩埚的反应,测量温度时可直接把热电偶放到反应物中,未熔化的物质通常与热电偶材料不发生作用。

在加热固体物质时,坩埚的材料一般不玷污制得的物质。若物质被熔化(如氧化硼等),则有可能被坩埚材料玷污。由氧化铝制得的刚玉坩埚和由氧化锆(Ⅳ)制得的锆坩埚在化学上是十分稳定的。

用热分解法可制备许多氧化物,其中大多数在空气中稳定。某些氧化物能与二氧化碳化合,因此需要将它们迅速地转移到塞紧的玻璃瓶中。而像 CoO,NiO,MnO 这些氧化物能部分与氧结合,应将它们尽可能地迅速冷却。

8.3.3 热分解类型和实例

氧在自然界中多以含氧酸盐的形式存在,如碳酸盐、硝酸盐、草酸盐及铵盐等,而且许多金属,特别是重金属的这些盐类很不稳定,受热分解往往生成金属氧化物。由于盐类提纯比较容易,而且盐的分解通常进行得很彻底,所以常用热分解法制备金属氧化物。

(1)碳酸盐热分解

$$CaCO_3 \xrightarrow{900\ ℃} CaO + CO_2 \uparrow$$

$$CdCO_3 \xrightarrow{480\ ℃\sim 600\ ℃} CdO + CO_2 \uparrow$$

$$CuCO_3 \cdot Cu(OH)_2 \xrightarrow{800\ ℃} 2CuO + CO_2 \uparrow + H_2O \uparrow$$

$$MgCO_3 \xrightarrow{540\ ℃} MgO + CO_2\uparrow$$

(2) 硝酸盐热分解

$$2Ni(NO_3)_2 \xrightarrow{800\ ℃} 2NiO + 4NO_2\uparrow + O_2\uparrow$$

$$2Hg(NO_3)_2 \xrightarrow{390\ ℃} 2HgO(红色) + 4NO_2\uparrow + O_2\uparrow$$

这是干法制 HgO 的反应。

(3) 草酸盐热分解

$$RE_2(C_2O_4)_3 \xrightarrow{\triangle} RE_2O_3 + 3CO\uparrow + 3CO_2\uparrow\ (RE\ 为稀土金属)$$

$$FeC_2O_4 \xrightarrow{隔绝空气加热} FeO + CO\uparrow + CO_2\uparrow$$

(4) 铵盐热分解

$$2NH_4VO_3 \xrightarrow{\triangle} V_2O_5 + 2NH_3 + H_2O\uparrow$$

$$(NH_4)_2Cr_2O_7 \xrightarrow{} N_2\uparrow + Cr_2O_3 + 4H_2O\uparrow$$

(5) 氢氧化物或含氧酸热分解

$$2Al(OH)_3 \xrightarrow{\triangle} Al_2O_3 + 3H_2O$$

$$H_2WO_4 \xrightarrow{\triangle} WO_3 + H_2O$$

8.4 热分解法制备无水金属卤化物

利用热分解法制备无水金属卤化物，一是要注意温度的控制，二是要注意反应气氛的控制。如：

$$3ReCl_5 \xrightarrow{N_2,加热} Re_3Cl_9 + 3Cl_2$$

该反应的温度条件并不需要严格控制，但应避免温度过高而使部分产物分解。再如，四氯化铂在氯气存在下加热分解生成二氯化铂：

$$PtCl_4 \xrightarrow{Cl_2,450\ ℃} PtCl_2 + Cl_2$$

$PtCl_2$ 虽在 435 ℃~581 ℃是稳定的，但在温度超过 560 ℃时即完全升华，所以制备过程宜在 450 ℃下进行。

思考题

哪些金属的硝酸盐分解可得氧化物？

参考文献

[1] 日本化学会. 无机固态反应(第1版). 北京:科学出版社,1985
[2] 刘德情. 近代无机化合物合成(第1版). 南京:南京大学出版社,1990
[3] 张样鳞. 应用无机化学(第1版). 北京:高等教育出版社,1992
[4] 岳红. 高等无机化学. 北京:化学工业出版社,2002
[5] 蒋挺大. 合成化学基础. 北京:科学出版社,1992

(康桃英)

第9章 无机电解合成

学习目标

1. 了解电解合成的基本概念。
2. 熟悉电解合成在无机物制备中的应用。

学习指导

电合成化学是研究电的化学作用、电能变为化学能的过程。电解就是电合成。在水溶液、熔融盐和非水溶剂（如有机溶剂、液氨等）中，通过电氧化或电还原过程可以合成出多种类型与不同聚集状态的化合物和材料，主要有：电解盐的水溶液和熔融盐以制备金属、某些合金和镀层；通过电化学氧化过程制备最高价和特殊高价的化合物；含中间价态或特殊低价元素化合物的合成；C,B,Si,P,S 等二元或多元金属陶瓷型化合物的合成；非金属元素间化合物的合成以及混合价态化合物、簇合物、嵌插型化合物、非计量氧化物的合成。结合教材中"基本实验 22"理解电解合成。

建议课外 4 学时。

电解合成反应在无机合成中的作用和地位日益重要。电氧化还原过程与传统的化学反应过程相比有下列优点：(1)在电解中能提供高电子转移的功能，这种功能可以使之达到一般化学试剂所不具有的那种氧化还原能力，例如特种高氧化态和还原态的化合物可被电解合成出来。(2)合成反应体系及其产物不会被还原剂（或氧化剂）及其相应的氧化产物（或还原产物）所污染。(3)由于能方便地控制电极电势和电极的材质，因而可选择性地进行氧化或还原，从而制备出许多特定价态的化合物，这是任何其他化学方法所不及的。(4)由于电氧化还原过程的特殊性，因而能制备出其他方法不能制备的许多物质和聚集态。近年来无机化合物的电解合成开发和应用得愈来愈广。

1990 年美国 EPRI（电力研究所）与 NSF（国家科学基金会）共同组建了一个联合会，专门研究如何推进电在化学生产中的应用，并启动了一个合作研究计划，共同支持电化学合成基础研究，鼓励发展这个领域的各种新概念和新方法。近年来，世界范围内，各种有机物质特别是药物的电化学合成制备，在基础研究和工业化生产方面，都取得了巨大的进展。高技术、微结构材料的电合成,也逐渐成了引人注目的研究课题。电化学合成是一种原子经济性高、污染排放少、资源利用率高、对环境压力小的绿色合成化学。电化学合成,不仅将有用物质的合成制备和污染物质的转化利用发展成为重要的产业,而且由于它在光能—电能—化学能的转化链中占据着核心的地位,将在未来绿色能源的研究、发展和开发利用中起到关键的作用。电合成化学是一个关系到环境、资源和能源的可持续发展的战略性的学科建设项目。

9.1 水溶液中无机化合物的电解合成

9.1.1 水溶液中金属的电沉积

通过电解金属盐水溶液而在阴极沉积纯金属的方法根据电极原料的不同,有下列两类:一是用粗金属为原料作阳极进行电解,在阴极获得纯金属的电解提纯法;二是以金属化合物为原料,以不溶性阳极进行电解的电解提取法。无论是前者或后者,电解液的组成(包括浓度)是决定金属电沉积的主要因素。

9.1.1.1 电解液的组成

电解液必须符合以下几个要求:(1)含有一定浓度的欲得金属的离子,并且性质稳定;(2)电导性能好;(3)具有适于在阴极析出金属的pH值;(4)能出现金属收率好的电沉积状态;(5)尽可能少地产生有毒和有害气体。为了满足上述条件,一般认为硫酸盐较好,氯化物也可以用,近年来用硝酸盐也得到良好结果。制取高纯金属时,电解液需用反复提纯的金属化合物配制。提高欲得金属离子浓度,可使阴极附近的浓度得到及时补充,可抵消高电流密度造成的不良影响。表9-1中列出了一些常见金属在一定的电解条件下,电解液的组成及其沉积金属产物的状态。

表9-1 水溶液中金属电沉积实例的电解条件(以1L溶液计)

电解金属	电解液组成	温度/℃	阳极	阴极	阳极电流密度/A·dm^{-2}	沉积金属状态
Cu	40 gCuSO$_4$·5H$_2$O+45 gH$_2$SO$_4$+80 gNa$_2$SO$_4$·10H$_2$O	54			15.3	粉末
Cd	100 gCdCl$_2$·2.5H$_2$O+300 gNaCl pH=6.5	20			0.5	沉淀
Pb	77.2 g 铅酸钠+102 gNaOH+120 gNa$_2$CO$_3$	18～20	Pb	Fe	30～40	高分散粉末
Sb	10%NaOH+Sb$_2$S$_3$+饱和 Na$_2$CO$_3$	60～65	Pb	Fe	2～2.5	沉淀
Cr	250 gCrO$_3$+3 gCr$_2$(SO$_4$)$_3$+H$_2$O	42	Pb	黄铜圆筒	10	沉淀
Mo	20 gH$_2$MoO$_4$·H$_2$O+100 mL 28%氨水+95%冰醋酸	30～50	石墨或铂	Fe,Cu 或 Ni	80～300	致密沉淀

续表

Mn	70 gMnSO$_4$·6H$_2$O+175 g(NH$_4$)$_2$SO$_4$ pH=6.5～8	30	Pb	不锈钢	2	沉淀
Fe	650 gFeCl$_2$·4H$_2$O+2.7FeCl$_3$·6H$_2$O	90	Fe	镀铬铁	10～20	沉淀
Co	(190～480) gCoSO$_4$·7H$_2$O	60	Pb	不锈钢	2.5～3	沉淀
Ni	20 gNiSO$_4$·7H$_2$O+10 gNaCl+20 g(NH$_4$)$_2$SO$_4$+1LH$_2$O	30～35	Ni	镀镍铁片	10	粉末

9.1.1.2 影响水溶液中金属的电沉积的因素

从表9-1中可以看出,除电解液的组成和浓度外,电流密度、温度等均影响电沉积金属的性质(如聚集态等),下面将做一些讨论。

(1)电流密度

电流密度低时,晶核有充分生长的时间,能生成大的晶状沉积物(沉淀)。电流密度较高时,成核速率往往大于晶体生长,沉积物一般是十分细的晶粒或粉末状固体。电流密度很高时,晶体多半趋向于朝着金属离子十分浓集的那边生长,结果晶体长成树状或团粒状。同时,高电流密度也能导致 H$_2$ 的析出,结果在极板上生成斑点,并且由于pH值的局部增高而沉淀出一些氢氧化物或碱式盐。

(2)温度

温度对电解沉积物的影响是不同的,而且有时不易预测影响的结果。如提高温度有利于向阴极的扩散并使电沉积均匀,但同时也有利于加快成核速率反而使沉积粗糙。如果氢的超电压降低,使得在提高温度时 H$_2$ 逸出带来的影响也比较突出。

除上述外,电解液中加入添加剂和络合剂也将对金属的电沉积产生影响。

(3)添加剂

添加少量的有机物质如糖、樟脑、明胶等,往往可使沉积物晶态由粗晶粒变为细晶粒,同时使金属表面光滑,这可能是由于添加剂被晶体表面吸附并覆盖了晶核,抑制晶核生长而促进新晶核的生成,从而导致细晶粒沉积。

(4)金属离子的配位作用

在通常情况下,当简单的金属盐溶液电解时,金属离子浓度较大往往得不到理想的沉积物,因此,电解 Au,Cu,Zn,Cd 等的盐溶液时均用含氰电解液。其他金属沉积时也往往使用加入配位剂的方法以降低电解液中离子的浓度,达到改进沉积物状态的目的,如加 F$^-$,PO$_4^{3-}$,酒石酸、柠檬酸盐等。

上述讨论到的电解液组成、电流密度、电解温度、金属离子的配位作用和添加剂是支配金属电沉积形态的主要因素。

9.1.2 电解装置及其材料

9.1.2.1 阳极

电解提纯时,阳极为提纯金属的粗制品,根据电解条件做成适当的大小和形状。导线宜用同种金属;难以用同种金属时,应将阳极与导线接触部分覆盖上,不使其与电解液接触。电解提取时的阳极,必须在该环境下几乎是不溶的。通常采用的阳极有:铂、人造石墨、铅、铅-银合金、镍、钢。

9.1.2.2 阴极

只要能高效率地回收析出的金属,无论金属的种类、质量、形状如何,都可以用作阴极。设计阴极时,为了防止电流的分布集中在电极边缘和使阴极的电流分布均衡,一般要使其面积比阳极面积多一圈(10%～20%)。如果沉积金属的状态致密,而且光滑,可用平板阴极,当其沉积到一定厚度后,将其剥下。

9.1.2.3 隔膜

电解时,有时必须将阳极和阴极用隔膜隔开。例如,用含有较多量硫化物的粗原料电解提纯 Ni 时,为了使阳极顺利溶解,阳极电解液应为酸性,而 Ni 的电极电位为负,为了尽可能使 H^+ 浓度减小,阴极液应保持 pH=6 左右。因此电解时阴、阳极溶液必须能分别地注入或排出。适用于此类目的的隔膜应具备:(1)不被电解液所侵蚀;(2)有适当的孔隙度、厚度、透过系数、电阻以及 ζ 电位;(3)有适当的机械强度等性能。隔膜材料主要类型有:石棉板、素陶板、聚苯乙烯、聚氯乙烯、聚丙烯腈和棉布(帆布)等。

综上所述,用水溶液中电沉积的反应途径,获得的金属产品有下列优点:(1)能获得很纯的金属。(2)自多种金属盐的混合物中能分离沉积出纯的金属。因此这一途径尚可应用于金属的提纯、精炼,多金属资源的综合利用等等,也是湿法冶金中的一个重要方面。(3)可控制电解条件以制得不同聚集状态的金属,如粉状金属、致密的晶粒、海绵状金属沉积物、金属箔等以供进一步处理和应用上的需要。(4)用此合成途径还可制备金属间的合金、金属镀层和膜。

9.2　熔盐电解和熔盐技术

9.2.1　离子熔盐种类

离子熔盐通常是指由金属阳离子和无机阴离子组成的熔融液体。据统计,构成熔盐的阳离子有80种以上,阴离子有30多种,简单组合就有2400多种单一的熔盐。其实熔盐种类远远超过此数。其一,不少离子未被计入;其二,熔盐与其他物质(含熔盐、金属、气体、碱、氧化物等)相互作用衍生出许多别的离子和非单一熔盐。

9.2.1.1　二元和多元混合熔盐

在科研和生产实际中大都采用二元和多元混合熔盐。例如 Li-KCl(离子卤化物混合盐)、KCl-NaCl-AlCl$_3$(离子卤化物混合盐再与共价金属卤化物混合)和电解制铝常用的

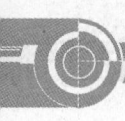

Al$_2$O$_3$-NaF-AlF$_3$-LiF-MgF$_2$(多种阳离子和阴离子组成的多元混合熔盐,其中还有共价化合物 AF$_3$)。显然,混合熔盐的数目大大多于单一熔盐。

9.2.1.2 多价态金属阳离子熔盐

熔盐中的金属阳离子往往呈现多种价态,如钛的离子有 Ti^{4+},Ti^{3+},Ti^{2+} 和原子簇离子 Ti$_m^{n+}$。产生的原因有:(1)金属与熔盐作用,如 Nd+2NdCl$_3$ ⟶ 3NdCl$_2$;(2)高价离子在阴极上还原为低价离子,如 Sm^{3+}+e$^-$ ⟶ Sm^{2+};(3)金属、高价离子、低价离子互相作用形成原子簇离子,如 Nd+Nd^{3+}+Nd^{2+} ⟶ Nd$_3^{5+}$。

在一定体积的混合熔盐中常常呈现其固体所没有的配位阴离子。在这一熔盐系中之所以能生成如此多的配位阴离子,是因为氧和氟的离子半径相近,彼此可能易位,即氧离子可以取代 AlF$_2$ 或 AlF$_4$ 中一部分氟离子,也可能有一部分氟离子移植入氧化铝中,二者都可能形成铝氧氟型配位离子。

综上所述,组成熔盐的离子,无论是阳离子还是阴离子种类均繁多,这多种多样的盐与其他物质(含电子)发生化学或电化学作用又将衍生出形形色色的各种离子。

9.2.2 熔盐特性

作为离子化高温特殊熔剂的熔盐类具有下列特性:

(1)高温离子熔盐对其他物质具有非凡的熔解能力。例如用一般湿法不能进行化学反应的矿石、难熔氧化物和渣,以及超强超硬、高温难熔物质,可望在高温熔盐中进行处理。

(2)熔盐中的离子浓度高、黏度低、扩散快和电导率大,从而使高温化学反应过程中传质、传热、传能速率快、效率高。

(3)常用熔盐熔剂,如碱(碱土)金属的氟(氯)化物的生成自由能负值很大,分解电压高,组成熔盐的阴阳离子在相当强的电场下比较稳定,这就使那些水溶液电解在阴极得不到金属(氢先析出)和在阳极得不到元素氟(氧先析出)的许多过程可以用熔盐电解法来实现。

(4)不少熔盐在一定温度范围内具有良好的热稳定性。它可使用的温度区间从 100 ℃~1100 ℃(有的更高),可根据需要进行选择。

(5)熔盐的热容量大、贮热和导热性能好。

(6)某些熔盐耐辐射,以碱金属和碱土金属氟化物及其混合熔盐为代表,它们很少或几乎不大受放射线辐射损伤,因而在核工业上受到很大重视和广泛应用。

(7)熔盐的腐蚀性较强。熔盐能与许多物质互相作用、熔盐喷溅和挥发将对人体和环境产生危害,这对使用熔盐的材料选择(如容器材料、电极材料、绝缘材料、工具材料等)和工艺技术操作带来了不少麻烦。

9.2.3 熔盐的应用

具有特异性能、种类众多的熔盐,早已作为一门科学技术在不少领域获得应用。下面对熔盐的主要应用领域做一概括了解。

9.2.3.1 熔盐在无机合成中的应用

(1)合成新材料

①熔盐法或提拉法生长激光晶体。如 YAG：Nd^{3+}(掺铵的钇铝石榴石)，以及氟化物激光晶体基质材料等。

②单晶薄膜磁光材料的制备。如用稀土石榴石单晶在等温熔盐浸渍液相外延法。

③玻璃激光材料的制取。目前输出脉冲能量最大、输出功率最高的固体激光材料是稀土玻璃，其中有稀土硅酸盐玻璃、磷酸盐玻璃、氟磷酸盐玻璃、氟结酸盐玻璃和硼酸盐玻璃等。

④稀土发光材料的制备。比如 Gd_2SiO_5：Ce 闪烁体就是用提拉法单晶生长工艺制备的，新的闪烁体 CeF_3 和 LaF_3：Ce 也是用提拉法或熔盐法生长出来的。

⑤阴极发射材料和超硬材料的制备。如 LaB_6 粉末可通过熔盐电解法制取，通过硼化物、碳化物或氯化物的熔盐介质，可以分别合成硼化物、氯化物和碳化物超硬材料。

⑥合成超低损耗的氟化物玻璃光纤。它们是将无水氟化物按比例配好原料，在 800 ℃～1000 ℃下熔化成混合熔盐，而后浇注成型。

(2)在熔盐中合成氟化物

如在上述制氟过程中对有机化合物如 $CH_3(CH_2)_nSO_2Cl$ 进行电化学氟化反应，从而生成所需的氟化物 $CF_3(CF_2)_nSO_2F$。

(3)合成非常规价态化合物

如低价、高价、原子簇化合物和复杂无机晶体都有望用熔盐反应加以合成。

9.2.3.2 熔盐在冶金中的应用

(1)作为熔盐电解生产金属、合金的电解质，金属铝、镁、锂、钠、钙、稀土以及它们的某些合金都是用熔盐电解法制取的，该法也是提纯某些金属的一种有效方式，例如纯度为 99.9%～99.99% 的纯铝就是采用三层电解精炼法来实现的。

(2)在热还原法生产金属过程中，多以熔融卤化物为原料，同时加入适量的熔盐助熔剂，如中、重稀土金属(如钇、钪)，锕系金属和钛、锆等都是这样来完成的。

(3)熔盐电镀、熔盐电化学表面合金化、熔盐热处理、熔盐或熔盐电解渗碳(硼、氮、稀土及其共渗)以及熔盐钎焊，都离不开熔盐。

(4)熔盐脱水和熔盐萃取及熔炼金属、合金使用熔盐精炼剂和熔盐覆盖剂。

9.2.3.3 熔盐在能源中的应用

(1)熔盐用于金属铀、钍和其他锕系元素的生产

无论是用金属热还原法，还是用熔盐电解法生产金属核燃料以及核裂变产物干法后处理，大多要用氟化物混合熔盐。

(2)熔盐在电池中的应用

①用于熔盐二次电池(即蓄电池)作电解质。

②用作熔盐燃料电池的电解质。

③用作热电池的电解质。炮弹和导弹用的引信能源——热电池,多用 LiCl-KCl 混合盐为电解质,在贮存时它是固态,使用时加热呈液态。

(3) 熔盐在太阳能中的应用

主要用熔盐作光吸收剂、热贮存和热传递介质。

9.2.4 熔盐电解在无机合成中的其他应用

9.2.4.1 熔盐电解制备合金

目前已通过熔盐电解生产了 Re-Al,Re-Mg,Re-Fe,Re-Sn 等二元合金,以及 Re-Al-Sn,Re-Al-Si 等三元合金。并且利用 Re-Al,Re-Mg 合金在富铝、富镁区合金化热大的特点,用还原法在熔盐中生产铝基、镁基稀土合金。该方法简便易行,可以在工厂熔炼炉中进行,对降低稀土系列合金的生产成本有利。

9.2.4.2 金属上的镀层

利用难熔金属与熔盐的相互作用,在远低于这些金属熔点的温度下,向另一金属材料上镀上这些难熔金属。例如,将钢件与一小块钛(或一块钼、铬等)投入 800 ℃ 的 KCl-NaF 熔盐中,虽然钢件与钛块不接触,然而在一段时间以后,钢表面上即镀上一层钛,镀层与基底之间还有一层合金化层,所以镀层不仅致密,而且牢固,这是一种类似阳极腐蚀的现象。若将材料或器件与要镀的难熔金属分别连到阴极和阳极上,并通以直流电,即进行熔盐电镀则可以人为控制镀层的生长,使镀层的性能和质量更好。

近来,国内外对难熔金属二元陶瓷型化合物的电解合成以及中间价态化合物的合成都有很多具体的研究,请读者查阅相关专业书籍。

9.2.5 电合成化学的意义

电合成化学,用电能驱动化学反应达到合成的目的,用流动的电子代替了价格贵、使用不方便、污染环境的氧化还原化学试剂,具有原子经济性;电力驱动代替化石燃料的热能驱动反应方式,避免了化石资源的不可逆消耗;电位和电流的驱动力可以精确地控制从最强的氧化剂到最强的还原剂,可以连续调节氧化还原强度和反应速率,可以选择反应路径,许多有机物质在电极上得到或失去电子,生成反应中间体后,接着发生的二聚化、还原结合、卤化、羟基化、烷氧基化等反应,许多反应产率比常规方法高。电合成反应的条件温和,通常不需要高温高压;工业设备简单,生产投小,生产线通用性强,转产灵活方便;可以广泛使用间接法电合成反应,使用中介体催化,实现高选择性的定向反应;光电合成反应,可以模拟绿色植物的光能贮藏,将开拓绿色能源的新途径;微结构材料的电化学合成,已经发展成为一种引人注目的高新技术课题。

随着可持续发展战略的实施,人们的环境保护意识、资源节约意识增强,绿色科技将成为时代的迫切需求。电合成化学在社会效益和经济效益两个方面,都将日益显著。综合电化学、电分析化学、催化科学、膜科学、材料科学、表面科学、光电化学、仿生化学等的研究成果,发展电合成化学的新概念、新方法,电合成化学的学科基础,将在多学科交叉中得到不断的发展,成为新世纪的重要绿色化学之一。电合成化学,从化学的角度研究和发展反应界面[电极及其表(界)面]的多样化设计与修饰,发现新的表面或中介催化,提高反应的选择性,增长电极使用寿命,发现更多新的合成反应,许多新概念、新方法将从中研究和发展出来。电合成化学"光—电—催化"相结合的科学研究,可以模拟叶绿素获得光能—电能—酶作用下合成生命活性物质的过程,将是仿生合成研究的重要可能途径之一。电合成化学方法的反应条件容易控制,产物容易分离,比较容易发现新反应和得到新化合物。因而,电合成化学将成为成本节约、效率较高的化学研究和开发手段。微结构材料的电化学合成,将继续发展,并将成为一种重要的高技术。各种现场光谱、波谱和显微电化学研究分析方法,从分子水平认识电极及其界面上的电化学反应的机理,将继续发展并成为电合成化学研究与开发的强有力手段。各种在线的电合成、色谱、质谱分离分析方法,认识电化学过程中伴随的复杂化学反应的路径与机理,将继续发展并成为电合成化学研究与开发的另一重要手段。

参考文献

[1] Nagy Zoltan. *Electrochemical Synthesis of Inorganic Compounds-A Bibiography*. New York and London: Plenum Press, 1984

[2] Headrige J B. *Electrochemical Techniques for Inorganic Chemists*. New York: Acdemic Press, 1969

[3] *Dictionary of Inorganic and Organomerallic Compounds*. MacDonald F(Editor). Chapman and Hall, 1996

[4] [苏]克留乞晃科夫 Н. Г. 著. 无机合成手册. 北京:高等教育出版社,1953

[5] Kolis J W. *Chemistry under Extreme or Non-Classical Conditions*(eds. Eldik R V, Hubbard C D). John Wiley, New York, 1997

[6] 谢刚. 熔融盐理论与应用. 北京:冶金工业出版社,1998

[7] 唐定骧等. 稀土,中册(第2版). 北京:冶金工业出版社,1995

[8] 唐定骧,陈念贻等. 第三届中日双边熔盐和技术讨论会论文集. 北京:北京工业大学出版社,1990

[9] 邱竹贤. 熔盐电化学——理论与应用. 沈阳:东北工学院出版社,1989

[10] 徐如人主编. 无机合成化学. 北京:高等教育出版社,1991

(莫尊理)

第 10 章 无机高分子合成

学习目标

1. 了解无机高分子合成的基本概念。
2. 了解无机高分子合成的方法和应用。

学习指导

随着人们对健康、安全、环境意识的强化,尤其天然气和石油资源的日趋耗竭,材料未来总的发展趋势是:逐步由非金属材料部分地替代金属材料,而在非金属材料中,无机材料在许多领域中将越来越多地取代有机材料。因此,由蕴藏量极其丰富而廉价的无机矿物制备无毒、耐高温、耐老化、高强度甚至多功能化的无机材料是当今世界材料研究的重要方向之一,无机高分子材料因能符合这些要求而日益受到重视。

建议课外 3 学时。

10.1 概述

今天人类社会使用的三种材料:金属、陶瓷和有机高分子,在物理性质和加工性质方面有很强的互补性。因此,从逻辑思维的角度,若将这三种材料混合起来,可以得到具有互补性质的新材料。从科学实验的角度,物理混合的方法达不到预想的结果,因为难以克服它们彼此之间的差异而达到互补的效果,而采用化学混合的方法则有可能。比如,让组成金属和陶瓷的原子,通过化学键合成为与有机高分子一样的长链分子,这类物质会具有有机高分子的柔顺性和加工性,同时主链又会赋予某些金属和陶瓷的性质,这类物质就是所谓的无机高分子。

10.1.1 无机高分子的定义

无机高分子也称无机聚合物,是介于无机化学和高分子化学之间的古老而又新兴的交叉领域。实际上,传统的无机化学中许多内容属于无机聚合物,许多无机物本身就是聚合物,例如金刚石、二氧化硅、玻璃、陶瓷和氧化硼。有机高分子主链上的原子是碳,有时也有少量氧和氮原子。碳是有机物中最主要的元素,故称为有机高分子。无机高分子则泛指主链中的原子是除碳以外的其他元素。

10.1.2 无机高分子的分类

10.1.2.1 均链聚合物

主链由同种元素组成的聚合物称为均链聚合物。

按元素性质来判断约有 40～50 种元素可组成无机高分子的主链原子,目前报道的则有 Si,P,B,Al,C 等无机元素。例如金刚石和石墨,三维网络固态聚合物 Si,Ge,Sn,P,As,Pb,S,Te 的聚合分子等。但由于形成主链的同种原子之间的键能低于 C—C 键能(表 10-1),表现出稳定性很差、易分解,而且目前合成的均链聚合物聚合度太低,故缺乏应用价值。

表 10-1 原子之间键能(计算值)

化学键	均链键能/kJ·mol^{-1}	化学键	杂链键能/kJ·mol^{-1}
C—C	334.7	B—O	499.2
S—S	263.6	B—N	436.4
P—P	221.8	Si—O	373.6
Se—Se	209.2	B—C	372.4
Te—Te	205.0	P—O	341.8
Si—Si	188.3	C—O	330.5
Sb—Sb	175.7	C—N	276.1
Ge—Ge	164.0	As—O	267.8
As—As	163.2	Al—C	257.7
N—N	154.8	C—S	257.3
O—O	142.3	Si—S	254.8
		C—Si	241.0

10.1.2.2 杂链聚合

由表 10-1 可知,同种原子间键能最高的为 C—C 键,其值为 334.7 kJ·mol^{-1};而两种原子之间的键能多数较高,B—O 键能达 499.2 kJ·mol^{-1}。键能主要反映聚合物受热后的稳定性,另外还需考虑聚合物的耐水解性、耐氧化性等。

元素键合生成均链或杂链聚合物的可能性由两元素电负性之和来判断,若两元素的电负性之和为5～6,则能生成聚合物。

10.1.2.3 无机聚合物的有机衍生物

均链聚合物或杂链聚合物中引入有机基团后,可以提高其耐水性,因此具有较高键能的杂链聚合物与有机基团形成的元素有机杂链聚合物,既表现出高度耐热性又表现出耐水性,从而得到应用价值很高的高分子材料,其中最突出的就是有机硅聚合物。

10.1.2.4 配位聚合物

配位聚合物有大环配合物、金属有机化合物、功能配合物等。配位聚合物是在结构单元中通过有机或无机配体与金属离子配位的聚合物。如固态 $PdCl_2$:

10.2 无机高分子合成方法

10.2.1 极端条件合成

在现代合成中愈来愈广泛地应用极端条件下的合成方法与技术来实现通常条件下无法进行的合成,并在这些极端条件下开拓多种多样的一般条件下无法得到的新化合物、新物相与物态。例如,在模拟宇宙空间的高真空、无重力的情况下,可能合成出无错位的高纯度化合物。在超高压下许多物质的禁带宽度及内外层轨道的距离均发生变化,从而使元素的稳定价态与通常条件下有很大差别,如 GaN 及金刚石等超硬材料的高压合成、超临界流体反应、超声合成及微波合成等。

超临界流体反应之一的超临界水热合成是无机合成化学的一个重要分支。由于水热和溶剂热合成化学在材料领域的广泛应用,世界各国都越来越重视这一领域的研究。水热和溶剂热合成是指在一定温度(100 ℃～1000 ℃)和压力(10^6～10^8 Pa)条件下利用溶液中物质的化学反应所进行的合成。水热合成与固相合成研究的差别在于"反应性"不同。这种反应性不同主要反映在反应机理上,固相反应的机理主要以界面扩散为特点,而水热反应主要为液相反应。显然不同的反应机理可能导致不同结构的生成,如液相条件下平衡缺陷的生成等。重要的是,通过水热和溶剂热反应可以制得固相反应无法制得的物相或物种。在高温高压条件下,水或其他溶剂处于临界或超临界状态,反应活性提高,如纳米粒子、溶胶与凝胶、非晶态、无机膜、单晶等的合成。

10.2.2 软化学合成

与极端条件下的合成化学相对应的是在温和条件下功能无机材料的合成化学,即温和条件下的合成或软化学合成。无机材料的性质和功能与其最初的合成或制备过程密切相关,不同的合成方法和合成路线通过对材料的组成、结构、价态、凝聚态、缺陷等的控制决定了材料的性质和功能。无机材料结构与性质所携带的这种合成基因可以通过合成过程中的化学操作来调变。尽管苛刻或极端条件下的合成可以导致具有特定结构与性能材料的生成,但由于其苛刻条件对实验设备的依赖与技术上的不易控制性以及化学上的不易操作性,减弱了材料合成的定向程度。而温和条件下的合成化学——即"软化学合成",具有对实验设备要求简单、化学上的易控性和可操作性特点,因而在无机材料合成化学的研究领域中有着重要作用。

软化学合成即在温和条件下,晶化出具有特定价态、特殊构型、平衡缺陷晶体,以代替及弥补目前大量无机功能材料的高温固相反应(>1000 ℃)合成路线的不足。因为溶剂、温度和压力对离子反应平衡的总效果可以稳定产物,同时抑制杂质的生成,所以水热或溶剂热合成以单一步骤制备无水陶瓷粉末,而不要求精密复杂装置和贵重的试剂。与高温固态反应相比,水热合成氧化物粉末陶瓷具有以下优势:(1)明显地降低反应温度和压力;(2)能够以单一反应步骤完成(不需研磨和焙烧步骤);(3)很好地控制产物的理想配比及组织形态;(4)制备纯相陶瓷(氧化物)材料;(5)可以大批量生产。

目前,温和水热合成技术应用变化繁多的合成方法和技巧已获得几乎所有重要的光、电、磁功能复合氧化物和氟化物。以往复合氟化物的合成采用氟化或惰性气氛保护的高温固相合成技术,该技术对反应条件要求苛刻,反应不易控制。而水热合成反应不但是一条反应温和、易控、节能和少污染的新合成路线,而且具有价态稳定化作用与非氧嵌入特征等特点。

10.2.3 组合化学合成

组合化学最早称为同步多重合成,用于合成肽组合库,也称组合合成、组合库和自动合成法。组合方法与传统合成方法存在显著差异,传统的合成方法一次只得到一批产物,而组合方法同时用 n 个单元与另外一组 n' 个单元反应,得到所有组合的混合物,即 $n+n'$ 个构建单元产生 $n \times n'$ 批产物。组合化学是一门集合成化学、组合数学和计算机辅助设计等多学科交叉形成的一门边缘学科。因此,组合化学可定义为利用组合论的思想和理论,将构建单元通过有机、无机合成或化学修饰,产生分子多样性的群体(库),并进行优化选择的科学。图 10-1 表示在新材料开发研究中应用组合化学的基本思想和主要过程。

目前组合化学在以下领域取得了较大进展:

(1) 固体材料领域,包括超导材料、巨磁阻材料、介电及铁电材料、发光材料、分子筛、有机固体及高聚物。

(2) 有机及金属有机化合物,包括模拟生物活性酶和肽的金属配合物、非对称催化合

成、石蜡聚合催化的组合化学。

(3) 无机催化剂,包括电致氧化催化合金化合物的组合化学合成,作为均相催化剂的无机多核阴离子簇组合库的建立等。

组合化学作为合成化学的一个新分支,展现出巨大的发展潜力。它的最大优点是合成的微型化、集成化和自动化,可以迅速对大量样品进行筛选。发展新的分析手段也是十分必要的,传统的一对一的分析模式已经成为组合化。组合化学与计算机科学相结合,特别是与数据库技术相结合,是组合化学发展的未来方向。我们知道,在材料的开发过程中,假设投入的初始变量为 $A_i(i=1-n)$(包括原料组成、结构基元及其他变化因素),经过一个转变 K(合成条件)以后得到结果 $B_j(j=1-m)$(可以是结构、性质等等),它们之间的关系以数学式表达为 $A_i \times K = B_j$,其中 A_i 和 B_j 为已知和可测量结果,因而 K 的确定对于材料的定向合成至关重要。从组合库中得到大量的数据,利用数据库技术进行系统分析,得到相关的 K,这不但可以预测新化合物的出现方向,而且可以完善人们对材料组成、结构和性能三者之间关系的认识,为定向合成奠定基础。

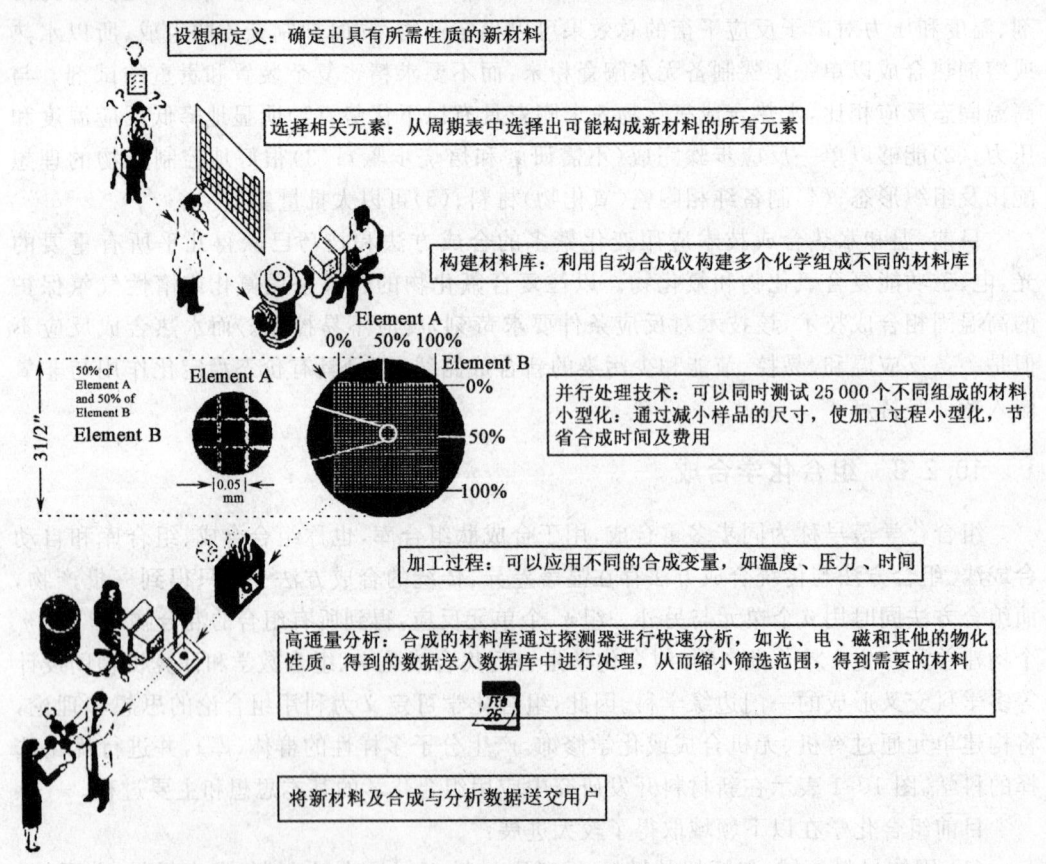

图 10-1 新材料开发研究中组合化学的基本思想和主要过程

10.2.4 计算机辅助合成

计算机辅助合成是当今合成化学中的一个重要方向。计算机辅助合成是在对反应机理了解的基础上进行的理论模拟过程。因此,国际上大都选择较为复杂且又具有一定基础的合成体系为对象开展研究。一般为建立与完善合成反应与结构的原始数据库,再在系统研究其合成反应与机理的基础上,应用神经网络系统并结合基因算法、优化计算等建立有关的合成反应数学模型与能量分布模型,并进一步建立定向合成的专家决策系统。依据合成反应数据库和结构模拟数据库,总结微观参数与宏观性质的关联,进行无机功能材料的设计与性能预测,是合成化学家的不懈追求。

由于工业上的需求,国际上对各种重要合成体系的计算机模拟工作开展较早,对计算机辅助设计合成的工作则是近年开展起来的。英国学者曾应用密度函数理论和分子力学与动力学方法通过计算机模拟水热合成中成核、晶体生长与模板作用问题,该计算机模拟工作奠定了发展水热合成原子模型的基础。

我国学者在计算机辅助下的层孔磷酸铝的分子设计方面取得重要成果。在建立晶体结构与合成反应数据库的基础上,以具有特定结构的磷酸铝为研究对象,开拓分子设计与定向合成路线。提出二维网状中具有 $Al_3P_4O_{16}^{3-}$ 计量比的磷酸铝的结构设计与构筑的计算方法,在程序中运用了分而治之算法和遗传算法,总结出结构构筑的特点及规律,设计并合成出一系列以 $AlP_2O_8^{3-}$,$Al_3P_4O_{16}^{3-}$,$Al_2P_3O_{12}^{3-}$,$Al_4P_5O_{20}^{3-}$ 和 $Al_5P_6O_{24}^{3-}$ 等为结构单元的一维链状、二维层状和三维骨架结构。进而,总结有机胺模板分子在结构中与主体骨架的氢键作用规律,用分子动力学的方法阐明有机胺的结构导向作用。其中具有 $Al_3P_4O_{16}^{3-}$ 计量比的二维磷酸铝层孔结构的设计与合成研究的规律对在溶剂热体中开展分子片建设很有启迪。这些结构包括各种多元环组成的网结构,如四元环和六元环组成的网结构(4.6-net)以及其他 4.6.8-,4.6.8.12- 及 4.8-nets 等网结构。这些网结构按不同堆集方式如 ABAB,ABCABC 等产生各种复杂结构。如具有 4.6-net 的 $[Al_3P_4O_{16}][C_5N_2H_9]_2[NH_4]$ 化合物,具有 4.6.8-net 的 $[Al_3P_4O_{16}][C_6H_{20}N_4]$ 化合物及具 4.6.8-net 的 $[Al_3P_4O_{16}][CH_5NH_3]$ 化合物。合成出的一维链、二维层及三维微孔磷酸铝晶体,具有 Al/P 比为 1/2,2/3,3/4,4/5 和 5/6 等小于 1 的 $Al_nP_{n+1}O_{4(n+1)}^{3-}$ 化合物。

作为计算机辅助合成研究基础上的合成与晶化机理的研究继续深入进行,特点是进一步借助现代表征手段如 NMR 和高分辨电子显微镜技术等,依据现有的实验事实提出假说。如非平衡体系最小化学个体晶化假说提出在非平衡态溶液中(含水、非水介质及熔体),具有适当浓度和化学活性的单原子离子或单聚态化学个体,容易形成晶核与生长。这对于理解溶液晶化现象、合成方法与合成路线的实质性设计、晶体生长具有实际的指导意义。假说的提出依据下列化学现象与理论分析:(1)金属晶体的密堆积晶化现象分析;(2)离子晶体的溶液结晶现象分析;(3)溶液中由前驱物法或氧化还原法制备纳米晶体的结晶现象分析;(4)非水介质中低硅聚合态体系的结晶现象分析;(5)溶液矿化

剂作用与现象分析;(6)熔体与熔体助熔剂作用与现象分析;(7)沸石分子筛合成体系晶化现象分析;(8)非平衡态溶液中的自组织现象、耗散结构及非平衡态热力学理论分析。上述假说有待进一步的实验验证。

10.2.5 理想合成

理想合成是指从易得的起始物开始,经过一步简单、安全、环境友好、反应快速、100％产率而获得目标产物。尽管理想合成不易实现,但对合成化学家提出了挑战,激发了合成化学家的巨大创造力。趋近理想合成策略之一是开发一步合成反应。如富勒烯及相关高级结构的合成,从易得的石墨出发,只需一步反应即得到目标产物,产率达44％。产物富勒烯和碳纳米管以其新颖的结构、方便的合成及潜在应用开拓了新的研究领域。毕其功于一役的思想还体现在高分子聚合物的合成、自组装体系的构筑上。趋近理想合成策略之二为单元操作。相对复杂的分子,如药物、天然产物的合成,需要多步反应完成。在自然界里,生物采取多级合成的策略,在众多酶的作用下,用前一步催化反应的产物作为后续反应的起始物,直至目的产物的生成。这个策略的成功依赖于反应物、产物、催化剂的相容性。这种相容性已在实验室中模拟进行单元操作,在一个单元操作中经由多个步骤合成目标产物,如 B_2 香树素就是利用了阳离子多级联和反应单元操作合成的。

10.3 通用无机高分子及应用

10.3.1 硅酸盐无机高分子

硅酸盐无机高分子基本结构为—O—Si—O—单元组成,由于廉价的二氧化硅和氢氧化钠为起始原料,故价格低,并且具有无毒、耐火、耐污、不老化等优点。适用于作为内外墙建筑涂料。有两种原料作为成膜物质,一种是水玻璃,另一种是硅胶。

水玻璃型无机高分子涂料的成膜物质是碱金属硅酸盐,通常为硅酸钾、硅酸钠或其混合物,通式为 $M_2O \cdot nSiO_2 \cdot xH_2O$,其中 n 为膜数,一般为 2~3,膜数越高,黏度越大,耐水性越好。体系中存在如下平衡:

$$2SiO_3^{2-} + 6H_2O \rightleftharpoons 2Si(OH)_4 + 4OH^-$$

$$Si(OH)_4 + 2OH^- \rightleftharpoons Si(OH)_6^{2-}$$

$$2Si(OH)_6^{2-} \rightleftharpoons \quad —Si—O—Si— \quad + H_2O + 4OH^-$$

干燥过程中通过硅醇之间缩合成为—Si—O—Si—无机高分子而固化成膜。这种聚合长链遇水时易水解，故涂膜耐水性欠佳。加入固化剂可以提高耐水性，常用的固化剂有金属氧化物、硅氧化物、磷酸盐、硼酸盐或其混合物。通过水玻璃的改性，如用氟盐或硅氧烷预先改性制成基料可提高耐水性，添加热塑性有机高分子树脂的水乳液作为辅助成膜物，使有机树脂填充在—Si—O—Si—网状间隙中，起到屏蔽现存羟基、提高耐水性并增加塑性的作用。硅酸盐建筑涂料配方如：钾水玻璃100份，辅助成膜助剂20份，填料100份，颜料20~25份，分散剂0.3~0.6份，塑剂2~6份，表面活性剂0.3~0.5份，固化剂10份。

硅溶胶涂料所用的助剂与水玻璃涂料相似，由于没有碱金属离子的干扰，故耐水性较好，但硅溶胶成本高而影响推广应用。

硅酸盐无机黏合剂通过加入如上述固化剂且加热而固化，获得较高的黏结强度。可黏结金属、陶瓷和玻璃，尤其适用于需耐高温的金属工件的黏结。但此类黏合剂的特点也是耐水性差。湖南省机械研究所的研究者通过在固化剂内添加磷硅酸或其他盐类，同时在基料中引进相应的阴离子，显著提高了耐水性。

10.3.2 无机高分子磷酸盐

无机高分子黏合剂和硅酸盐黏合剂相比，具有黏性大、黏合力强、收缩率小、耐水性较好及固化温度低等优点。

用于制备高分子磷酸盐的原料是酸性磷酸盐，即磷酸二氢盐、磷酸倍半氢盐、磷酸氢盐或其混合物，通式为 $aM_mO_n \cdot P_2O_5 \cdot bH_2O$。这些原料多数采用磷酸盐和金属氧化物或氢氧化物在水溶液中反应制备。金属原子数和磷原子数之比越小，磷酸水溶液的稳定性相应提高，但固化性能和耐水性均下降。

酸性磷酸盐水溶液的固化剂可以是金属氧化物、氢氧化物、硅酸盐、硼酸或其他金属盐类（如 $AlCl_3$，$ZnSO_4$ 等）。

10.3.3 聚铁盐和聚铝盐

聚铁盐和聚铝盐主要作为絮凝剂。

聚铁盐可以看做是硫酸铁中的一部分 SO_4^{2-} 被 OH^- 所取代而形成的碱式硫酸铁嵌入硫酸铁的网络结构中，从而形成无机聚合物，其通式为 $[Fe_2(OH)_n(SO_4)_{3n/2}]_m$，式中 $n<2, m>10$。聚铁盐溶液中存在着 $[Fe(H_2O)_6]^{3+}$，$[Fe_2(OH)_3]^{3+}$，$[Fe_3(OH)_2]^{3+}$ 等配离子，以 OH^- 作为架桥形成多核络离子，分子量高达 1×10^5，是一种红褐色黏稠液体，对污水杂质有强混凝作用，这是由于水解过程中产生的多核络合物强烈吸附胶体微粒，通过黏接、架桥、交联作用，从而促使微粒凝聚。同时还中和胶体微粒及悬浮表面的电荷，降低胶团的电位，使之相互吸引而形成絮状混凝沉淀，而且沉淀本身表面积大、物理吸附作用显著。

聚铝盐主要有聚硫酸铝（PAS）$[Al_2(OH)_2(SO_4)_{3n/2}]_m$和聚氯化铝（PAC）$[Al_2(OH)_2Cl_{6-n}]_m(SO_4)_x$，是一类目前公认的高效无机高分子絮凝剂,大量用于生活、工业及污水处理,但原料比聚铁盐紧缺,成本高,并且存在对原水质 pH 适应范围窄的缺点。

10.3.4 硅氧聚合物的有机衍生物

硅氧聚合物的有机衍生物即有机硅聚合物。基本结构单元是：$\left[\begin{array}{c}R\\|\\-Si-O-\\|\\R\end{array}\right]$，即主链有硅原子和氧原子交替组成稳定骨架,R 可以是甲苯、苯基、乙烯基等,这种半无机、半有机的结构赋予这类材料许多优良特性,主要表现为无毒,耐高、低温,化学性质稳定,具有柔韧性,还有良好的电绝缘性,并且易加工等特性。

由于组成与分子量大小的不同,有机硅聚合物可以是线型低聚物,即液态硅油及半固体的硅脂;可以是线型高聚物弹性体,即硅橡胶;还可以是具有反应性基团－SiOH 的含支链的低聚物,即树脂状流体——硅树脂,缩合固化后转变为体型高聚物。硅树脂可用作涂料、高温黏合剂,或加入填料生产模塑制品。有机硅油分子间距大,作用力小,比起碳氢化合物有较低的表面张力和低表面能,所以成膜能力强,如乙基硅油广泛作为纺织、印染机械润滑油的添加剂。当 R 为甲基或苯基时,可用过氧化物进行硫化,如果 R 含有乙烯基则可用硫进行硫化。硅橡胶具有优良的低温和高温性能（－115 ℃～＋300 ℃）、优良的耐老化性能,是优良的绝缘材料和耐温密封材料。由于氧在硅橡胶中的渗透性大,故硅橡胶成为已知高分子材料中渗透性最好的透氧材料,应用于工业炉的富氧化燃烧和医疗上富氧化系统。

然而,有机硅氧烷毕竟含有有机基团,长期受热后,分子中的有机基团大部分会遭受破坏,从而失去柔韧性。近年来,科学家试图通过改变侧基团或在主链中引进金属原子,以达到改进的目的,取得了一定进展。

10.4　特种无机高分子

10.4.1 聚磷腈

聚磷腈是一类具有广泛应用前景的无机高分子材料,其结构式为$-[N=P(R_1R_2)]_n-$。根据取代基 R 的不同,聚磷腈的性质可发生较大变化,可表现为橡胶状或者高玻璃化转化温度的塑料。目前聚磷腈的合成和性能研究获得较快发展,特别是功能性聚磷腈的研究获得了广泛重视,具有生物活性、阻燃性能、液晶性能和离子传导性能等的聚磷腈材料已获得较为系统的研究。电子导电聚磷腈的合成也有报道。由于聚磷腈具有较高的相对分子质量,是一类优良的成膜材料,在光电子器件制备中具有广泛应用前景。具有孔穴传导性能的聚磷腈已经应用于电致发光性能的制备,具有电致发光基元的聚磷腈研究则相对较少。

10.4.2 聚硅烷

聚硅烷是目前无机高分子中最重要的研究内容之一,它具备有机高分子的基本加工性质,在挤出、涂膜、成纤或注射成型后,经高温处理,可得到非氧化硅陶瓷。这种用化学方法制备陶瓷是陶瓷材料发展中的一个重大突破。聚硅烷的主链形成 σ 电子共轭,使其具有独特的光学和物理性质,有可能成为方兴未艾的信息技术所必需的集成电子器件、集成光电器件中的关键材料之一。

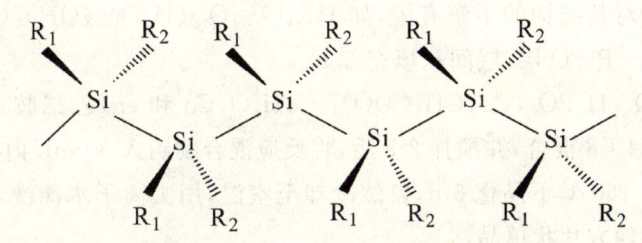

10.4.3 聚氮化硼和聚氮化硫

聚氮化硼$(BN)_n$为六边形,具有类似于石墨的层状结构。制备方法很多,例如可由硼砂和 NH_4Cl 混合压制,在高温合成炉通氨气氮化制得。它是一种功能陶瓷,高温下具有优良的稳定的介电性、热传导性,且加工性能好,能加工成形态复杂、高精密度的瓷件,尤其适应于做高温下电子器件的散热陶瓷组件和电绝缘陶瓷组件。

聚氮化硫$(SN)_n$是具有异常性质的电极材料,当制成纤维状结晶体时,沿纤维轴有电导性,且随温度降低而增加,在接近绝对零度时成为超导体。聚氮化硫还是许多功能陶瓷如 SiC,Si_3N_4 等的前驱体,即这些陶瓷可由聚氮化硫和有关无机物经高温热反应制得。

10.4.4 锆的聚合物

聚磷酸锆具有类似于黏土矿物的层状结构,通过化学反应将有机基团引入层间,使之功能化,如成为催化剂固定场所,成为选择吸附场所等。

无定形锆聚合物在涂料方面的应用较多。例如,将尿素和 $Zr(NO_3)_4$ 一起放在水中加热,制得无定形氢氧锆聚合物的稳定透明溶胶,将之与 ZrO_2 粉和溶剂混合,涂于金属板材上,就能得到良好的涂层。

10.5 无机高分子合成的应用

10.5.1 水热合成法制备新型磷-钒-氧层状化合物

$[H_2en]_2[H_2O]_6[Co(H_2O)_2(VO)_8(OH)_4(PO_4)_8]$每层的组成为$[(VO)_4(OH)_2(PO_4)_4]^{6-}$，层与层间通过$[Co(H_2O)_2O_4]$联结成具有十六元环的三维孔道结构,乙二胺阳离子和质子化分子填充在层间,这类由过渡金属(如Co^{2+},Ni^{2+}等)配位阳离子连接P-V-O层构成三维骨架的情况较少,因为这类化合物的单晶难于获得,或者因获得的晶体质量方面的原因,使我们对其结构的了解有限,如$HK_4[V_{10}O_{10}(H_2O)_2(OH)_4(PO_4)_7]\cdot 9H_2O$是以$VO_6$连接V-P-O层,层间只填充着K。

将H_2O,V_2O_5,H_3PO_4,$Co(CH_3COO)_2\cdot 4H_2O$,Co和en(乙二胺),按物质的量比800:5:20:3:4:8混合,并搅拌2 h后,将反应混合物封入30 mL内衬聚四氟乙烯不锈钢反应釜中,于160 ℃下晶化3 d,自然冷却至室温,用去离子水漂洗,除去杂质,自然干燥,得到天蓝色四方片状单晶。

10.5.2 溶胶-凝胶法制备硅气凝胶

将TEOS,CH_3COCH_3,H_2O,$C_4H_6O_6$以1:4.6:16:0.15的物质的量比进行配料,pH=1～2,在低温加热和充分搅拌下,溶液由浑浊变为透明,再搅拌15 min后,转入反应器然后加盖密封,控温(55±2)℃,进行水解缩合反应。待凝胶后,再老化一定时间,然后缓慢降压,进行"微分"干燥,干燥的后期温度下调5 ℃左右,在与大气压达到平衡后,即可制得低密度硅气凝胶透明产品。

$$H_5C_2O-\underset{\underset{OC_2H_5}{|}}{\overset{\overset{OC_2H_5}{|}}{Si}}-OC_2H_5 + 4H_2O \xrightarrow{\text{水解}} HO-\underset{\underset{OH}{|}}{\overset{\overset{OH}{|}}{Si}}-OH + 4C_2H_5OH \quad (1)$$

$$HO-\underset{\underset{OH}{|}}{\overset{\overset{OH}{|}}{Si}}-OH + HO-\underset{\underset{OH}{|}}{\overset{\overset{OH}{|}}{Si}}-OH \xrightarrow{\text{脱水缩合}} HO-\underset{\underset{OH}{|}}{\overset{\overset{OH}{|}}{Si}}-O-\underset{\underset{OH}{|}}{\overset{\overset{OH}{|}}{Si}}-OH + H_2O \quad (2)$$

$$\underset{\underset{OH}{|}}{\overset{\overset{OH}{|}}{HO-Si-O-Si-OH}} + 6HO-\underset{\underset{OH}{|}}{\overset{\overset{OH}{|}}{Si}}-OH \xrightarrow{\text{进一步}\atop\text{脱水缩聚}} \text{[大团簇结构]} + 6H_2O \quad (3)$$

上述团簇(3)上有许多 —Si—OH 基团,它们相互之间还可以进一步脱水和形成氢键,最终形成凝胶体无机高分子网络结构。

10.5.3 人造金刚石的合成

人造金刚石的合成可以采用静压法工艺过程进行生产,将石墨片、触媒片等物以间隔的方式填入一中空的叶蜡石块中,组装一合成件,然后把它放在六面顶压机上施加高温高压,一定时间后取出合成件,捣碎并从中取出完整的合成试棒。在合成试棒的石墨片上可以看到浅黄色或浅绿色的人造金刚石晶粒,其颜色随触媒的材料而变。合成时所采用的温度、压强、时间等条件也与触媒种类有关,一般为 1600~1800 K,6.0×10^9 Pa,1~5 min。把合成试剂捣碎后,相继用电解法清除触媒,用高氯酸清除石墨,用熔融的氢氧化钠清除合成件所带来的硅酸盐,就得到了纯净的金刚石。

静压法合成金刚石,原则上可通过以下步骤进行:
(1)选择合适催化剂、碳源及组装方法。
(2)选择合适压力、温度和时间以及这些参数的测量与控制。
(3)采用掺入有利杂质和去除有害杂质等工艺来解决增大粗粒比和提高质量的问题。

总之,无机高分子是一个涉及多种领域的交叉学科研究课题,包括化学、陶瓷、金属、物理等不同学科。在化学学科中,又包括关于电子结构计算的理论化学,探索原料来源的无机合成,过渡金属有机化学和高分子化学中关于合成方法的研究,高分子物理和物理化学中关于性质表征技术和结构-性能关系的研究,高分子工程中加工技术的研究,以及高分子材料关于应用器件的研制等。因此,无机高分子作为 21 世纪的新型材料之一,值得在多学科和多领域间组织开展基础和应用方面的研究。

参考文献

[1] 武汉大学,吉林大学等. 无机化学(第 3 版). 北京:高等教育出版社,1994
[2] 刘祖武. 现代无机合成. 北京:化学工业出版社,1999

[3] 徐如人主编. 无机合成化学. 北京:高等教育出版社,1991

[4] *Inorganic and Organometallic Polymers*. John Wiley and Sons,Inc,2001

[5] Anderson JS. *Introductory Lecture at International Symposium on Inorganic polymer*. Nottinghan;1961;Chem Soc,London;Nature,1961,191:1046

[6] Allock HR. *Inorganic and Organometallic Polymer*. Zeldin M,et al. Washington:D.C. 1988

[7] 杨少明,陈秀琴. 无机高分子材料及应用. 化学世界,1997

[8] 何天白. 一种无机高分子—聚硅烷. 化学世界,1995

[9] 刘承美,胡富贞等. 具有规整PPV侧链无机高分子聚磷腈的合成与表征. 化学推进与高分子材料,2004

[10] 栾国有,王恩波等. 一个新型层状化合物[Ni$(C_{10}H_8N_2)_2V_3O_{8.5}$]的水热合成与晶体结构. 高等学校化学学报,2001

[11] 刘祖武,李群林,张平等. 酒石酸为催化剂合成无机高分子材料硅气凝胶. 湘潭大学学报(自然科学版),2001

(莫尊理)

[下篇]
实验

I 基本实验

实验 1　五氧化二钒的提纯

一、实验目的

1. 学习五氧化二钒的性质及提纯原理。
2. 掌握无机化合物提纯的一些基本操作。

二、预习要求

预习钒的相关化学性质,预习与提纯相关的基本操作。

三、实验原理

五氧化二钒是两性氧化物,以酸性为主。五氧化二钒易溶于碱溶液中生成钒酸盐,随着 pH 值的变化和钒酸盐浓度的不同,生成不同聚合度的多钒酸盐,在 pH 值高时,主要生成钒酸钠:

$$V_2O_5 + 6NaOH = 2Na_3VO_4 + 3H_2O$$

随着 pH 值的下降,聚合度增大,溶液的颜色逐渐加深,由淡黄色变到深红色。

钒酸盐有正钒酸盐、焦钒酸盐和偏钒酸盐。这三种盐中,偏钒酸盐最稳定,正钒酸盐的稳定性最小,钒酸盐溶液在煮沸时经焦钒酸盐的中间形式而最后变为偏钒酸盐:

$$2Na_3VO_4 + H_2O = Na_4V_2O_7 + 2NaOH$$
$$Na_4V_2O_7 + H_2O = 2NaVO_3 + 2NaOH$$

往偏钒酸盐和焦钒酸盐的溶液中加入氯化铵,可沉淀出白色的偏钒酸铵:

$$VO_3^- + NH_4^+ = NH_4VO_3 \downarrow$$
$$V_2O_7^{4-} + 4NH_4^+ = 2NH_4VO_3 \downarrow + 2NH_3 + H_2O$$

在空气中加热偏钒酸铵即可得到纯度较高的五氧化二钒:

$$2NH_4VO_3 \xrightarrow{\quad\quad} V_2O_5 + 2NH_3\uparrow + H_2O\uparrow$$

本实验是根据钒的上述性质进行五氧化二钒的提纯。

四、仪器及药品

仪器：烧杯，坩埚，马福炉，抽滤装置，布氏漏斗，抽滤瓶，循环水泵，干燥箱。
药品：NaOH(s)，粗钒，NH_4Cl(饱和，1%)。
材料：广泛 pH 试纸。

五、实验内容

称取 0.4 g NaOH 固体于烧杯中，加 30 mL 水溶解，加热，搅拌下逐步将 10 g 粗钒加到 NaOH 溶液中，煮沸至粗钒全部溶解为止，调节溶液 pH 值为 8～8.5，趁热抽滤除去杂质，将滤液转移到烧杯中；再加入热饱和的 NH_4Cl 溶液 15 mL，不断搅拌，待白色偏钒酸铵沉淀完全，静置冷却后抽滤，沉淀用1% NH_4Cl 溶液洗涤 3～4 次，然后将沉淀转移到小坩埚中，先放入干燥箱中于 80 ℃～100 ℃ 烘 1 h，再放入马福炉中于 450 ℃～500 ℃ 恒温灼烧 1～5 h，即得淡黄色(或橙黄色)五氧化二钒粉末。将产品称重，计算产率。

思考题

1. 五氧化二钒易溶于酸还是易溶于碱？为什么？
2. 在提纯五氧化二钒的过程中，影响产率和纯度的因素有哪些？

参考文献

[1] 浙江大学普通化学教研组编．普通化学实验．北京：高等教育出版社，1990
[2] 南京大学《无机及分析化学实验》编写组．无机及分析化学实验．北京：高等教育出版社，1990

(赵建茹)

实验 2　硫酸铝钾晶体的制备

一、实验目的

1. 巩固复盐的有关知识，掌握制备简单复盐的基本方法。
2. 认识金属铝和氢氧化铝的两性。

3. 了解从水溶液中培养大晶体的方法,制备硫酸铝钾大晶体。
4. 掌握固体溶解、加热蒸发和减压过滤的基本操作。

二、预习要求

1. 预习金属铝的性质。
2. 阅读教材 7.5.1,了解从水溶液中培养大晶体的方法。
3. 预习蒸馏、抽滤、蒸发等基本操作。

三、实验原理

根据金属铝的性质,使其与氢氧化钾反应生成四羟基合铝(III)酸钾:

$$2Al + 2KOH + 6H_2O = 2K[Al(OH)_4] + 3H_2\uparrow$$

而铝片中的其他金属或杂质则不溶。用硫酸溶液中和四羟基合铝(III)酸钾可制得微溶于水的复盐明矾——$KAl(SO_4)_2 \cdot 12H_2O$ 结晶。

$$K[Al(OH)_4] + 2H_2SO_4 + 8H_2O = KAl(SO_4)_2 \cdot 12H_2O$$

硫酸铝钾是无色透明晶体,具有非常规整、美丽的八面体晶型。在 92 ℃ 时溶于其结晶水中。要使盐的晶体从溶液中析出,从原理上来说有两种方法。以图 I-1 的溶解度曲线和过溶解度曲线为例,BB' 为溶解度曲线,在曲线的下方为不饱和区域。若从处于不饱和区域的 A 点状态的溶液出发,要使晶体析出,其中的一种方法是采用 $A \to B$ 的过程,即保持浓度一定,降低温度的冷却法;另一种办法是采用 $A \to B'$ 的过程,即保持温度一定,增加浓度的蒸发法。用这样的方法使溶液的状态进入到 BB' 线上方区域,一进到这个区域一般就有晶核的产生和成长,但有些物质,在一定条件下,虽处于这个区域,溶液中并不析出晶体,成为过饱和溶液。可是过饱和度是有界限的,一旦达到某种界限时,稍加震动就会有新的、较多的晶体析出(在图 I-1 中 CC' 表示过饱和的界限,此曲线称为过溶解度曲线)。在 CC' 和 BB' 之间的区域为介稳定区域。要使晶体能较大地成长起来,就应当使溶液处于介稳定区域,让它慢慢地成长,而不使细小的晶体析出。

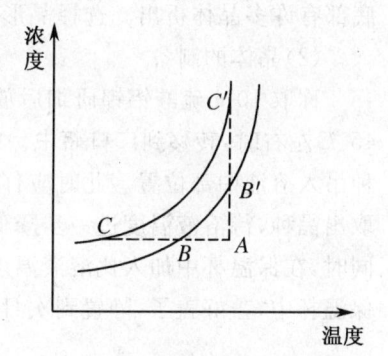

图 I-1 硫酸铝钾的溶解度曲线

四、仪器及药品

仪器:布氏漏斗,抽滤瓶,循环水泵,温度计,保温杯,广口瓶,烧杯,台秤,搪瓷盘。
药品:KOH(s),铝片,$KAl(SO_4)_2 \cdot 12H_2O$(s),H_2SO_4(6 mol·L^{-1}),乙醇(95%),冰。

五、实验内容

1. 制备四羟基合铝(Ⅲ)酸钾

称取 2 g KOH 固体,放入 100 mL 烧杯中,加入 25 mL 蒸馏水使之溶解。称量 1 g 金属铝片,分两次加入溶液中(反应开始后很激烈,注意不要溅出)。反应完后,加 10 mL 蒸馏水,抽滤,将滤液转入烧杯中。

2. 硫酸铝钾的制备

向烧杯的溶液中慢慢滴加 6 mol·L^{-1} H$_2$SO$_4$ 溶液,并不断搅拌,将中和后的溶液加热几分钟(勿沸),使沉淀完全溶解,冷却至室温后,放入冰浴中进一步冷却、结晶。减压抽滤,用 15 mL 95％乙醇洗涤晶体两次,将晶体用滤纸吸干,称重。

3. 硫酸铝钾晶体的制备

(1) 晶种的培养

将配制的比室温高出 20 ℃～30 ℃ 的硫酸铝钾饱和溶液注入搪瓷盘里(水与硫酸铝钾的比例可为 100 g∶20 g),液高约 2～3 cm,放于僻静处自然冷却,经 24 h 左右,在盘的底部有许多晶体析出。选择晶形完整的晶体作为晶种。

(2) 晶体的制备

称取 10 g 硫酸铝钾研细后放入烧杯中,加入 50 mL 蒸馏水,加热使其溶解,冷却到 45 ℃ 左右时,转移到广口瓶中。待广口瓶中溶液温度降到 40 ℃ 时,把预先用线系好的晶种吊入溶液中部位置。此时应仔细观察晶种是否有溶解现象,如果有溶解现象,应立即取出晶种,待溶液温度进一步降低,晶种不发生溶解时,再将晶种重新吊入溶液中。与此同时,在保温杯中加入比溶液温度高 1 ℃～3 ℃ 的热水,而后把已吊好晶种的广口瓶放入保温杯中,盖好盖子,静置到次日,观察在晶种上成长起来的大晶体的形状。

思考题

1. 将硫酸钾和硫酸铝两种饱和溶液混合能够制得明矾晶体,用溶解度来说明为什么是可以的?如何把晶种放入饱和溶液中?

2. 若在饱和溶液中,晶种长出一些小晶体或烧杯底部出现少量晶体时,对大晶体的培养有何影响?应如何处理?

3. 如何检验新制成的溶液就是某温度下的饱和溶液?

参考文献

[1] 刘宝殿主编. 化学合成实验. 北京:高等学校出版社,2005
[2] 中山大学等校编. 无机化学实验(第 3 版). 北京:高等学校出版社,1995

(柴雅琴)

实验3　硝酸钾的制备

一、实验目的

1. 利用物质溶解度随温度变化的差别,用转化法制备硝酸钾。
2. 熟练掌握溶解、加热、蒸发、结晶和过滤等操作技术。
3. 初步掌握重结晶提纯法的原理和操作。

二、预习要求

1. 预习硝酸钾制备原理。
2. 预习硝酸钾制备实验中相关的基本操作。
3. 熟悉物质溶解度的有关计算。

三、实验原理

复分解法是制备无机盐类的常用方法。不溶性盐利用复分解法很容易制得,但是可溶性盐则需要根据温度对反应中几种盐类溶解度的不同影响来制取。硝酸钾为无色斜方晶体或白色粉末,易溶于水,广泛应用于化工、医药和食品工业等方面。工业上和实验室中都是用硝酸钠和氯化钾来制备硝酸钾:

$$NaNO_3 + KCl \rightleftharpoons NaCl + KNO_3$$

此反应是可逆的,根据 NaCl 的溶解度随温度变化不大,KCl,KNO_3 和 $NaNO_3$ 在高温时具有较大或很大的溶解度,而温度降低时溶解度明显减小(如 KCl,$NaNO_3$)或急剧下降(如 KNO_3)的这种差别,将一定浓度的 $NaNO_3$ 和 KCl 混合液加热浓缩,当温度达 118 ℃~120 ℃时,由于 KNO_3 溶解度增加很多,它达不到饱和,不析出,而 NaCl 的溶解度增加甚少,随浓缩、溶剂水的减少,NaCl 析出。趁热减压抽滤,可除去 NaCl 晶体。然后将此滤液冷却至室温,KNO_3 因溶解度急剧下降而析出。过滤后可得含少量 NaCl 等杂质的硝酸钾晶体。再经过重结晶提纯,可得 KNO_3 纯品。

KNO_3 产品中的杂质 NaCl 利用氯离子和银离子生成 AgCl 白色沉淀来检验。

表 I-1　KNO₃,KCl,NaNO₃,NaCl 在不同温度下的溶解度 单位:g/(100 g H₂O)

温度/℃ 盐	0	10	20	30	40	60	80	100
KNO₃	13.3	20.9	31.6	45.8	63.9	110.0	169	246
KCl	27.6	31.0	34.0	37.0	40.0	45.5	51.1	56.7
NaNO₃	73.0	80.0	88.0	96.0	104.0	124.0	148.0	180.0
NaCl	35.7	35.8	36.0	36.3	36.6	37.3	38.4	39.8

四、仪器及药品

仪器:烧杯(100 mL,250 mL),温度计(200 ℃),抽滤瓶,布氏漏斗,台秤,石棉,三脚架,铁架台,酒精灯,玻棒,量筒(10 mL,50 mL),表面皿,试管,药匙,循环水泵。

药品:NaCl(s),NaNO₃(s),AgNO₃(0.1 mol·L⁻¹),HNO₃(6 mol·L⁻¹),冰。

五、实验内容

1.硝酸钾的制备

(1)称量、溶解

称取 10 g NaNO₃ 和 8.5 g KCl 固体,倒入 100 mL 烧杯中,加入 20 mL 蒸馏水,加热,并不断搅拌,至烧杯内固体全溶,记下烧杯中液面的位置。当溶液沸腾时,用温度计测溶液此时的温度,并记录。

(2)蒸发、过滤

继续加热并不断搅拌溶液,当加热至杯内溶液剩下原有体积的 2/3 时,已有 NaCl 析出,趁热快速减压抽滤(布氏漏斗在沸水中或烘箱中预热)。将滤液转移至烧杯中,并用 5 mL 热的蒸馏水分数次洗涤抽滤瓶,洗液转入盛滤液的烧杯中,记下此时烧杯中液面的位置。加热至滤液体积只剩原有体积的 3/4 时,冷却至室温,观察晶体状态。用减压抽滤把 KNO₃ 晶体尽量抽干,得到粗产品,称量。

2.用重结晶法提纯硝酸钾

除留下绿豆粒大小的晶体供纯度检验外,按粗产品:水=2:1(质量比)将粗产品溶于蒸馏水中,加热,搅拌,待晶体全部溶解后停止加热(若溶液沸腾时晶体还未全部溶解,可再加极少量蒸馏水使其溶解)。将滤液冷至室温后,再用冰水浴冷却至 10 ℃ 以下,待大量晶体析出后抽滤,将晶体放在表面皿上晾干,称重,计算产率。

3.纯度的检验

分别取绿豆粒大小的粗产品和一次重结晶得到的产品放入两支小试管中,各加入 2 mL 蒸馏水配成溶液。在溶液中分别滴入 1 滴 6 mol·L⁻¹ 硝酸酸化,再各滴入

0.1 mol·L^{-1}硝酸银溶液 2 滴，观察现象，进行对比，重结晶后的产品溶液应为澄清溶液。若重结晶后的产品中仍然检验出含氯离子，则产品应再次重结晶。

思考题

1. 溶液沸腾后为什么温度高达 100 ℃以上？
2. 为什么 NaNO$_3$ 和 KCl 的溶液要进行热过滤？
3. KNO$_3$ 中混有 KCl 或 NaNO$_3$ 时，应如何提纯？
4. 用 Cl$^-$ 能否被检出来作为衡量产品纯度的依据是什么？

参考文献

[1] 袁书玉. 无机化学实验. 北京：清华大学出版社，1996
[2] 吴泳. 大学化学新体系实验. 北京：科学出版社，1999
[3] 陆根土. 无机化学实验教学指导书. 北京：高等教育出版社，1992
[4] 沈群朴. 实验无机化学（第 2 版）. 天津：天津大学出版社，1992

（康桃英）

实验4　从烂版液中回收铜粉、硫酸铜及硫酸亚铁铵

一、实验目的

1. 学习从废烂版液中回收铜粉、硫酸铜及副产品硫酸亚铁铵的方法，进一步掌握 Cu(Ⅱ)的氧化性和单质铜的还原性。
2. 学习和联系有关分离、提纯、重结晶等基本操作。

二、预习要求

1. 预习用铜制备硫酸铜的化学原理。
2. 通过预习进一步熟悉水浴加热、减压过滤、蒸发浓缩、结晶等基本操作。
3. 思考下列问题：
(1) 亚铁盐在空气中易被氧化为铁盐，如何防止？（提示：从反应温度、试剂用量等方面考虑）
(2) 如何制备不含氧的蒸馏水？配制样品溶液时为什么一定要用不含氧的蒸馏水？

三、实验原理

烂版液分酸性烂版液和碱性烂版液。本实验用的是碱性烂版液,主要成分为 $[Cu(NH_3)_4]Cl_2$ 和 $Cu(OH)_2$ 等。

向碱性烂版液中加入 H_2SO_4 至 pH＝2,其主要反应是:

$$Cu(NH_3)_4^{2+} + 4H^+ \Longrightarrow Cu^{2+} + 4NH_4^+$$

$$Cu(OH)_2 + 2H^+ \Longrightarrow Cu^{2+} + 2H_2O$$

用铁屑置换出溶液中的 Cu^{2+} 成为金属 Cu 粉:

$$Cu^{2+} + Fe \Longrightarrow Cu\downarrow + Fe^{2+}$$

将 Cu 粉在空气中加热制成 CuO,进一步制成 $CuSO_4 \cdot 5H_2O$ 晶体。

$$2Cu + O_2 \xrightarrow{1273 \text{ K 以上}} 2CuO$$

$$CuO + H_2SO_4 \Longrightarrow CuSO_4 + H_2O$$

再将过滤 Cu 粉后的滤液,经蒸发浓缩晶体可得 $(NH_4)_2SO_4 \cdot FeSO_4 \cdot 6H_2O$ 晶体。

$$Fe^{2+} + 2SO_4^{2-} + 2NH_4^+ + 6H_2O \Longrightarrow (NH_4)_2SO_4 \cdot FeSO_4 \cdot 6H_2O$$

四、仪器及药品

仪器:瓷蒸发皿,电炉,减压过滤装置,台秤。

药品:铁屑,$(NH_4)_2SO_4(s)$,碱性烂版液(或由实验 4 和设计实验 1 中的产品硫酸铜和碱式碳酸铜与浓氨水反应制得),H_2SO_4(浓,3 mol·L^{-1})。

材料:广泛 pH 试纸。

五、实验内容

1. 废烂版液的酸化

取废烂版液 20 mL,加入水 20 mL,用玻棒引流加浓硫酸约 3 mL,再改用滴管逐滴加入浓硫酸至溶液由蓝绿色沉淀刚好变为绿色透明溶液为止(pH＝2)。

2. 取铁屑置换铜粉

向上述溶液中投入预先除油的铁屑 4 g,不断搅拌,至铁屑表面由红色变为黑灰色为止,捞出未反应完的铁屑,趁热用倾析法洗涤铜粉。在加热条件下,用 3 mol·L^{-1} H_2SO_4 约 20 mL 溶解夹在 Cu 粉中的细小铁屑,用倾析法倾去溶液,再用热水洗 Cu 粉 3 次,减压过滤,称量。

3. $(NH_4)_2SO_4 \cdot FeSO_4 \cdot 6H_2O$ 晶体的制备

在过滤 Cu 粉后的滤液中加入 2 g $(NH_4)_2SO_4$,再加入 2 g 已除油的铁屑,在石棉网上,用酒精灯加热蒸发,浓缩至液面刚出现晶膜为止,用快速结晶法结晶,抽滤,称量,计算产率。

4. CuO 的制备

称取 2 g Cu 粉,放入瓷蒸发皿中,用电炉加热(30~40 min),经常翻动,使 Cu 粉完全变为 CuO。

5. $CuSO_4·5H_2O$ 晶体的制备

用 3 mol·L^{-1} H_2SO_4 约 x mL(根据 CuO 的质量,自己计算用量 x),加热溶解 CuO。在加热过程中,注意添加水,以保持原有体积,并补加少量 H_2SO_4 使 CuO 完全溶解时,pH 为 2~3。加适量蒸馏水稀释,过滤,滤液加热蒸发,浓缩至液面刚出现晶膜,用"快速结晶"方法结晶,抽滤,称量,计算产率。

思考题

1. 本实验是利用铜、铁单质和化合物中哪些性质回收铜与铁的化合物?
2. 要获得较好的回收产品,实验操作过程中应注意什么问题?
3. 要提高产品的纯度,本实验应注意什么问题?
4. 实验中应如何控制才能制得合格的五水合硫酸铜?

附(1)　由废铜屑制备五水硫酸铜

一、实验原理

纯铜属于不活泼金属,不能溶于非氧化性酸中,但其氧化物在稀酸中极易溶解。因此,工业上制备胆矾($CuSO_4·5H_2O$),先把 Cu 转化成 CuO,然后与适量浓度的 H_2SO_4 作用生成 $CuSO_4$。本实验利用废铜粉灼烧氧化法制备 $CuSO_4·5H_2O$:先将铜粉在空气中灼烧氧化成氧化铜,然后将其溶于硫酸而制得。由于废铜粉及工业硫酸不纯,所得 $CuSO_4$ 溶液中常含有不溶性杂质和可溶性杂质 $FeSO_4$,$Fe_2(SO_4)_3$ 及其他重金属盐等。Fe^{2+} 离子需用氧化剂 H_2O_2 溶液氧化为 Fe^{3+} 离子,然后调节溶液 pH≈3.0,并加热煮沸,使 Fe^{3+} 离子水解为 $Fe(OH)_3$ 沉淀滤去。其反应式为:

$$2Fe^{2+}+2H^++H_2O_2 = 2Fe^{3+}+2H_2O$$

$$Fe^{3+}+3H_2O = Fe(OH)_3+3H^+$$

$CuSO_4·5H_2O$ 在水中的溶解度,随温度的升高而明显增大,因此粗硫酸铜中的其他杂质,可通过重结晶法使杂质留在母液中,从而得到较纯的蓝色水合硫酸铜晶体。

二、仪器及药品

仪器:托盘天平,瓷坩埚,泥三角,煤气灯(酒精灯),烧杯(100 mL),电炉,布氏漏斗,

吸滤瓶,蒸发皿,表面皿,水浴锅,量筒(10 mL)。

药品:废铜粉,H_2SO_4(3 mol·L^{-1}),H_2O_2(3%),KSCN(0.1 mol·L^{-1}),$K_3[Fe(CN)_6]$(0.1 mol·L^{-1}),$CuCO_3$(C.P.),无水乙醇。

材料:精密pH试纸(0.5~5.0)。

三、实验内容

1. CuO 的制备

称取 3.0 g 废铜粉,放入干燥洁净的瓷坩埚中,将坩埚置于泥三角上,用酒精灯灼烧,并不断搅拌(搅拌时必须用坩埚钳夹住坩埚,以免打翻坩埚或使坩埚从泥三角上掉落)。灼烧至铜粉完全转化为黑色的 CuO(约 25 min),停止加热,冷却,备用。

2. 粗硫酸铜溶液的制备

将上述制得的 CuO 转入 100 mL 小烧杯中,加入 18 mL 3 mol·L^{-1} H_2SO_4,微热使之溶解。

3. 粗硫酸铜的提纯

在粗 $CuSO_4$ 溶液中,滴加 2 mL 3% H_2O_2 溶液,加热搅拌,并检验溶液中有无 Fe^{2+} 离子(用什么方法检查?)。待 Fe^{2+} 离子完全氧化后,慢慢加入 $CuCO_3$ 粉末,同时不断搅拌直到溶液的 pH≈3.0(用精密 pH 试纸),控制溶液 pH≈3.0,再加热至沸数分钟后,趁热减压过滤,将滤液转入洁净的蒸发皿中。

4. $CuSO_4·5H_2O$ 晶体的制备

向精制后的 $CuSO_4$ 溶液中滴加 3 mol·L^{-1} H_2SO_4 酸化,调节溶液的 pH≈1,然后水浴加热,蒸发浓缩至液面出现晶膜为止。让其自然冷却至室温,有晶体析出(如无晶体,再继续蒸发浓缩),减压过滤,用 3 mL 无水乙醇淋洗,抽干。产品转至表面皿上,用滤纸吸干后称重。计算产率,母液回收。

思考题

1. 除去 $CuSO_4$ 溶液中 Fe^{2+} 杂质时,为什么须先加 H_2O_2 氧化,并且调节溶液的 pH≈3.0,太大或太小有何影响?

2. 如何检查 Fe^{2+} 的存在?

3. 制备 $CuSO_4·5H_2O$ 晶体时,为什么刚出现晶膜即停止加热而不能将溶液蒸干?

4. 固液分离有哪些方法?根据什么情况选择固液分离的方法?

附(2) 硫酸亚铁铵的制备

一、实验原理

硫酸亚铁铵又称摩尔盐,是浅绿色单斜晶体。它溶于水但难溶于乙醇。它在空气中比一般亚铁盐稳定,不易被氧化,所以在定量分析中可作为基准物质,用来直接配制标准溶液或标定未知溶液的浓度。

由硫酸铵、硫酸亚铁和硫酸亚铁铵在水中的溶解度数据(表Ⅰ-2)可知,在 0 ℃ ~ 60 ℃ 的温度范围内,硫酸亚铁铵在水中的溶解度比组成它的每一组分[$FeSO_4$ 和 $(NH_4)_2SO_4$]的溶解度都小。因此,很容易从浓的 $FeSO_4$ 和 $(NH_4)_2SO_4$ 混合溶液中制得结晶的摩尔盐。

表Ⅰ-2 几种盐的溶解度数据   单位:g/(100 g H_2O)

温度/℃ 盐	0	10	20	30	40	50	60
$FeSO_4 \cdot 7H_2O$	28.6	37.5	48.5	60.2	73.6	88.9	100.7
$(NH_4)_2SO_4$	70.6	73.0	75.4	78.0	81.0	—	88.0
$FeSO_4 \cdot (NH_4)_2SO_4 \cdot 6H_2O$	12.5	17.2	—	—	33.0	40.0	—

目视比色法是确定化工产品杂质含量的一种常用方法,根据杂质含量就能确定产品的级别。硫酸亚铁铵产品的主要杂质是 Fe^{3+},Fe^{3+} 可与 KSCN 形成血红色配离子 $[Fe(SCN)_n]^{3-n}$。将产品配成溶液,与各标准溶液进行比色。如果产品溶液的颜色比某一标准溶液的颜色浅,就可以确定杂质含量低于该标准溶液中的含量,即低于某一规定的限度,所以这种方法又称为限量分析。

本实验是先将铁屑溶于稀硫酸制得硫酸亚铁溶液:

$$Fe + H_2SO_4 = FeSO_4 + H_2 \uparrow$$

然后加入硫酸铵制得混合溶液,加热浓缩,冷至室温,便析出浅蓝色的硫酸亚铁铵复盐晶体:

$$FeSO_4 + (NH_4)_2SO_4 + 6H_2O = FeSO_4 \cdot (NH_4)_2SO_4 \cdot 6H_2O$$

一般亚铁盐在空气中都易被氧化,但形成复盐后却比较稳定,不易被氧化。

二、仪器及药品

仪器:抽滤瓶,布氏漏斗,锥形瓶(250 mL),蒸发皿,表面皿,量筒(50 mL),台秤,水

浴锅,移液管,比色管。

药品:铁屑,$(NH_4)_2SO_4(s)$,H_2SO_4(3 mol·L^{-1}),HCl(2.0 mol·L^{-1}),Na_2CO_3(10%),KSCN(1.0 mol·L^{-1})。

三、实验内容

1. 铁屑的净化

称取 4 g 铁屑,放入锥形瓶中,加入 20 mL 10% 的 Na_2CO_3 溶液,在水浴上加热 10 min,倾析法除去碱液,用水把铁屑上碱液冲洗干净,以防止在加入 H_2SO_4 后产生 Na_2SO_4 晶体混入 $FeSO_4$ 中。

2. 硫酸亚铁的制备

往盛有铁屑的锥形瓶内加入 25 mL 3 mol·L^{-1} H_2SO_4,在水浴上加热(在通风橱中进行),使铁屑与硫酸完全反应(约 50 min),此过程中应不时地往锥形瓶中加水及 H_2SO_4 溶液(要始终保持反应溶液的 pH 值在 2 以下),以补充被蒸发掉的水分。趁热减压过滤,保留滤液。预先计算出 4 g 铁屑生成硫酸亚铁的理论产量。

3. 硫酸亚铁铵的制备

根据上面计算出来的硫酸亚铁的理论产量,大约按照 $FeSO_4$ 与 $(NH_4)_2SO_4$ 的质量比为 1:0.75 的比例,称取固体硫酸铵若干,溶于装有 20 mL 微热蒸馏水的蒸发皿中,再将上述热的滤液倒入其中混合,然后将其在水浴上加热蒸发,浓缩至表面出现晶膜为止。放置,待其慢慢冷却,即得硫酸亚铁铵晶体[$FeSO_4·(NH_4)_2SO_4·6H_2O$]。减压过滤除去母液,将晶体放在吸水纸上吸干,观察晶体的颜色和形状,称量并计算产率。

4. 产品的检验——Fe^{3+} 的限量分析

(1) Fe^{3+} 标准溶液的配制(实验室配制)

先配制 0.01 mg·L^{-1} 的 Fe^{3+} 标准溶液,然后用移液管取该标准溶液 5.00 mL,10.00 mL,20.00 mL 分别放入 3 支 25 mL 比色管中,各加入 2.00 mL 2.0 mol·L^{-1} HCl 和 1.00 mL 1.0 mol·L^{-1} KSCN 溶液。用不含氧的蒸馏水稀释至 25 mL 刻度线,摇匀,得到 25 mL 溶液中含 Fe^{3+} 质量分别为 0.05 mg,0.10 mg,0.20 mg 三个级别的 Fe^{3+} 标准溶液,它们分别为Ⅰ级、Ⅱ级、Ⅲ级试剂中 Fe^{3+} 的最高允许含量。

(2) 微量铁(Ⅲ)的分析

称取 1.00 g 样品置于 25 mL 比色管中,加入 15 mL 不含氧的蒸馏水溶解,再加入 2.00 mL (2.0 mol·L^{-1})HCl 和 1.00 mL(1.0 mol·L^{-1})KSCN 溶液,继续加不含氧的蒸馏水至 25 mL 刻度线,摇匀,与标准溶液进行目视比色,确定产品等级。若溶液颜色与Ⅰ级试剂的标准溶液颜色相同或略浅,便可确定为Ⅰ级产品,以此类推。

思考题

1. 计算硫酸亚铁铵的产量,应该以 Fe 的用量为准,还是以 $(NH_4)_2SO_4$ 的用量为准?

为什么?

2.步骤2中应边加热边补充水,保持pH值在2以下,为什么?

3.有的学生得到的硫酸亚铁滤液不是浅蓝绿色,而是黄色;有的学生在蒸发的过程中其滤液会逐渐转变为黄色,试分析原因并思考解决办法。

4.个别学生得到的硫酸亚铁铵的产量超过理论产量,试分析可能的原因。

参考文献

[1]北京师范大学无机化学教研室等编.无机化学实验.北京:高等教育出版社,1983

[2]刘约权,李贵深编.实验化学.北京:高等教育出版社,1999

[3]大连理工大学无机化学教研室编.无机化学(第1版).辽宁:大连理工大学出版社,1990

[4]林德昌.无机化学实验.上海:第二军医大学出版社,2000

[5]沈群朴.实验无机化学(第2版).天津:天津大学出版社,1992

[6]中山大学等校编.无机化学实验(第3版).北京:高等教育出版社,1992

[7]李铭岫主编.无机化学实验(第1版).北京:北京理工大学出版社,2002

[8]崔学桂,张晓丽主编.基础化学实验(Ⅰ)(第1版).北京:化学工业出版社,2003

[9]刘宝殿主编.化学合成实验(第1版).北京:高等教育出版社,2005

(柴雅琴　康桃英　周娅芬)

实验5　碘酸钾的制备

一、实验目的

1.学习用直接氧化法制备碘酸钾。

2.熟悉并掌握蒸发、浓缩、重结晶等操作。

二、预习要求

1.理解碘酸钾的制备原理。

2.掌握蒸馏、浓缩、重结晶的操作原理。

3.画出实验流程图。

三、实验原理

碘酸钾是一种白色棱柱状的单斜晶系无机化合物,相对密度为 3.89,熔点为 560 ℃,25 ℃时在水中的溶解度为 9.16 g·(100 g)$^{-1}$,其水溶液呈中性,不溶于乙醇。碘酸钾是工业上最重要的碘酸盐。食盐加碘是防治缺碘病的主要措施之一,过去采用碘化钾作为食盐加碘剂,因其化学稳定性差,需另加硫代硫酸钠作为稳定剂。而碘酸钾代替碘化钾作为食盐加碘剂,其保存期可达三年之久。用氯酸钾直接氧化法制备碘酸钾,其反应式如下:

$$6I_2 + 11KClO_3 + 3H_2O \Longrightarrow 6KH(IO_3)_2 + 5KCl + 3Cl_2$$

$$KH(IO_3)_2 + KOH \Longrightarrow 2KIO_3 + H_2O$$

四、仪器及药品

仪器:烧瓶(250 mL),水浴锅,漏斗,台秤,量筒(100 mL),干燥箱。
药品:KClO$_3$(s),I$_2$(s),KOH(s),HNO$_3$(浓)。
材料:滤纸。

五、实验内容

1. 碘酸氢钾的制备

将 30 g KClO$_3$ 放入容量为 250 mL 的烧瓶中,用 60 mL 的温水溶解。向其中加入 35 g I$_2$,当溶液温度保持在 80 ℃~90 ℃之间时,加入 1~2 mL 浓 HNO$_3$,不断搅拌,同时逐氯。反应趋于平衡之后,煮沸溶液,将氯全部逐出,追加碘 1 g(以上操作在通风橱内进行)。接着将溶液加热,蒸发,浓缩,放置冷却,过滤制得碘酸氢钾结晶。

2. 碘酸钾的制备

将碘酸氢钾溶于 150 mL 的热水中,用 KOH 准确地中和。冷却以后,即可制得高收率、高纯度的碘酸钾,但由于含有氯化物,可用 3 倍量的热水进行重结晶。产品可在 120 ℃~140 ℃干燥。再利用一次重结晶可得到纯度在 99.9%以上的产品。

思考题

1. 为什么该反应需要在通风橱内进行?
2. 碘酸氢钾结晶后,为什么将其溶于热水中?

参考文献

[1]化工百科全书编委会. 化工百科全书(第 3 卷). 北京:化学工业出版社,1989
[2]禹茂章. 精细化工手册(续编). 北京:化工部科技情报研究所,1986

[3] Biltz H, Biltz W. *Laboroatory Methods of Inorganic Chemistry*. New York: John Sons Wiley(2nd), 1928, 120~122

(莫尊理)

实验6　无水四氯化锡的制备

一、实验目的

1. 通过无水四氯化锡的制备，了解非水体系制备方法。
2. 掌握氯气的制备和净化。
3. 了解微型无机制备实验的特点。

二、预习要求

1. 理解无水条件在物质制备中的意义并训练其操作方法。
2. 掌握实验仪器的安装方法及气密性检测方法。

三、实验原理

熔融的金属锡（熔点231 ℃）在300 ℃左右时，能直接与氯气作用生成无水四氯化锡：

$$Sn + 2Cl_2 \xrightarrow{573\ K} SnCl_4$$

纯 $SnCl_4$ 是无色液体，但一般由于溶有 Cl_2 而呈黄绿色。它在空气中极易水解：

$$SnCl_4 + (x+2)H_2O \rlap{=}= SnO_2 \cdot xH_2O \downarrow + 4HCl \uparrow$$

水解生成的 HCl 在空气中"发烟"。因此制备 $SnCl_4$ 要控制在无水体系中进行，容器要干燥，与大气相通部分必须连接干燥装置。

四、仪器及试剂

仪器：如图 I-2 所示装置图一套，酒精灯。
试剂：$KMnO_4(s)$，锡粒，HCl（浓），H_2SO_4（浓），NaOH（饱和）。

五、实验内容

1. 安装装置

将干燥好的各部分仪器按图 I-2 连接好，检查其严密性。在支口管2中装入 3 g $KMnO_4$ 固体，恒压漏斗1中放入 5 mL 浓 HCl，支口管4的一端装入 0.5 g 锡粒，使氯气

导管几乎接触到金属锡。

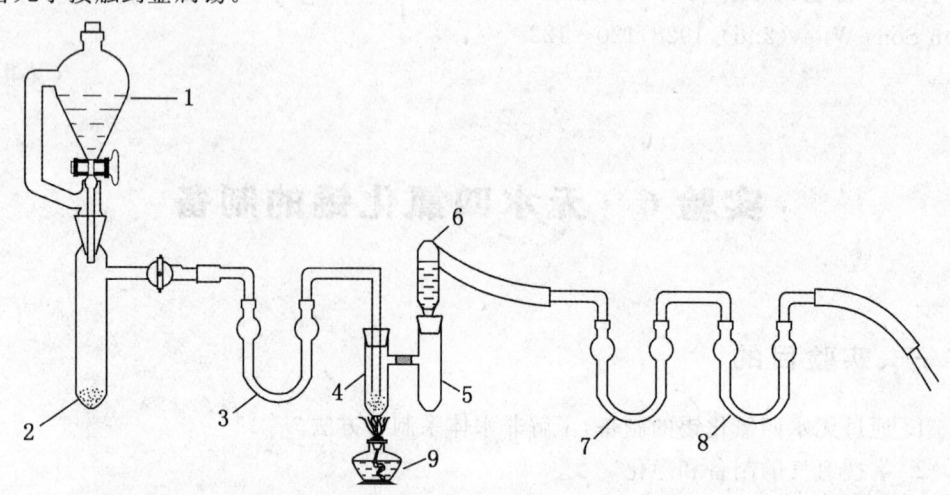

图Ⅰ-2 制备 SnCl₄ 装置示意图

1. 恒压漏斗(内装浓 HCl);2. 支口管(内装 KMnO₄ 固体);3. 双泡 U 型管(内装浓 H₂SO₄);4. 支口管(内装 Sn 粒);5. 产品接收管;6. 冷阱(内装冷水);7. 双泡 U 型管(内装浓 H₂SO₄);8. 双泡 U 型管(内装饱和 NaOH);9. 酒精灯

2. 制备 SnCl₄

让浓 HCl 慢慢滴入 KMnO₄ 中,均匀地产生氯气并充满整套装置以排除装置中的空气和少量水汽。加热锡粒,使其熔化,熔融的锡与氯气反应而燃烧。逐滴加入浓 HCl,控制氯气的流速,气流不能太大。生成的 SnCl₄ 蒸气经冷却后储存于接收管内,没有反应的 Cl₂ 气由尾端的 NaOH 溶液吸收。待锡粒反应完毕,停止加热,取下接收管,迅速盖好塞子,称重并计算产率。同时停止滴加浓 HCl,剩余的少量 Cl₂ 气用饱和 NaOH 吸收。

思考题

1. 制备易水解物质的方法有何特点?在操作上应特别注意什么问题?
2. 制备 SnCl₄ 时,反应前若不排尽装置中的空气和水,对反应有什么影响?
3. 本实验中应如何防止 SnCl₂ 产生和带入产品中去?

参考文献

[1] 华东化工学院无机化学教研组编. 无机化学实验(第 3 版). 北京:高等教育出版社,1993

[2] 雷群芳编. 中级化学实验. 北京:科学出版社,2005

[3] 南京大学《无机及分析化学实验》编写组. 无机及分析化学实验(第 3 版). 北京:高等教育出版社,1990

(赵建茹 胡小莉)

实验 7　四碘化锡的制备

一、实验目的

1. 通过四碘化锡的制备,了解非水体系制备方法。
2. 掌握熔点测定管的使用方法。
3. 了解 p 区金属易水解的特点。

二、预习要求

1. 查看相关内容,理解无水条件在物质制备中的意义。
2. 查看相关资料,了解熔点管的测定原理。

三、实验原理

四碘化锡是橙红色的立方晶体,熔点为 143.5 ℃,受潮易水解。四碘化锡可溶于 CS_2,$CHCl_3$ 等溶剂,在无水醋酸中溶解度较小。根据四碘化锡的特性可知,它不能在水中制备,但可在非水溶剂中制备。已被选择用来作为合成溶剂的有四氯化碳和冰醋酸。碘和锡在这两种溶剂中直接生成四碘化锡:

$$Sn + 2I_2 = SnI_4$$

本实验采用冰醋酸为溶剂。

四、仪器及药品

仪器:梨形瓶(100 mL),油浴锅,球形冷凝管,吸滤瓶,布氏漏斗,熔点管(提勒管)(内径 15 mm)(或用熔点仪)。

药品:锡箔,$I_2(s)$,KI(饱和),H_2SO_4(浓),醋酸,冰醋酸,氯仿,丙酮。

材料:滤纸。

五、实验内容

1. 四碘化锡的合成

在 100 mL 梨形瓶中加入 25 mL 冰醋酸和 45 mL 醋酸,再加入 0.7 g 锡箔(尽可能把它剪成细小的碎片)和 3 g 碘,装好冷凝管,在油浴上加热使混合物沸腾,保持回流状态,直到反应完全为止(冷凝管中的回流柱由紫色变为无色即可)。冷却混合物,抽滤。将抽滤所得的固体再倒回梨形瓶中,并加入 30 mL 氯仿进行重结晶。回流 3~5 min,趁热抽

滤。在通风橱内将滤液中的氯仿抽尽,烘干,称出产品质量,计算产率。

2. 四碘化锡熔点的测定

在熔点测定管(提勒管)(见图Ⅰ-3)中测定四碘化锡熔点,并对其纯度及晶体类型作出结论。

测定步骤:

(1)把研细后的四碘化锡试样在表面皿上堆成小堆,将熔点管的开口端插入试样中装料,然后把熔点管竖起,在桌面上顿几下,使试样落入管底,这样重复取样几次。取长约 40~50 cm 玻璃管一支,在管内将熔点管自由落下数次至紧密为止。试样高度约为 2~3 mm。

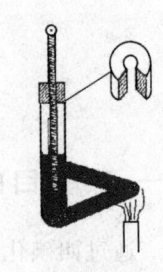

图Ⅰ-3 熔点测定装置

(2)将提勒管夹在铁架台上,倒入浓硫酸,浓硫酸液面高出上侧管 0.5 cm 左右。提勒管口配一缺口单孔软木塞,用于固定温度计。将装好试样的熔点管借少许浓硫酸黏贴在温度计旁,使熔点管中试样处于温度计水银球侧面中部。温度计插入提勒管的深度以水银球的中点恰在提勒管的两侧管口连线的中点为准。

(3)加热提勒管弯曲支管的底部,每分钟升温 4 ℃~5 ℃,直到试样熔化。记下温度计读数,得到一个近似熔点。然后把浴液冷却下来,换一根新的熔点管(每一根装试样的熔点管只能用一次),进行第二次测定。

第二次测定时,距熔点 20 ℃以下时加热可以快些,但接近熔点时,需调节火焰,使温度每分钟约升高 1 ℃。注意观察熔点管中试样的变化。分别记下熔点管中刚有微细液滴出现(初熔)和全部变为液体(全熔)时的温度,即可得到试样在实际测定中的熔点范围。

对每一种试样至少要测定两次。

3. 四碘化锡的某些性质试验

取少量四碘化锡溶于 5 mL 丙酮中,把溶液分成两份,在其中一份中加入几滴水,另外一份中加入同样量的饱和碘化钾溶液,观察现象并解释之。

思考题

1. 试讨论四碘化锡合成中,以何种原料过量为好?
2. 合成四碘化锡所用的仪器为什么要干燥?操作时为何要防止空气进入反应系统?
3. 是否能用制备 SnI_4 相类似的方法制备 PbI_2?查阅参考书予以讨论。

参考文献

[1]华东化工学院无机化学教研组编.无机化学实验(第 3 版).北京:高等教育出版社,1993

[2]浙江大学化学系组编,雷群芳主编.中级化学实验.北京:科学出版社,2005

(赵建茹)

实验 8　无水三氯化铬的制备

一、实验目的

1. 熟悉铬的化合物的性质。
2. 通过无水三氯化铬的制备,了解无水金属卤化物的制备方法。

二、预习要求

预习教材第 4 章,理解无水条件在物质制备中的意义。

三、实验原理

利用 $(NH_4)_2Cr_2O_7$ 热分解反应制备 Cr_2O_3：
$$(NH_4)_2Cr_2O_7 =\!=\!= Cr_2O_3 + N_2\uparrow + 4H_2O$$
由 Cr_2O_3 在氮气和四氯化碳介质中制备无水 $CrCl_3$。

四、仪器及药品

仪器:成套的无水三氯化铬制备装置,蒸发皿,烘箱。
试剂:高纯氮,四氯化碳(C.P.),重铬酸钾(C.P.)。

五、实验内容

1. Cr_2O_3 的制备

称取 2.5 g $(NH_4)_2Cr_2O_7$ 堆放在干燥的蒸发皿中。将玻璃棒的一端加热后引发 $(NH_4)_2Cr_2O_7$ 分解,直至全部橙红色的 $(NH_4)_2Cr_2O_7$ 变成深绿色的 Cr_2O_3 粉末。产物冷却后,移入烧杯中,用去离子水洗涤所得 Cr_2O_3 至洗出液为无色,以除去可溶性杂质。将洗净的 Cr_2O_3 转移到蒸发皿内,放入烘箱,在 110 ℃ 左右烘干(4~6 h),冷却后装瓶待用。

2. 无水 $CrCl_3$ 的制备

实验装置如图 I-4 所示。由于实验中反应物与产物有毒性,故除氮气钢瓶外,其他设备都应安装在通风橱内或至少应将反应排出的废气先经废气吸收瓶吸收后再经通风橱或实验台上的通风罩排出室外。具体步骤如下:

(1) 把 1.5 g Cr_2O_3 小心地放在石英管的中部并铺开,然后将石英管置入管式炉中,

使 Cr_2O_3 所在的部位处于管式炉的高温区。石英管两端塞上配玻璃管的橡皮塞,其一端与盛有 CCl_4 的三颈烧瓶相连,作为进气口,另一端则是废气排出口。用温度控制器控制工作温度为 650 ℃。由于反应产生的气体对热电偶有腐蚀作用,故热电偶不应置于作为反应室的石英管内。一切准备结束,即可开始升温。

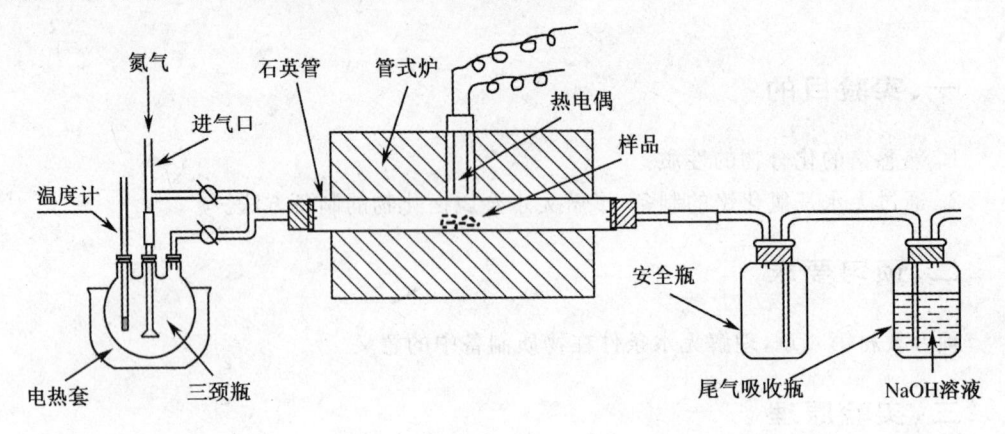

图 I-4 制备无水 $CrCl_3$ 的实验装置

(2)三颈烧瓶中装入 150 mL CCl_4,用电热套加热。当管式炉内温度升至 400 ℃以后,可开始加 CCl_4,同时向三颈烧瓶通入氮气,使 CCl_4 蒸气经氮气载入反应室进行反应。CCl_4 加热的温度控制在 50 ℃~60 ℃之间,氮气的流量维持在 $0.2\ L \cdot min^{-1}$。

(3)反应进行 2 h 后(在石英管出口端出现了 $CrCl_3$ 升华物),停止加热 CCl_4,切断加热管式炉的电源,继续通入氮气。待反应室温度降至近室温时,关闭氮气钢瓶,拔出石英管两头橡皮塞,取出石英管。将产物收集到蒸发皿中,清理瓷管内部,干燥,然后将瓷管插入管式炉,并在两端塞上橡皮塞。连接三颈烧瓶的两支橡皮管应用螺旋夹夹住,待用。

3. 数据记录与处理

观察记录产品颜色。称量产品,计算产率后,装入棕色小瓶待用。

思考题

1. 实验室中为什么要用 N_2 作为 CCl_4 的载气?用空气或氢气是否可以?
2. 试拟定出 3 种制备无水氯化物的方法。
3. 实验结束后,石英管应如何清理?

参考文献

[1]张启昆,卢蜂. 现代无机合成化学. 汕头:汕头大学出版社,1995
[2]王尊本主编. 综合化学实验. 北京:科学出版社,2003

(赵建茹)

实验 9　高锰酸钾的制备

一、实验目的

1. 了解碱熔法分解矿石及制备高锰酸钾的基本原理和操作方法。
2. 掌握熔融、浸取、减压过滤、蒸发结晶、重结晶等基本操作。
3. 巩固启普发生器的使用方法。

二、预习要求

复习锰的各主要价态之间的关系,体会根据对锰元素电势图的分析得出将矿石转化为锰酸盐的首选方法是碱熔的化学原理。

三、实验原理

先将软锰矿(主要成分为 MnO_2)和 $KClO_3$ 在碱性介质中强热可制得绿色 K_2MnO_4,其反应式为:

$$3MnO_2 + KClO_3 + 6KOH = 3K_2MnO_4 + KCl + 3H_2O$$

然后再将锰酸钾转化为 $KMnO_4$,一般可利用歧化反应或氧化的方法。如利用歧化反应,可加酸或 CO_2 气体,使反应顺利进行。如 CO_2 法,其反应式为:

$$3K_2MnO_4 + 2CO_2 = 2KMnO_4 + MnO_2 + 2K_2CO_3$$

滤去 MnO_2 固体,溶液蒸发浓缩,就会析出 $KMnO_4$ 晶体。此方法操作简便,基本无污染,但锰酸钾转化率仅为 2/3,其余 1/3 则转变为 MnO_2。采用强氧化剂或电解氧化的方法能提高锰酸钾转化率。考虑到实验室的环境以及学时的限制,本实验采用 CO_2 法使锰酸钾歧化得到高锰酸钾产品。通过重结晶可获得精制的高锰酸钾。

表 I-3　一些化合物溶解度随温度的变化

S/g(100gH$_2$O)$^{-1}$ t/℃ 化合物	0	10	20	30	40	50	60	70	80	90	100
KCl	27.6	31.0	34.0	37.0	40.0	42.6	45.5	48.3	51.1	54.0	56.7
K$_2$CO$_3$·2H$_2$O	51.3	52	52.5	53.2	53.9	54.8	55.9	57.1	58.3	59.6	60.9
KMnO$_4$	2.83	4.4	6.4	9.0	12.7	16.9	22.2	—	—	—	—

四、仪器及药品

仪器:托盘天平,铁坩埚,铁架台,泥三角,吸滤瓶及漏斗,温度计(0 ℃~100 ℃),烘箱,表面皿,蒸发皿,烧杯及量筒,CO_2 气体钢瓶(启普发生器),尼龙布或的确良布等。

药品:软锰矿,KOH(s,2 mol·L^{-1}),KClO$_3$(s)。
材料:广泛pH试纸,8号铁丝。

五、实验内容

1. 锰酸钾溶液的制备

(1) 熔融

在台秤上称取 2.0 g 固体 KClO$_3$ 和 5.0 g 固体 KOH,放入铁坩埚内,用铁夹将坩埚夹紧并固定在铁架上,戴上防护眼镜,然后小心加热并用铁棒搅拌。待混合物熔融后,在搅拌下将 3.5 g 软锰矿分次慢慢地加入铁坩埚中,当熔融物的黏度逐渐增大时,要大力搅拌以防结块。待反应物干涸后,再强热 5 min,并用铁棒将其尽量捣碎。

(2) 浸取

待物料冷却后,在研钵中研细,放入 250 mL 烧杯中,加入 30 mL 蒸馏水,微热、搅拌,进行浸取。浸取后静止片刻,用倾析法将上层清液倒入另一烧杯中。再依次用 25 mL 水、10 mL 2 mol·L^{-1} KOH,重复上述操作。共浸取三次,并将前两次浸取液并入第三次浸取液的烧杯中。

2. 高锰酸钾的制备

在浸取液中通入 CO$_2$ 气体,至 K$_2$MnO$_4$ 完全歧化为 KMnO$_4$ 和 MnO$_2$,用 pH 试纸测定溶液的 pH 值。当溶液的 pH 值达到 10~11 之间时,即停止通 CO$_2$(或用玻璃棒蘸取溶液于滤纸上,如只呈现紫红色斑点而无绿色痕迹,即表示歧化完全)。然后把溶液加热,趁热用铺有尼龙布的布氏漏斗进行减压过滤,除去残渣,将滤液倒入蒸发皿中,加热蒸发浓缩至表面出现晶膜为止。冷却结晶,将产品抽滤至干(母液回收)。

3. 重结晶提纯

利用重结晶方法对产品进行提纯。称量所得产品,计算产率。

思考题

1. 如何由软锰矿或工业级 MnO$_2$ 制备 KMnO$_4$?
2. 能否用加盐酸或通氯气的方法代替在 K$_2$MnO$_4$ 溶液中通 CO$_2$?为什么?
3. 过滤 KMnO$_4$ 溶液,为什么要用的确良布代替滤纸?
4. 为什么碱熔融时要用铁坩埚,而不能用瓷坩埚?

参考文献

[1] 蔡炳新,陈贻文. 基础化学实验. 北京:科学技术出版社,2001
[2] 袁书玉. 无机化学实验. 北京:清华大学出版社,1996
[3] 沈群朴. 实验无机化学(第2版). 天津:天津大学出版社,1992

(康桃英)

实验 10　由钛铁矿制备二氧化钛

一、实验目的

1. 了解硫酸法溶钛铁矿（FeO·TiO₂）制备二氧化钛的原理和方法。
2. 掌握无机制备中的砂浴、溶矿浸取、高温煅烧等操作。
3. 研究温度、浓度和溶液的酸度对水解反应的影响。

二、预习要求

预习相关操作，了解钛盐的性质。

三、实验原理

钛铁矿的主要成分为 $FeTiO_3$，杂质主要为镁、锰、钒、铬、铝等。一般 TiO_2 含量约为 50%。在 160 ℃～200 ℃ 时，过量的浓硫酸与钛铁矿发生下列反应：

$$FeTiO_3 + 2H_2SO_4 =\!\!= TiOSO_4 + FeSO_4 + 2H_2O$$

$$FeTiO_3 + 3H_2SO_4 =\!\!= Ti(SO_4)_2 + FeSO_4 + 3H_2O$$

它们都是放热反应，反应一开始便进行得很激烈。同时钛铁矿中铁的氧化物也与 H_2SO_4 发生反应：

$$FeO + H_2SO_4 =\!\!= FeSO_4 + H_2O$$

$$Fe_2O_3 + 3H_2SO_4 =\!\!= Fe_2(SO_4)_3 + 3H_2O$$

用去离子水浸取分解产物，这时钛和铁等以 $TiOSO_4$ 和 $FeSO_4$ 的形式进入溶液。此外，部分 $Fe_2(SO_4)_3$ 也进入溶液，因此需在浸出液中加入金属铁粉，把 Fe^{3+} 完全还原为 Fe^{2+}，铁粉可稍微过量一点，可以把少量的 TiO^{2+} 还原为 Ti^{3+}，以保护 Fe^{2+} 不被氧化。有关的电极电势如下：

$$Fe^{2+} + 2e^- = Fe \qquad \varphi^\ominus = -0.45\text{V}$$

$$Fe^{3+} + e^- = Fe^{2+} \qquad \varphi^\ominus = +0.77\text{V}$$

$$TiO^{2+} + 2H^+ + e^- = Ti^{3+} + H_2O \qquad \varphi^\ominus = +0.10\text{V}$$

将溶液冷却至 0 ℃ 以下，便有大量的 $FeSO_4·7H_2O$ 晶体析出，剩下的 Fe^{2+} 可以在水洗偏钛酸时除去。

为了使 $TiOSO_4$ 在高酸度下水解，可先取一部分上述 $TiOSO_4$ 溶液，使其水解并分散为偏钛酸溶胶，以此作为沉淀的凝聚中心与其余的 $TiOSO_4$ 溶液一起，加热至沸腾使其水解，即得偏钛酸沉淀：

$$Ti(SO_4)_2 + H_2O \rightleftharpoons TiOSO_4 \downarrow + H_2SO_4$$

当偏钛酸在800 ℃~1000 ℃灼烧,即得二氧化钛。

$$H_2TiO_3 \xrightarrow{800\ ℃\sim1000\ ℃} TiO_2 + H_2O \uparrow$$

四、仪器及药品

仪器:砂浴,蒸发皿,温度计,烧杯,马弗炉,瓷坩埚。

药品:钛铁矿粉,铁粉,H_2SO_4(浓,2 mol·L^{-1})。

五、实验内容

1. 硫酸分解钛铁矿

称取 25 g 钛铁矿粉(300目),放入有柄蒸发皿中,加入 20 mL 浓硫酸,搅拌均匀后放在砂浴中加热,并不停地搅动,观察反应物的变化。用温度计测量反应物的温度。当温度升至110 ℃~120 ℃时,注意反应物的变化:开始有白烟冒出,反应物变为蓝黑色,黏度增大,搅拌要用力。当温度上升到150 ℃时,反应剧烈进行,反应物将迅速变稠变硬,这一过程几分钟内即可结束,故这段时间要大力搅拌,避免反应物凝固在蒸发皿上,激烈反应后,把温度计插入砂浴中,在 200 ℃左右保持温度约 0.5 h,不时搅动以防结成大块,最后移出砂浴,冷却至室温。

2. 硫酸溶矿的浸取

将产物转入烧杯中,加入 60 mL 约 50 ℃的温水,此时溶液温度有所升高,搅拌至产物全部分散为止,保持体系温度不超过 70 ℃,以免 $TiOSO_4$ 过早水解为白色乳浊状的偏钛酸。浸取时间为 1 h,然后抽滤,滤渣用 10 mL 水洗涤一次,溶液体积保持在 70 mL,观察滤液的颜色。证实浸取液中有 Ti(IV)化合物存在。

3. 铁杂质的除去方法

往浸取液中加入适量铁粉,并不断搅拌至溶液变为紫黑色(Ti^{3+}为紫色)为止,立即抽滤,滤液用冰盐水冷却至 0 ℃以下,观察 $FeSO_4·7H_2O$ 结晶析出,再冷却一段时间后,进行抽滤,回收 $FeSO_4·7H_2O$。

4. 钛盐水解

将上述实验中得到的浸取液,取出 1/5 的体积,在不停地搅拌下逐滴加入到约 400 mL的沸水中,继续煮沸约 10~15 min 后,再慢慢加入其余全部浸取液,继续煮沸约 0.5 h后(应适当补充水),静置沉降,先用倾析法除去上层水,再用热的稀硫酸 (2 mol·L^{-1}) 洗两次,并用热水冲洗沉淀,直至检查不出 Fe^{2+} 为止,抽滤,即得偏钛酸。

5. 煅烧

把偏钛酸放在瓷坩埚中,先小火烘干后大火烧至不再冒白烟为止(亦可在马弗炉内 850 ℃灼烧),冷却,即得白色二氧化钛粉末,称重并计算产率。

思考题

1. 温度对浸取产物有何影响？为什么温度要控制在 75 ℃ 以下？
2. 实验中能否用其他金属来还原 Fe^{3+}？
3. 浸取硫酸溶矿时，加水的多少对实验有何影响？

参考文献

[1] 王尊本主编．综合化学实验(第 1 版)．北京：科学出版社，2003
[2] 华东化工学院编．无机化学实验．北京：高等教育出版社，1990
[3] 北京师范大学无机化学教研室等编．无机化学实验(第 3 版)．北京：高等教育出版社，2001

（赵建茹）

实验 11　由废铁渣制备三氧化二铁

一、实验目的

1. 了解以废铁渣为主要原料与硫酸反应制备三氧化二铁的原理和工艺。
2. 提高学生对废资源开发和环境保护的意识。

二、预习要求

1. 在实验前详细阅读课本中的有关知识，明确实验原理和操作步骤。
2. 明确本实验的重点和难点，是本试验的目的和意义所在。
3. 对实验所需要的仪器和药品进行详细的准备。
4. 详细阅读课后思考题，明确实验细节。

三、实验原理

废铁渣是由钢管厂在生产过程中，由于冲洗、切割、拉伸过程中产生的废料，每年产生约上百吨，放在工厂占面积，刮风下雨污染环境。本实验用硫酸溶解废铁渣，治理环境污染，废物利用，制备有用的化工产品，为现实生产服务。废铁渣的主要成分为四氧化三铁，它与一定浓度的硫酸在搅拌、加热至沸的条件下发生反应，生成硫酸亚铁及硫酸铁。反应式为：

$$Fe_3O_4 + 4H_2SO_4 \xrightarrow{\triangle} FeSO_4 + Fe_2(SO_4)_3 + 4H_2O \uparrow$$

将所得产物烘干,灼烧,可制得三氧化二铁。

四、仪器及药品

仪器:回流装置,温度计,天平,量筒,布氏漏斗,三口烧瓶,可加热磁力搅拌器。
药品:废铁渣,CaO(s),H_2SO_4(9 mol·L^{-1}),异丙醇。

五、实验内容

1. 将称取的经粉碎并过 20 目筛子的废铁粉 20 g(称准至 0.0001 g)及少量的促溶剂加入三口烧瓶中,加 9 mol·L^{-1}硫酸 300～350 mL,安装回流装置和温度计。边搅拌,边加热至沸。保温反应 2～3 h 后,用倾析法趁热过滤,少量残渣可做水泥添加剂或肥料添加剂。滤液陈化放置过夜。

工艺流程图如下:

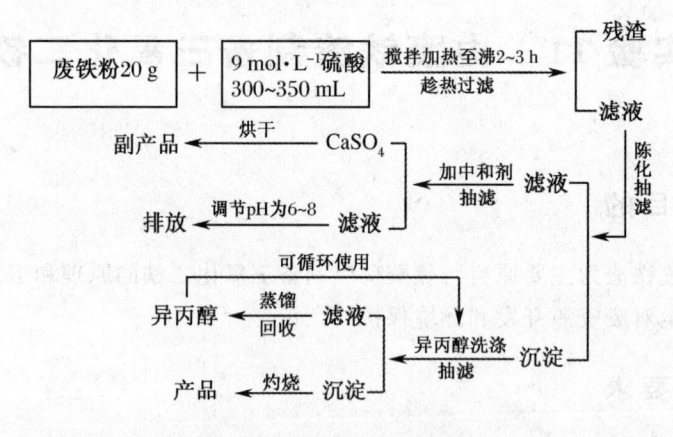

图 I-5 制备 Fe_2O_3 流程图

2. 将陈化好的沉淀和母液倒入过滤漏斗,减压抽滤,滤液按步骤(3)处理。沉淀用异丙醇抽滤洗涤 2～3 次,蒸馏滤液,回收异丙醇。沉淀用真空干燥箱烘干(或自然风干),称重后,再放入高温炉中灼烧,即得产品三氧化二铁。

3. 将上述所得的滤液,加入氧化钙中和,减压过滤,所得的沉淀为 $CaSO_4$,经烘干后可供厂家使用,所产生的滤液 pH 调到 6～8 排放。

思考题

1. 溶解剂为什么选用 H_2SO_4,而不选用 HNO_3 和 HCl?
2. 为什么废铁渣必须经粉碎过筛后才可参加反应?
3. 为什么废铁渣的溶解反应必须在搅拌下进行?

参考文献

王才良. 中国化工产品分析方法手册(无机分册). 北京:农业出版社,1992

(莫尊理)

实验 12 杂多化合物的制备

一、实验目的

1. 了解杂多化合物的生成原理,掌握杂多化合物制备的一般方法。
2. 了解杂多化合物的常见性质。

二、预习要求

了解杂多酸化合物的结构,熟悉乙醚萃取法制备多酸的方法。

三、实验原理

某些简单的含氧酸根,在酸性溶液中具有很强的缩合倾向。缩合脱水的结果是通过共用氧原子(称为氧桥)把简单的含氧酸根连接在一起,形成多酸。例如:

$$2CrO_4^{2-} + 2H^+ \Longrightarrow Cr_2O_7^{2-} + H_2O$$

$$12WO_4^{2-} + 18H^+ \Longrightarrow H_2W_{12}O_{40}^{6-} + 8H_2O$$

类似地,MnO_4^-,VO_3^-,MoO_3^-,TaO_3^-等也可以形成多酸。根据多酸的组成可以把多酸分为同多酸和杂多酸。由同种含氧酸根缩合而成的多酸称为同多酸,如 $H_2Mo_3O_{10}$,$H_2W_{12}O_{40}^{6-}$,同多酸的盐称为同多酸盐。由不同种含氧酸根缩合而成的多酸称为杂多酸,相应的盐称为杂多酸盐。我们把杂多酸和杂多酸盐统称为杂多化合物,例如 $H_3PW_{12}O_{40}$,$H_4SiMo_{12}O_{40}$ 都是杂多酸。由钨酸根和磷酸根形成的杂多酸称为钨磷酸。习惯上把其中的磷称为杂原子(因其量少而得名)。杂原子与多原子的比

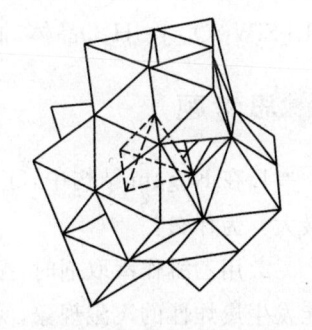

图 I-6 十二钨磷酸分子结构

例不同时,形成的杂多酸的结构也不同。当 P,W 原子数量的比为 1∶12 时,其分子式为 $H_3PW_{12}O_{40}$,其结构式常写成 $H_3[P(W_3O_{10})_4]$,这种结构称为 Keggin 结构(见图 I-6)。具有 Keggin 结构的杂多酸根还有 $AsW_{12}O_{40}^{3-}$,$SiMo_{12}O_{40}^{4-}$,$SiMo_{12}O_{40}^{4-}$,$GeW_{12}O_{40}^{4-}$

等。在 Keggin 结构中，P^{5+}，As^{5+}，Si^{4+}，Ge^{4+} 等处于整个结构的中心，因此又称为中心杂原子。多原子则以 $W_3O_{10}^{2-}$，Mo_3O_{10} 等三金属簇形式配位到中心杂原子上。从结构上看，杂多酸及其盐是一种特殊的配合物。

四、仪器及药品

仪器：电磁搅拌器，分液漏斗(150 mL 或 100 mL)，烧杯(500 mL，50 mL)。

药品：$Na_2WO_4 \cdot 2H_2O(s)$，$Na_2SiO_3 \cdot 9H_2O(s)$，HCl(浓，3 mol·L^{-1})，乙醚。

五、实验内容

1. 十二钨硅酸的合成

称取 10 g $Na_2WO_4 \cdot 2H_2O$ 溶于 20 mL 沸水中，再加入 0.7 g $Na_2SiO_3 \cdot 9H_2O$，加热搅拌使其溶解，在微沸下以滴管缓慢地把 4 mL 浓盐酸边滴加边搅拌加入烧杯中。开始滴入时有黄钨酸沉淀出现，要继续滴加盐酸并不断搅拌，直至不再有黄色沉淀时，便可停止加盐酸(此过程约 12~15 min)。溶液抽滤，滤液冷却到室温。

2. 十二钨硅酸的萃取

待上述反应液冷却后，转移到 100 mL 分液漏斗中，加入 8 mL 乙醚(使乙醚层的高度为 0.5 cm 即可)，采用旋转式的摇动，使反应液与乙醚充分接触(此处应注意防止激烈振荡后产生大量乙醚蒸气溅出或把分液漏斗盖子弹出造成液体飞溅)。待静置后①(如未形成三相，再滴加 0.5~1 mL 浓盐酸再振摇萃取)，分出底层油状乙醚加合物到另一个分液漏斗中，再加入 1 mL 浓盐酸、4 mL 水及 2 mL 乙醚，剧烈振摇后静置②(若油状物颜色偏黄，可重复萃取 1~2 次)，分出澄清的最下层于蒸发皿中，加入少量蒸馏水(15~20 滴)，在 60 ℃水浴上蒸发浓缩至溶液表面有晶体析出为止。冷却放置③，得到无色透明的 $H_4[SiW_{12}O_{40}] \cdot H_2O$ 晶体，抽滤吸干后，称重。

思考题

1. 在 Keggin 结构中，O_a，O_b，O_c，O_d 各有多少个？哪一种氧原子与重原子的结合力最大？为什么？

2. 用乙醚作萃取剂时，振荡后乙醚的蒸气压增大，易把分液漏斗的盖子弹出，甚至可能发生爆炸性的飞溅现象，实验过程中应如何避免发生这种事故？

---

① 乙醚在高浓度的盐酸中生成离子$[(C_2H_5)_2OH]^+$，它能与 Keggin 类型的钨杂多酸阴离子缔合成盐，这种油状物密度较大，沉于底部形成第三相。加水降低酸度时，可使这种盐遭到破坏而析出乙醚及相应的钨杂多酸。

② 此时油状物应澄清无色，如颜色偏黄可继续萃取操作 1~2 次。

③ 钨硅酸溶液不要在日光下暴晒，也不要与金属器皿接触，以防止被还原。

参考文献

[1] 首都师范大学无机化学教研室编. 中级无机化学. 北京:首都师范大学出版社,1994

[2] 刘宝殿主编. 化学合成实验. 北京:高等教育出版社,2005

[3] Illingsinorth, Keggin. *J. Chem. Soc.* 1935,575

[4] 北京师范大学等编. 无机化学实验(第 2 版). 北京:高等教育出版社,1991

(柴雅琴)

实验 13　金属酞菁的合成

一、实验目的

1. 通过合成酞菁金属配合物,掌握这类大环配合物的一般合成方法,了解金属模板反应在无机合成中的应用。

2. 进一步熟练掌握合成中的常规操作方法和技能,了解酞菁纯化方法。

二、预习要求

了解酞菁及金属酞菁,了解合成大环配合物的方法。

三、实验原理

自由酞菁(H_2Pc)的分子结构见图Ⅰ-7(a)。它是四氮大环配体的重要种类,具有高度共轭 π 体系。它能与金属离子形成金属酞菁配合物(MPc),其分子结构式如图Ⅰ-7(b)。这类配合物具有半导体、光电体、光化学反应活性、荧光、光记忆等特性。金属酞菁是近年来广泛研究的经典金属大环配合物中的一类,其基本结构和天然金属卟啉相似,具有良好的热稳定性和化学稳定性。因此,金属酞菁在光电转换、催化活化小分子、信息储存、生物模拟及工业染料等方面有着重要的应用。

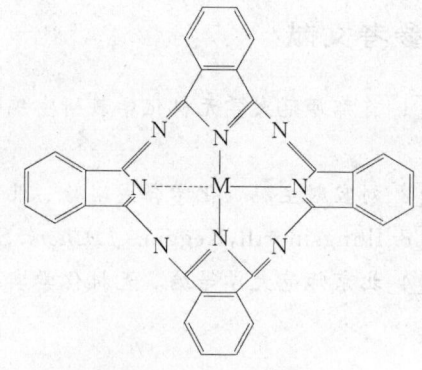

(a) 自由酞菁分子结构图　　　　　　(b) 金属酞菁的分子结构图

图 I-7　金属酞菁的分子结构图

金属酞菁的合成一般有以下两种方法：(1)通过金属模板反应来合成，即通过简单配体单元与中心金属离子的配位作用，然后再结合形成金属大环配合物。这里的金属离子起着一种模板作用；(2)与配合物的经典合成方法相似，即先采用有机合成的方法制得并分离出自由的有机大环配体，然后再与金属离子配位，合成得到金属大环配合物。其中模板反应是主要的合成方法。

金属酞菁配合物的合成主要有以下几种途径(以氧化态为 II 的金属 M 为例)。

(1) 中心金属的置换

$$MX + LiPc \xrightarrow[\text{溶剂}]{\text{室温}} MPc + LiX$$

(2) 以邻苯二甲腈为原料

$$MN_n + 4 \text{(邻苯二甲腈)} \xrightarrow[\text{或溶剂}]{300\ ℃} MPc$$

(3) 以邻苯二甲酸酐、尿素为原料

$$MN_n(\text{或 M}) + 4 \text{(邻苯二甲酸酐)} + CO(NH_2)_2 \xrightarrow[NH_4MoO_4]{200\ ℃ \sim 300\ ℃} MPc + H_2O + CO_2$$

(4) 以 2-氰基苯甲酸胺为原料

$$M + 4 \text{(2-氰基苯甲酸胺)} \xrightarrow{250\ ℃} MPc + H_2O$$

本实验按反应(3)制备金属酞菁，原料为金属盐、邻苯二甲酸酐和尿素，催化剂为钼酸铵，利用溶液或熔融法进行制备。

金属酞菁配合物的热稳定性与金属离子的电荷及半径比有关，由电荷半径比较大的金属如 Al(Ⅲ),Cu(Ⅱ)等形成的金属酞菁较难被质子酸取代,且具有较高的热稳定性,这些配合物可通过真空升华或先溶于浓硫酸并在水中沉淀等方法进行纯化。

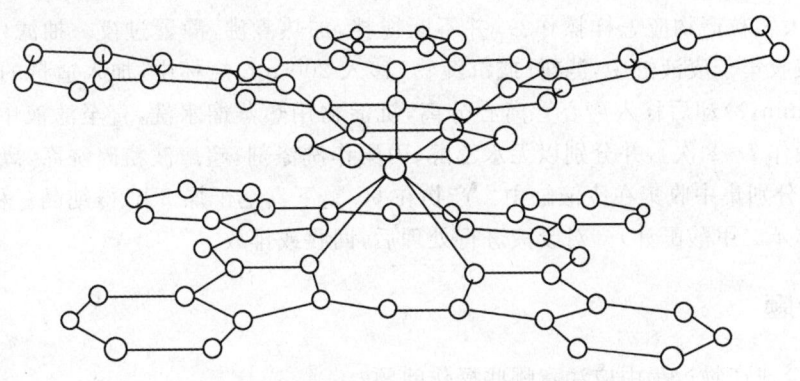

图Ⅰ-8 夹心型金属酞菁配合物结构示意图

F 区金属易形成夹心型金属酞菁,如在 250 ℃下,AnI$_4$(An＝Th,Pa,U)与邻苯二甲腈反应可制得夹心型锕类酞菁配合物。这类配合物的两个酞菁环异吲哚中的 8 个 N 原子与中心金属形成八齿配合物。酞菁环并非呈平面,而是略向上凸出,并且两个酞菁环互相错开一定角度。对于铀酞菁 Pc$_2$U,由配位原子 N$_4$ 所形成的大环平面间距为 $2.81×10^{-10}$ m(图Ⅰ-8),形成这类配合物的中心金属必须具有较高氧化态(+3,+4),同时金属离子半径应比酞菁半径大。

四、仪器及药品

仪器:马弗炉,烧杯,量筒,研钵,抽滤瓶,布氏漏斗,高速离心机,离心管,恒温水浴锅,超声波粉碎器。

药品:CuCl(s),邻苯二甲酸酐,尿素,钼酸铵,无水碳酸钠,NH$_4$Cl(s),HCl(2%),浓硫酸,丙酮,无水乙醇。

五、实验内容

1. 金属铜酞菁(CuPc)粗产品的制备

称取 1 g 邻苯二甲酸酐、2.5 g 尿素和 0.5 g 钼酸铵于研钵中,研细后加入 0.3 g 无水CuCl,混匀后马上移入坩埚中,搅拌下加热至尿素完全溶解,再向体系中加入 0.1 g 无水碳酸钠和 0.1 g 氯化铵,搅拌均匀后放入马弗炉中加热(200 ℃左右)2 h。得到的固体用20 mL 2%盐酸浸泡 15 min,倾析法除去溶液;然后,固体用热水洗涤 5~10 次,得粗产品。抽滤,称重。

注:加入碳酸钠增加碱性,可减少内配合物的生成;加入氯化铵可以促进苯酐与尿素配位成环,提高产率;钼酸铵为催化剂;尿素为反应物,同时为溶剂。最佳反应时间为 4~5 h。

2. 粗产品提纯

将粗产品倾入 10 倍质量数的浓硫酸中,搅拌使其完全溶解,50 ℃~55 ℃水浴加热搅拌 1 h。冷却至室温后慢慢倾入 10 倍浓硫酸体积的蒸馏水中(小心操作,为得到纯净沉淀及较大颗粒产物应怎样操作?),并不断搅拌,加热煮沸,静置过夜。抽滤(或离心分离)。滤液收集于废液缸中,滤饼(或沉淀物)移入 200 mL 烧杯中,加入适量的蒸馏水煮沸 5~10 min,冷却后移入离心管离心分离,沉淀物用热蒸馏水洗,直至滤液中无 SO_4^{2-} (应重复操作 7~8 次),并分别以无水乙醇、丙酮作洗涤剂,超声波粉碎洗涤,离心分离各 4 次,母液分别集中收集在废液缸中。产物在 60 ℃下真空干燥 2 h,得纯品。称量,计算产率(以邻苯二甲酸酐计)。对废液进行处理后,回收或排放。

思考题

1. 在合成产物过程中应注意哪些操作问题?

2. 在用乙醇和丙酮处理合成的粗产物时主要能除掉哪些杂质?产品提纯中,你认为是否有更优的方法?

3. 如何处理实验过程中产生的废液(酸、有机物)?不经过处理的废液直接倒入水槽将会造成什么危害?

参考文献

[1] Amar. N. M, Gould R. D, Saleh A. M. *Current Applied Physics*. 2002, 2, 455

[2] Winter G., Heckmann H., Haiseh P. E. *J. Am. Chem. Soc.* 1998, 120, 11663

[3] Kudrevich S. V., Ali H., van Lier J. E. *J. Am. Chem. Soc.* 1994, 19, 2767

[4] 张先付,许慧君. 高等学校化学学报. 1994, 15, 917

[5] 丛方地,杜锡光,赵宝中,刘群,陈彬. 高等学校化学学报. 2002, 23, 2221

[6] 殷焕成,邓建成,周燕. 染料与染色. 2004, 41, 150

(许文菊　柴雅琴)

实验 14　二氯化一氯五氨合钴(Ⅲ)的制备

一、实验目的

1. 掌握制备二氯化一氯五氨合钴(Ⅲ)的原理及操作方法。
2. 了解制备这种配合物形成的条件,加深理解形成配合物对钴(Ⅲ)稳定性的影响。
3. 了解钴(Ⅲ)化合物的性质。

二、预习要求

1. 熟悉二氯化一氯五氨合钴(Ⅲ)的制备过程。
2. 掌握在过滤、洗涤等实验步骤中需要注意哪些问题。
3. 了解温度控制对实验结果的重要性。

三、实验原理

在水溶液中，$[Co(H_2O)_6]^{2+}$ 配离子能很快地和其他配位体进行取代反应生成 Co(Ⅱ)配合物，然后用空气或 H_2O_2 氧化成为相应的钴(Ⅲ)配合物。但在不同的反应条件下，钴可以与许多供电子基团形成各种配合物，在形成配合物的过程中，温度对产物的形成起很大的影响作用。$[Co(NH_3)_5Cl]^{2+}$ 是外轨型配合物，$[Co(NH_3)_5H_2O]^{3+}$ 属内轨型配合物，要把内轨向外轨转型，反应速率比较慢，要持续较长时间。

在本实验中，反应温度为 85 ℃，反应维持 20 min，以尽量提高反应速率，保证反应完全。不能加热至沸腾，因为温度不同，产物不同。具体反应步骤如下：

$$Co^{2+} + NH_4^+ + 4NH_3 + 1/2 H_2O_2 \longrightarrow [Co(NH_3)_5H_2O]^{3+}$$

$$[Co(NH_3)_5H_2O]^{3+} + 3Cl^- \longrightarrow [Co(NH_3)_5Cl]Cl_2 + H_2O$$

借助同离子效应可以使产品析出，使平衡向左移动，进而提高产率。在实验中会用到浓盐酸，从反应方程式也不难理解使用这些强酸的原因。

四、仪器及药品

仪器：磁力搅拌器，滴液漏斗，量筒(10 mL,100 mL)，烧杯(100 mL)，温度计，水浴锅，铁架台，电炉，烘箱。

药品：浓氨水，$CoCl_2 \cdot 6H_2O$，$NH_4Cl(s)$，HCl(浓)，95％乙醇，30％H_2O_2，冰。

五、实验内容

1. 在 400 mL 烧杯中将 10.0 g NH_4Cl 溶解于 60 mL 浓氨水中，同时用磁力搅拌器连续搅拌溶液，分数次加入 20 g $CoCl_2 \cdot 6H_2O$ 粉末。生成黄红色的 $[Co(NH_3)_6]Cl_2$ 沉淀，同时放热。继续搅拌使溶液变成棕色的稀浆。从滴液漏斗中缓慢加入 30％ H_2O_2 16 mL。反应结束后得到一种深红色的 $[Co(NH_3)_5H_2O]Cl_3$ 溶液。当停止产生气泡时，慢慢加入 60 mL 浓 HCl(以上操作在通风橱内进行)。在加入浓盐酸过程中，反应混合物的温度会上升，并有紫红色沉淀生成。

2. 不断搅拌，将混合物放入温度约 85 ℃ 的水中，保持 20 min 至反应基本完成。冷却到室温，过滤。

3. 洗涤：用总量为 40 mL 的冰水洗涤沉淀数次，再用等体积冷的 6 mol·L^{-1} HCl 洗涤，最后用无水酒精、丙酮洗涤。然后在室温下冷却混合物，过滤出 $[Co(NH_3)_5Cl]Cl_2$ 沉淀。

4. 干燥:产物在 100 ℃烘箱中干燥数小时,产物约 18 g。

思考题

1. 在该实验中,对反应温度的控制比较严格,请从热力学和动力学的角度分别解释原因。
2. 本实验采用较常规的方法制备二氯化一氯五氨合钴(Ⅲ)配合物,可否采用同样的方法来制备其他钴(Ⅲ)配合物?请举例说明。
3. 要使二氯化一氯五氨合钴(Ⅲ)合成产率高,哪些实验步骤还需进一步改进?

参考文献

[1] 周宁怀. 微型无机化学实验. 北京:科学出版社,2000
[2] 宋天佑,程鹏,王杏乔. 无机化学. 北京:高等教育出版社,2004
[3] 王伯康,钱文浙等编. 中级无机化学实验. 北京:高等教育出版社,1984

(莫尊理)

实验 15　三氯三(四氢呋喃)合铬(Ⅲ)的合成

一、实验目的

1. 掌握无水过渡金属卤化物的制备方法和实验操作技术。
2. 通过非水体系中三氯三(四氢呋喃)合铬(Ⅲ)的合成,掌握有关非水溶剂反应操作的基本实验技术。

二、预习要求

1. 仔细阅读教材第 4 章和实验原理。
2. 提前做好四氢呋喃的除水处理。

三、实验原理

无水过渡金属卤化物 MX_n 具有强烈的吸水性,它们一遇到水(即使是潮湿的空气)就迅速反应而生成水合物。要保存这些无水卤化物是比较困难的,市售的过渡金属卤化物往往是它们的水合物,如二氯化铁、二氯化铜、二氯化锰等都是水合物,在习惯上常常将它们写成 $FeCl_3 \cdot 6H_2O, CuCl_2 \cdot 2H_2O, MnCl_2 \cdot 4H_2O$ 等形式。

许多反应是在水溶液中进行的,所以市售的过渡金属卤化物可以直接使用。然而有些合成反应只能用无水卤化物才能完成,也有许多研究工作必须在无水条件或非水体系中进行,因而掌握无水过渡金属卤化物的制备方法和实验操作技术是非常必要的。

制备无水过渡金属卤化物一般有两种方法,一是利用水合过渡金属卤化物与亲水性更强的物质(脱水剂)反应来制得。例如,水合三氯化铁与氯化亚砜反应,氯化亚砜与水合三氯化铁中的水分子迅速反应而生成 SO_2 和 HCl 气体而逸出:

$$FeCl_3 \cdot 6H_2O + 6SOCl_2 \longrightarrow FeCl_3 + 6SO_2\uparrow + 12HCl\uparrow$$

可用的脱水剂还有氯化氢、氯化铵、二氯化硫等。

制备无水过渡金属卤化物的另一种方法是用不含水的过渡金属或它的氧化物与卤化剂反应。例如,$CrCl_3$ 可以用 Cr_2O_3 与 CCl_4 反应,在 600 ℃ 以上使 $CrCl_3$ 升华来制得。由于卤化物能与氧气发生氧化还原反应,所以这类制备方法必须在惰性气氛中进行。

本实验是用 Cr_2O_3 与 CCl_4 反应来制备无水三氯化铬,其反应为:

$$Cr_2O_3 + 3CCl_4 \xrightarrow{660\ ℃} 2CrCl_3 + 3COCl_2$$

在反应过程中会产生少量极毒的光气,因此实验必须在良好的通风橱中进行。

水是无机化学中最常用的溶剂,许多化学反应都可在水溶剂中进行。但是,在含有强还原剂的反应中,水要被还原而释放出氢;在高温或低温反应中,高温时水呈气态、低温时水呈固态都会使反应不能正常进行;某些化合物在水中会被水解或与水发生反应,这些反应都不能在水溶剂中进行。在这些情况下,就必须在非水溶剂中进行化学反应。因此,掌握非水溶剂反应操作的实验技术是十分重要的。

三氯三(四氢呋喃)合铬(Ⅲ)配合物是在非水溶剂中合成的。无水三氯化铬($CrCl_3$)与四氢呋喃(THF)在有少量锌粉存在时发生下列反应:

$$CrCl_3 + 3THF \xrightarrow{Zn} CrCl_3(THF)_3$$

这里 Zn 的作用是把 $CrCl_3$ 中的 Cr^{3+} 还原成 Cr^{2+},而 Cr^{2+} 能起催化作用,使 $CrCl_3$ 溶于 THF 而得 $CrCl_3(THF)_3$ 配合物。THF 在这个反应中既是反应介质,又是反应物。

制得的 $CrCl_3(THF)_3$ 配合物溶于四氢呋喃,若有水存在,则配合物与水反应,THF 迅速地被水取代。所以整个反应必须在严格的无水条件下操作,同时所用的四氢呋喃溶剂必须经过除水处理。

四、仪器及药品

仪器:管式炉,氮气钢瓶,量筒(100 mL,10 mL),反应器Ⅰ(见图Ⅰ-9),反应器Ⅱ(见图Ⅰ-10),锥形瓶(500 mL),砂芯漏斗。

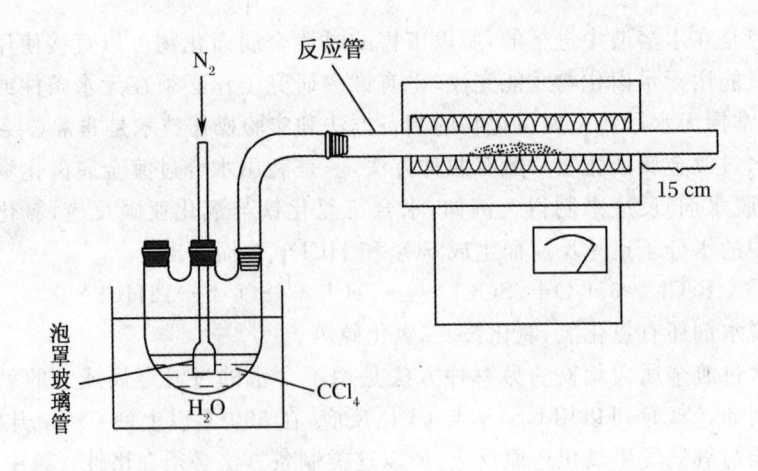

图Ⅰ-9　反应器Ⅰ装置图

试剂：四氢呋喃(THF)(A.R.)，氢氧化钾(A.R.)，三氧化二铬(A.R.)，锌粉，金属钠，四氯化碳(C.P.)。

五、实验内容

1. 无水 $CrCl_3$ 的制备

在通风橱内按图Ⅰ-9装置仪器，称取 1.5 g Cr_2O_3 放在石英反应管的中央摊平，在管式炉两端的石英管外用石棉绳绕好，使管与炉之间密闭，在圆底烧瓶中注入适量的 CCl_4（要淹没通氮气管的出气孔），将控温仪的温度指针调至 800 ℃，同时打开氮气钢瓶使氮气慢慢通过 CCl_4（气泡应该一个一个地出现），氮气气流流速太大会吹走 Cr_2O_3。打开加热电源，当反应管内温度升至约600 ℃时，用50 ℃～60 ℃的热水浴加热 CCl_4，反应管内温度升至600 ℃以上时，反应进行约 2 h 以后，在反应管中央几乎无绿色的 Cr_2O_3 固体存在，表示反应已经结束。这时移去热水浴，切断电源，打开管式炉冷却，当炉温冷至近室温时，关闭氮气瓶的阀门。取出 $CrCl_3$，观察它的颜色、外观，称量并计算其产率。

注：无水 $CrCl_3$ 也可应用实验8的产品。

2. 四氢呋喃的除水处理

取约 150 mL 四氢呋喃于 250 mL 圆底烧瓶中，分批加入少量固体氢氧化钾，浸泡一天，总加入量应视溶剂的含水量而定。然后加入金属钠片浸泡 4 h。经过滤后，再蒸馏收集沸点为 66 ℃的馏出液约 100 mL，停止蒸馏，馏出液密封后待用。

3. $CrCl_3(THF)_3$ 的合成

把已干燥的玻璃仪器按图Ⅰ-10装好反应器Ⅱ。将 1.0 g 研碎的无水三氯化铬和 0.1 g 锌粉放入纸质反应管 1 内，在 250 mL 圆底烧瓶 2 内加入 100 mL 经除水处理过的四氢呋喃，通氮气 5 min 后，关闭氮气钢瓶和通气活塞，通入冷却水，然后加热四氢呋喃至沸腾（沸点为 66 ℃），回流 2.5 h 后移去加热器，再立即通入氮气（防止汞滴入反应混合物)。当圆底烧瓶冷却到接近室温时,移去圆底烧瓶,并把烧瓶口塞紧,关闭氮气源和通气活塞。水泵抽馏,使反应混合物体积约为 10 mL,圆底烧瓶可放在温水浴上以加速 THF 的蒸发(如图Ⅰ-11 所示)。

抽馏后的混合物在砂芯漏斗中迅速抽气过滤,所得产物 $CrCl_3(THF)_3$ 迅速放入样品管,真空抽气 1 h,称量,计算产率,并测样品在氯仿溶剂中的红外光谱,与标准谱图对照。

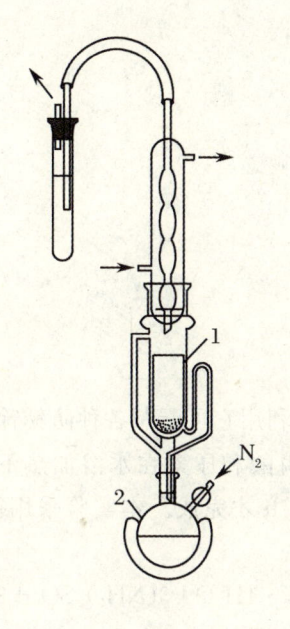

图Ⅰ-10 反应器Ⅱ装置图　　图Ⅰ-11 蒸发装置图

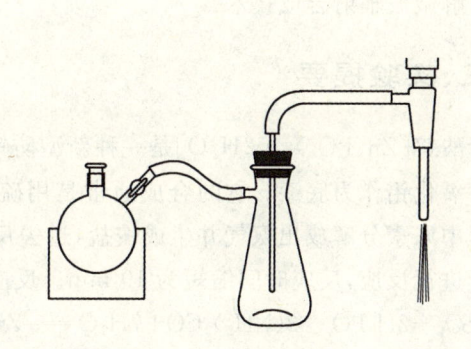

思考题

1. $CrCl_3(THF)_3$ 是顺磁性的,还是反磁性的?并加以解释?
2. 试说明影响产率的因素,如何进一步提高产品的产率?

参考文献

[1] R. J. Angelici. *Synthesis and Technique in Inorganic Chemistry*. 2nd Ed. 1977
[2] J. Kern, *J. Inorg. Nucl. Chem.* 1962, 24, 1105

(莫尊理)

实验 16　微波辐射合成磷酸锌

一、实验目的

1. 了解磷酸锌的微波合成原理和方法。
2. 掌握微型吸滤的基本操作。

二、预习要求

了解微波辐射合成技术。

三、实验提要

磷酸锌[$Zn(PO_4)_2 \cdot 2H_2O$]是一种新型防锈颜料,利用它可配制各种防锈涂料,后者可代替氧化铅作为底漆。它的合成通常是用硫酸锌、磷酸和尿素在水浴加热下反应,反应过程中尿素分解放出氨气并生成铵盐,过去反应需 4 h 才完成。本实验采用微波加热条件下进行反应,反应时间缩短为 10 min。反应式为:

$$3ZnSO_4 + 2H_3PO_4 + 3(NH_2)_2CO + 7H_2O = Zn_3(PO_4)_2 \cdot 4H_2O + 3(NH_4)_2SO_4 + 3CO_2\uparrow$$

所得的四水合晶体在 110 ℃烘箱中脱水即得二水合晶体。

四、仪器及药品

仪器:微波炉,台秤,微型吸滤装置,烧杯,表面皿。
药品:$ZnSO_4 \cdot 7H_2O$,尿素,磷酸,无水乙醇,$BaCl_2$(0.1 mol·L^{-1})。

五、实验内容

称取 2.0 g 硫酸锌于 50 mL 烧杯中,加 1.0 g 尿素①和 1.0 mL H_3PO_4,再加 20 mL 水搅拌溶解,把烧杯置于 100 mL 烧杯水浴中,盖上表面皿,放进微波炉里②,以大火档(约 600 W)辐射 10 min,烧杯内隆起白色沫状物。停止辐射加热后,取出烧杯,用蒸馏水浸取、洗涤数次,吸滤。晶体用水洗净至滤液无 SO_4^{2-}。产品在 110 ℃烘箱中脱水得到

---

① 合成反应完成时,溶液的 pH=5~6;加尿素的目的是调节反应体系的酸碱性。晶体最好洗涤至近中性再吸滤。
② 微波辐射对人体会造成伤害。市售微波炉在防止微波泄漏上有严格的措施,使用时要遵照有关操作程序与要求进行,以免受到伤害。

$Zn_3(PO_4)_2 \cdot 2H_2O$，称量并计算产率。

思考题

1. 还有哪些制备磷酸锌的方法？
2. 如何对产品进行定性检验？请拟出实验方案。
3. 为什么微波辐射加热能显著缩短反应时间，使用微波炉要注意哪些事项？

参考文献

[1] 王秋长等. 基础化学实验. 北京：科学出版社，2003
[2] 周宁怀主编. 微型无机化学实验. 北京：科学出版社，2000

（柴雅琴）

实验17　废铝催化剂制备高纯超细氧化铝

一、实验目的

1. 进一步了解复盐的一般特征和制备方法。
2. 掌握复盐热分解制备超细氧化物的方法。
3. 熟练掌握水浴加热、蒸发、结晶、固液分离等基本操作。

二、预习要求

1. 了解高纯超细氧化铝的用途。
2. 熟悉水浴加热、蒸发、结晶、固液分离等基本操作。

三、实验原理

高纯超细氧化铝是重要的功能材料，具有高强度、高硬度、耐腐蚀、抗磨损、易烧结的特征，适于制造透光性良好的氧化铝烧结体，广泛应用于钇铝系列激光晶体、精密陶瓷、灯用稀土三基色荧光粉等。在石油化学工业中需要大量的催化剂，催化剂在使用过程中，由于失去其原有活性而成为废弃物，这些富含氧化铝的废催化剂弃之不用，不仅是资源上的浪费，而且污染环境。因此，将废铝催化剂作为化工原料制备高纯超细氧化铝，同时达到消除污染、保护环境、创造效益的目的，具有重要的现实意义。

以废铝催化剂为原料制备高纯超细氧化铝,必须对废铝催化剂进行预处理。将废铝催化剂置于 800 ℃下焙烧 1 h 后,进行酸溶,然后用氨水沉淀出 $Al(OH)_3$ 沉淀,以除去可溶性杂质。将 $Al(OH)_3$ 用硫酸溶解后制备 $Al_2(SO_4)_3$ 晶体,以进一步除去 Fe^{3+},Ni^{2+},Cu^{2+} 等杂质,再以 $Al_2(SO_4)_3$ 和 $(NH_4)_2SO_4$ 为原料,制备复盐 $NH_4Al(SO_4)_2 \cdot 12H_2O$,经热分解制备高纯超细氧化铝,其工艺流程为:

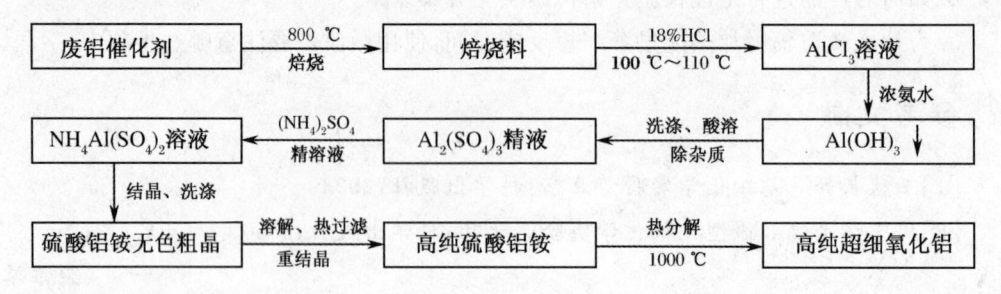

```
废铝催化剂 --800℃焙烧--> 焙烧料 --18%HCl, 100℃~110℃--> AlCl₃溶液
                                                            |浓氨水
NH₄Al(SO₄)₂溶液 <--(NH₄)₂SO₄精溶液-- Al₂(SO₄)₃精液 <--洗涤、酸溶除杂质-- Al(OH)₃
    |结晶、洗涤
硫酸铝铵无色粗晶 --溶解、热过滤重结晶--> 高纯硫酸铝铵 --热分解 1000℃--> 高纯超细氧化铝
```

图 I-12 制备高纯超细氧化铝流程图

该制备过程相关反应为:

$$Al_2O_3 + 6HCl \longrightarrow 2AlCl_3 + 3H_2O$$

$$AlCl_3 + 3NH_3 \cdot H_2O \longrightarrow Al(OH)_3 + 3NH_4Cl$$

$$2Al(OH)_3 + 3H_2SO_4 \longrightarrow Al_2(SO_4)_3 + 6H_2O$$

$$Al_2(SO_4)_3 + (NH_4)_2SO_4 + 24H_2O \longrightarrow 2NH_4Al(SO_4)_2 \cdot 12H_2O$$

$$2NH_4Al(SO_4)_2 \cdot 12H_2O \xrightarrow{0℃\sim270℃} Al_2(SO_4)_3 + (NH_4)_2SO_4 + 24H_2O \uparrow$$

$$(NH_4)_2SO_4 \xrightarrow{514℃} SO_3 \uparrow + 2NH_3 \uparrow + H_2O \uparrow$$

$$Al_2(SO_4)_3 \xrightarrow{826℃} Al_2O_3 + 3SO_3 \uparrow$$

四、仪器及试剂

仪器:台秤,电炉(600 W),电磁搅拌器,圆底三颈瓶(250 mL),烧杯(250 mL),马弗炉,量筒(100 mL)。

试剂:HCl (18%),H_2SO_4 (2 mol·L^{-1}),浓氨水,$(NH_4)_2SO_4$ (1 mol·L^{-1})。

五、实验内容

1. 废铝催化剂的预处理

将废铝催化剂在 800 ℃的马弗炉中焙烧 1 h,称取 10 g 焙烧过的废铝催化剂于 250 mL 的圆底三颈烧瓶内,加入 50 mL 18%的盐酸,在 100 ℃~110 ℃的温度下,反应 4 h,冷却后过滤。

2. 制备 $Al_2(SO_4)_3$ 晶体

滤液用浓氨水中和至溶液中的 Al^{3+} 离子全部变为 $Al(OH)_3$ 沉淀,快速过滤,热水洗

涤沉淀 5~6 次,用 50 mL 2 mol·L^{-1} H$_2$SO$_4$ 溶解 Al(OH)$_3$ 沉淀,得到粗制的 Al$_2$(SO$_4$)$_3$ 溶液,加热至有晶体析出为止。静置,待晶体完全析出后过滤,洗涤,备用。

3. 复盐 NH$_4$Al(SO$_4$)$_2$·12H$_2$O 的制备

将上面所得的 Al$_2$(SO$_4$)$_3$ 的晶体用少许的水溶解,配成较纯的 Al$_2$(SO$_4$)$_3$ 溶液,再加入 30 mL 1 mol·L^{-1} (NH$_4$)$_2$SO$_4$ 溶液,置于水浴上加热蒸发至形成结晶膜为止。冷却到15 ℃~20 ℃,吸滤,得细小结晶,用冰水洗涤,得硫酸铝铵晶体粗品。将此粗品再溶于大约 50 mL 的水中,进行重结晶(可以进行多次,注意蒸发速度应缓慢,冷却结晶时不宜搅拌,方可获得大颗粒结晶),于室温下干燥(注意避免干燥时间过长,以免风化),得到高纯硫酸铝铵晶体。

4. 高纯超细 Al$_2$O$_3$ 的制备

将高纯硫酸铝铵晶体置于 1000 ℃马福炉中灼烧至硫酸铝铵完全分解为 Al$_2$O$_3$ 粉体,粉体中心粒度大多在 0.1~0.3 nm 之间。

思考题

1. 在制备 Al(OH)$_3$ 沉淀过程中,为何用浓氨水而不用氢氧化钠溶液?
2. 为何不选择硫酸直接酸浸制备硫酸铝,而选用盐酸?

参考文献

[1] 华东化工学院无机化学教研组编. 无机化学实验(第 3 版). 北京:高等教育出版社,1993

[2] 南京大学《无机及分析化学实验》编写组. 无机及分析化学实验. 北京:高等教育出版社,1990

[3] 雷群芳. 中级化学实验. 北京:科学出版社,2005

(赵建茹)

实验 18 CuO-磷酸盐无机黏结剂的制备

一、实验目的

1. 掌握 CuO-磷酸盐无机黏结剂的制备方法。
2. 了解添加剂的不同比例对黏结剂的性质和使用要求的影响。

二、预习要求

1. 熟悉无机黏结剂的分类。
2. 了解无机黏结剂的的黏结原理。
3. 准备黏结件。

三、实验原理

CuO-磷酸盐胶黏剂是开发最早、应用最广的无机胶黏剂之一。据考证,秦俑博物馆中出土的秦代大型彩绘铜车马制造中,就已用了磷酸盐无机胶黏剂。现代的 CuO-磷酸盐胶黏剂的研制从牙科、水泥开始,主要用于陶瓷的黏结。以后,经过全国各地研究应用,扩大使用到钢铁、铜、铝等硬质、表面粗糙物质的黏结,逐步形成具有我国特色的CuO-磷酸盐无机胶黏剂。它在耐高温材料的黏结方面具有优异的性能,经 X-射线粉末衍射等物相分析结果为主要依据,认为纯磷酸调制的胶黏剂主要由氧化铜和针状磷酸氢铜小结晶组成,而采用浓缩磷酸则尚有磷酸铜和焦磷酸铜等小结晶。其间主要是由离子键力和氢键力相互组成连续分布的物相,具有一定硬度和固结能力。其具体描述为以下体系:

$$\left[-H-\overset{\overset{\displaystyle O}{|}}{\underset{\underset{\displaystyle O}{|}}{P}}=O-H-\overset{\overset{\displaystyle O}{|}}{\underset{\underset{\displaystyle O}{|}}{P}}=O-H-\overset{\overset{\displaystyle O}{|}}{\underset{\underset{\displaystyle O}{|}}{P}}=O- \right]_{\frac{n}{3}}^{2n-}$$

目前我国广泛采用的无机黏结剂是磷酸盐型(常用的还有硅酸盐型和硼酸盐型两大类),它的主要成分是 H_3PO_4、$AlPO_4$、$Cu_3(PO_4)_2$ 等无机物,其特点是黏结力强,剪切力可达 $900\ kg\cdot cm^{-2}$,抗水性、抗老化性能好,因而广泛地用于机械行业的黏结。

四、仪器及药品

仪器:烧杯,量筒,电炉,干燥器。
药品:CuO(200 目),Al(OH)$_3$(工业级),H_3PO_4,HCl(2.5%)。
其他用品:冰块,竹筷,黏结件,试剂纸。

五、实验内容

1. H_3PO_4 + Al(OH)$_3$ 溶液的制备

将密度为 $1.78\ g\cdot mL^{-1}$ 的 H_3PO_4 溶液 50 mL 倒入 250 mL 烧杯中,加入 2.5 g Al(OH)$_3$

加热溶解,待完全溶解后将溶液加热至240 ℃～260 ℃,然后冷却(此时溶液的密度约为1.85～1.9 g·mL^{-1}),最后装瓶放入干燥器内。

2.准备黏结剂及黏结件

黏结剂为CuO粉末(由200目筛子过筛),H$_3$PO$_4$+Al(OH)$_3$溶液。

黏结件表面光洁度要求低于3(不能太光滑),达不到此粗糙度可由人工加工,清洗构件(清洗,除油,除锈)。

3.黏结剂调制

将CuO粉末倒于光滑平板上(夏天用铜片,必要时在铜片下放冰块以防温度过高、凝聚太快;冬天用玻璃板),往板上滴加H$_3$PO$_4$+Al(OH)$_3$溶液,其比例约为3～4 g CuO滴加H$_3$PO$_4$+Al(OH)$_3$溶液10 mL,用竹筷调匀约1～2 min后就可进行黏结。

4.黏结

将调好的黏结剂均匀涂在构件表面上,然后迅速挤压,进行黏结。黏结件可互相缓慢旋转进行黏结。

5.干燥硬化

黏结结束后,将黏结件放置,使其干燥并硬化。在室温条件下,黏结件放置4～6 h就可使用。若将黏结件预先加热至90 ℃左右,再进行黏结,仅需几分钟即可使用。

思考题

1.CuO粉末在这种黏结剂中起什么作用?

2.请在你所学的专业中举出无机黏结剂的一些使用实例。

参考文献

[1] 雷阎盈,余历军,朱玲菊等.CuO-磷酸盐胶黏剂黏结机理.西北大学学报(自然科学版).1999,39(3):229～232

[2] 王华林,翟林峰.无机化学实验.合肥:合肥工业大学出版社,2004

(莫尊理)

实验19 溶胶-凝胶法制备SnO$_2$纳米粒子

一、实验目的

1.通过实验了解溶胶-凝胶法的制备过程。

2.通过实验掌握SnO$_2$纳米粒子的制备方法。

二、预习要求

1. 了解 SnO_2 的性质。
2. 酸的浓度、温度、陈化时间对纳米粒子的形态及大小的影响。

三、实验原理

溶胶-凝胶法就是采用特定的纳米材料前驱在一定条件下水解,形成溶胶,然后经溶剂挥发及加热等处理,使溶胶转变成网状结构的凝胶,再经过适当的后处理工艺形成纳米材料的一种方法。用于制备纳米材料的基本工艺过程示意如下:

$$原料 \longrightarrow 可分散体系 \xrightarrow[-H_2O]{胶/水} 溶胶 \xrightarrow[-H_2O]{+H_2O} 凝胶 \xrightarrow{热处理} 纳米材料$$

四、仪器及药品

仪器:三颈瓶(150 mL),电动搅拌器,聚四氟乙烯高压釜,回流冷凝管,温度计。
试剂:$AgNO_3(0.1\ mol \cdot L^{-1})$,$SnCl_4 \cdot 5H_2O(s)$,无水乙醇。

五、实验内容

1. 制胶

将 0.8 g 的 $SnCl_4 \cdot 5H_2O$ 在搅拌下溶于 20 mL 无水乙醇,回流 2 h,得无色透明溶胶。

2. 水热处理

将 20 mL 溶胶与 20 mL 蒸馏水装入聚四氟乙烯高压釜中,然后将高压釜置于 150 ℃ 烘箱中高压反应 4 h。

3. 产品回收

待高压釜冷却至室温后,取出反应产物,离心洗涤,用 $0.1\ mol \cdot L^{-1}\ AgNO_3$ 溶液检验直至没有沉淀生成。在 70 ℃ 干燥,得 SnO_2 纳米粉体。

思考题

1. 溶胶-凝胶法的原理是什么?
2. 制备溶胶的关键是什么?
3. 在制备过程中,为什么要控制温度?

参考文献

[1] 徐国财,张立德. 纳米复合材料. 北京:化学工业出版社,2003

[2]张荣军,商宝江等. 溶胶-凝胶法制备 SnO_2 掺杂透明导电膜及性能测试. 山东科学,2005,2,46~49

[3]石娟. 溶胶水热法制备纳米 SnO_2 气敏材料的研究. 天津工业大学学报,2004,23(3),39~41

[4]浙江大学,南京大学,北京大学,兰州大学主编. 综合化学. 北京:科学出版社,2001

(莫尊理)

实验 20　微乳液法合成 $CaCO_3$ 纳米微粒

一、实验目的

让学生掌握微乳液法及其微乳液法合成 $CaCO_3$ 纳米微粒的原理,为学生进一步了解纳米科学提供了前提,提高学生对纳米科学和纳米材料的认识。

二、预习要求

1. 在实验前详细阅读课本中的有关知识,明确实验原理和操作步骤。
2. 明确本实验的重点和难点,是本试验的目的和意义所在。
3. 对实验所需要的仪器和药品进行详细的准备。
4. 详细阅读课后思考题,明确实验细节。

三、实验原理

微乳液法合成 $CaCO_3$ 纳米微粒是将可溶性碳酸盐和可溶性钙盐分别溶于组成完全相同的两份微乳液中,然后在一定条件下混合反应,在较小区域内控制晶粒成核与生长,再将晶粒与溶剂分离,即得到纳米碳酸钙颗粒。微乳液通常是由表面活性剂、助表面活性剂、油和水组成的透明的各向同性的热力学稳定体系。微乳液中,微小的"水池"被表面活性剂和助表面活性剂所组成的单分子层界面包围而形成微乳颗粒,其大小可控制在几至几十纳米之间。微小的"水池"尺度小且彼此分离,因而构不成水相,通常称之为"准相"。微乳颗粒在不停地作布朗运动,不同颗粒在互相碰撞时,组成界面的表面活性剂和助表面活性剂的碳氢键可以互相渗入,与此同时,"水池"中的物质可以穿过界面进入另一个颗粒中,微乳油的这种物质交换的性质使"水池"中进行化学反应成为可能。

采用微乳液法合成的纳米碳酸钙一般为非晶质或霞石型晶体。其控制因素主要有表面活性剂及助表面活性剂的种类和比例、碳酸盐及钙盐的浓度、反应温度等。

在油包水型微乳溶液中发生反应时,试剂氯化钙在聚丙烯酸酯、丙酮、乙醇、甲苯和

水的微乳溶液中,碳酸钠在含表面活性剂的甲苯水微乳溶液中,实现反应的一个先决条件是两个液滴通过聚结而交换试剂。由于生成碳酸钙的化学反应速度很快,总反应速率很可能受液滴聚结速率所控制。在油包水型的微乳中,液滴不断地碰撞、聚结和破裂,使得所含溶质不断交换。碰撞过程取决于当水滴相互靠近时,表面活性剂尾部的相互吸引作用以及界面的刚性,一个相对刚性的界面能降低聚结速率(聚丙烯酸酯也能降低粒子碰撞速率);另一方面,一个很柔性的界面将加速沉淀速率。

本实验通过控制界面结构来控制反应速度,加 AEO_9(烷基碳链为 $C_{12} \sim C_{16}$)和聚丙烯酸酯控制界面结构。当试剂碳酸钠的微乳液滴入氯化钙的微乳状液时,由于水滴的碰撞和聚结,碳酸钠和氯化钙相互接触并形成淡蓝色沉淀或呈半透明状。这种沉淀局限在微乳液滴的内部,形成颗粒的大小和形状反映液滴的内部情况。这是用微乳法制备纳米粒子的原理之一。制备碳酸钙时先用氯化钙与乙醇生成络合物来控制溶液中的钙离子浓度。在微乳液中的水通道周围迅速形成聚丙烯酸酯共聚物和 AEO_9 的复合膜,这有可能使水核的并合减到最低限度,并使生成碳酸钙周围立即包上一层高分子膜和表面活性剂分子,使粒子间不易聚结,这是制备纳米碳酸钙的关键。可以根据纳米碳酸钙的不同用途来选择各种各样的高分子膜。聚丙烯酸酯聚合物是理想的成膜材料,得到的纳米碳酸钙直径大小分布是很窄的,也就是说粒子的大小是很均匀的,这是由于水核半径在同一溶液中是一定的,界面上表面活性剂单层提供一个限制碳酸钙颗粒长大的壁垒,水核成了限制沉淀反应的纳米反应器。于是在其中生成的粒子尺寸也就得到控制。由此可见,水核的大小控制了超细微粒的最终粒径。水核的大小可由水油的比例和表面活性剂的浓度来控制,制得碳酸钙颗粒的粒径为 8~20 nm。

四、仪器及药品

仪器:离心机,电子显微镜(日本产),均质机(上海市化工装备研究所产),超声仪。

药品:氯化钙,乙醇,碳酸钠,丙烯酸酯,聚丙烯酸酯(上海德谦有限公司生产),丙酮,甲苯。

五、实验内容

1. 将氯化钙粉末倒入乙醇中,配制饱和溶液,然后加入 AEO_9、丙酮、甲苯、聚丙烯酸酯,均质机搅拌,制成微乳液,称为 A 组分。

2. 将碳酸钠倒入水中制成饱和溶液,倾出透明的饱和溶液,加入 AEO_9、丙酮、甲苯、丙烯酸酯(作表面活性剂),制成微乳液,称为 B 组分。

3. 将 B 组分倒入 A 组分,搅拌下混合,溶液呈半透明蓝白色絮状沉淀,反应中应控制温度不能过高,若温度升高到 25 ℃以上,出现白色沉淀的颗粒会变大。沉淀碳酸钙用 500 rpm(转/分)的离心机分离 10 min,在 100 ℃干燥,然后用超声粉碎,得到 1~10 nm 的碳酸钙。

思考题

1. 什么是微乳法?
2. 微乳液法合成 $CaCO_3$ 纳米微粒的关键是什么?

参考文献

[1] 王大志. 功能材料. 1993,24(4):303
[2] 黄建花,童九如. 杭州大学学报(自然科学版).1994,(2):210~213
[3] 郭广生,戴恒,薛春余. 化工新型材料.1997,(1):21

(莫尊理)

实验21 熔融碳酸盐燃料电池的制备

一、实验目的

1. 掌握制备熔融碳酸盐燃料电池的原理及操作方法。
2. 了解熔融碳酸盐燃料电池的性质及用途。

二、预习要求

1. 阅读教材第9章,了解熔融碳酸盐燃料电池的制备过程。
2. 比较各种电池制备的相同点及差异。
3. 了解影响燃料电池工作效率的主要因素。

三、实验原理

熔融碳酸盐燃料电池采用碱金属(Li,Na,K)的碳酸盐作为电解质,电池工作温度为 873~973 K。在此温度下电解质呈熔融状态,载流子为碳酸根离子(CO_3^{2-})。典型的电解质组成(质量分数)为:62% Li_2CO_3 + 38% K_2CO_3。当电池工作时,阳极上的 H_2 与从阴极区迁移过来的 CO_3^{2-} 反应,生成 CO 和 H_2O,同时将电子输送到外电路。阴极上 O_2 和 CO_2 与从外电路输送过来的电子结合,生成 CO_3^{2-}。电池的反应方程式如下:

阳极:$H_2 + CO_3^{2-} \longrightarrow H_2O + CO_2 + 2e^-$
$CO + CO_3^{2-} \longrightarrow 2CO_2 + 2e^-$
阴极:$CO_2 + 1/2 O_2 + 2e^- \longrightarrow CO_3^{2-}$

总反应:$H_2+1/2O_2 \!=\!\!=\!\!= H_2O$

从上述方程式可以看出,不论阴、阳极的反应历程如何,熔融碳酸盐燃料电池的发电过程实质上就是在熔融介质中氢的阳极氧化和氧的阴极还原的过程,其净效应是生成水。

熔融碳酸盐燃料电池的阴、阳极活性物质都是气体,电化学反应需要合适的气/液界面。因此,阴、阳电极必须采用特殊结构的三相多孔气体扩散电极,以利于气相传质、液相传质和电子传递过程的进行。两个单电池间的隔离板,既是电极集流体,又是单电池间的连接体,它把一个电池的燃料气与邻近电池的空气隔开。因此,它必须是优良的电子导体并且不透气,在电池工作温度下及熔融硫酸盐存在时,在燃料气和氧化剂的环境中具有十分稳定的化学性能。此外,阴阳极集流体不仅要起到电子的传递作用,还要具有适当的结构,为空气和燃料气流提供通道。单电池和气体管道要实现良好的密封,以防止燃料气和氧化剂的泄漏。当电池在高压下工作时,电池堆应安放在压力容器中,使密封件两侧的压力差减至最小。熔融态的电解质必须保持在多孔惰性基体中,它既具有离子导电的功能,又有隔离燃料气和氧化剂的功能,在 4 kPa 或更高的压力差下,气体不会穿透。

在实用的熔融碳酸盐燃料电池中,燃料气并不是纯的氢气,而是由天然气、甲醇、石油、石脑油、煤等转化产生的富氢燃料气。阴极氧化剂则是空气与二氧化碳的混合物,其中还含有氮气。

四、仪器、药品及材料

仪器:烧杯。

药品:镍铝合金(质量分数为 3%),62% Li_2CO_3,38% K_2CO_3,H_2(纯度>90%),CO(纯度>98%),CO_2,O_2(纯度>98%)。

材料:氧化镍电极,电解质基板。

五、实验内容

1. 将阳极、电极和阴极在酸中浸泡 1 h。
2. 按照图 I-13 所示,将各种气体通入指定的气室,并检查阳极、阴极的各个接头。
3. 各条件准备就绪以后,接通气体并接入阳极和阴极插口。
4. 观察电流计指针的变化,改变气室的量和反应温度之后,仔细观察指针有无变化。
5. 对各种参数改变之后电流值的变化作详细的记录。总结影响熔融碳酸盐燃料电池工作效率的主要参数,并对其做一具体的分析和归纳。

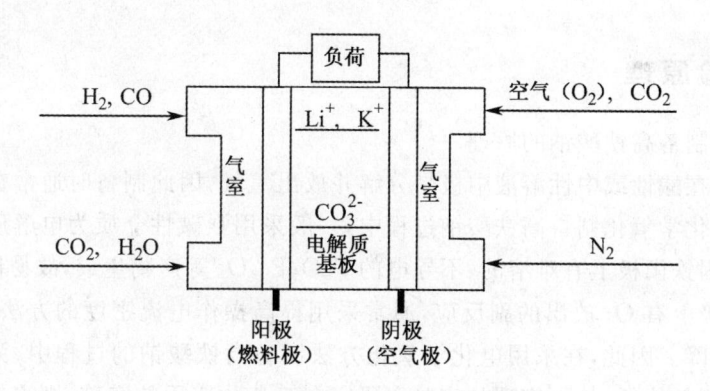

图 I-13　熔融碳酸盐燃料电池示意图

思考题

1. 从实验结果可以得知影响熔融碳酸盐燃料电池工作效率的主要原因是什么？
2. 请比较常规的方法，能否用其他方法来制备此类电池？请举例说明。
3. 要想提高熔融碳酸盐燃料电池的工作效率，需注意哪些关键步骤？

参考文献

林维明．燃料电池系统．北京：化学工业出版社，1996，78～89

(莫尊理)

实验 22　超声作用下电解法合成高铁酸钠

一、实验目的

1. 了解电解池的基本组成及工作原理。
2. 学习以金属铁为起始原料，在碱性溶液中利用电化学法合成高铁酸钠的方法。

二、预习要求

1. 学习电化学合成法的基本原理。
2. 了解高铁酸钠的基本性质及用途。

三、实验原理

1. 电解法制备高铁酸钠的原理

高铁酸盐在酸性或中性溶液中极易分解并放出氧气,因此制备时通常在强碱性介质中进行。在电化学氧化制备高铁酸钠过程中,一般采用强碱性介质为电解质,铁为阳极。在该过程中,因铁阳极上有难溶的、不导电的 FeO、Fe_2O_3 等产物生成,故易使电极钝化而失活,同时阳极上有 O_2 放出的副反应,通常采用提高操作电流密度的方法,但又会使过程电流效率下降。因此,在采用电化学氧化方法制备高铁酸钠的过程中,为了使反应能够正常进行,降低能耗,从而实现从实验室研究向工业化应用的突破,则需要提高过程反应速率和电流效率,这是关键。

在电化学法制取高铁酸钠过程中,以 NaOH 溶液为电解液,铁为阳极,不锈钢为阴极,其基本原理为:

阳极反应:$Fe + 8OH^- \longrightarrow FeO_4^{2-} + 4H_2O + 6e^-$

阴极反应:$2H_2O \longrightarrow H_2\uparrow + 2OH^- - 2e^-$

总反应:$Fe + 2OH^- + 2H_2O \Longrightarrow FeO_4^{2-} + 3H_2\uparrow$

该过程中影响过程速率的主要因素有电极的组成和结构、电解液的碱浓度、操作电流密度及系统温度等。

2. 超声的应用机理

超声应用于电化学过程的机理可归功于超声产生的空化效应及其随后的微射流作用。超声在电解法制取高铁酸钠过程中的应用,其机理就是利用声冲击流、声空化的非线性效应,促进固液界面的表面更新,从而加快过程传递速率。

(1) 以铁作阳极,因可生成不导电的铁氧化物而使电解过程中电压升高,电解过程难以顺利进行,利用超声的冲击流作用清洗电极,可从根本上解决电极失活和电极导电性问题,以降低能耗。

(2) 在阳极生成 FeO_4^{2-} 的同时有 O_2 放出的副反应,利用超声的脱气作用,解决提高反应速率和提高电流效率间存在的矛盾。

(3) 当 Fe(Ⅵ) 溶液中存在 Fe^{3+} 和 Fe^{2+} 离子时,能加速 Fe(Ⅵ) 的分解,而采用超声强化传质的方法可使溶液中低价铁在电极上迅速氧化生成高铁酸盐,将电极附近生成的 Fe(Ⅵ) 及时传递到溶液中,减少 Fe(Ⅵ) 的分解,提高过程的电流效率。

四、仪器、药品及材料

仪器:超声波清洗器,HPD1A 型恒电位仪(延吉市永恒电化学仪器厂),HYLA 型系列恒压/恒流源(延吉市永恒电化学仪器厂),3086XY 记录仪(四川仪表四厂),TU1800SPC 型紫外可见分光光度计(北京普析通用仪器有限责任公司),隔膜电解槽(自制)。

药品:7.0 cm×5.5 cm 的纯铁板和不锈钢板,Nafion TM 350 阳离子膜,NaOH(12 mol·L^{-1})。

材料:砂纸。

五、实验内容

1. 实验前准备

如图 I-14 所示,组装实验装置。超声波清洗器的超声频率为 20 kHz,功率为 500 W。实验时将电解槽浸入超声槽中,通过控制超声波清洗器的开启和关闭,在体系温度为20 ℃～50 ℃,电流密度为 500～2000 A·m^{-2},充电电压为 1.92～1.83 V 的条件下电解反应 2～3 h。

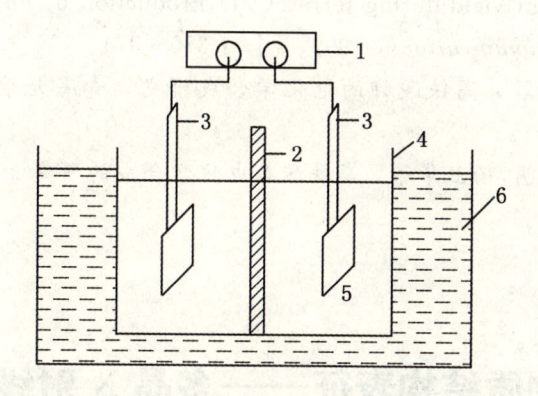

图 I-14 电解法制备高铁酸钠的实验装置示意图
1.恒电位仪;2.隔膜;3.电极;4.电解槽;5.氢氧化钠溶液;6.超声槽

2. 稳态极化曲线的测定

在三电极体系中,以铁丝为研究电极,铂为辅助电极,饱和甘汞电极为参比电极,采用稳态极化技术测定电化学氧化铁电极制备高铁酸钠的极化曲线。

3. 高铁酸钠溶液的制备

将浓度为 12 mol·L^{-1} 的 NaOH 溶液分别置于隔膜电解槽的阳极室与阴极室,电解槽置于恒温超声槽中。分别采用 7.0 cm×5.5 cm 的纯铁板和不锈钢板作阳极和阴极,使用之前铁电极用不同型号的砂纸打磨至光亮,以除去表面氧化层。采用 HYLA 型系列恒压/恒流源进行恒流电解,间隔一定时间取样分析阳极液中高铁酸钠溶液的浓度。

4. 高铁酸钠溶液浓度的分析

采用紫外可见分光光度计测定电解液中高铁酸钠溶液的浓度,选择 505 nm 作为高铁酸钠的定量吸收波长。由高铁酸钠溶液的吸光度与其浓度关系的标准曲线可计算得到高铁酸钠溶液的浓度。

5. 高铁酸钠分解反应速率的测定

将电解制得的一定浓度的高铁酸钠溶液移入烧瓶中,并置于一定温度的恒温槽中,

每隔一段时间取出烧瓶中的少量样品,用紫外可见分光光度计测定其吸光度以此来表征体系中高铁酸钠溶液浓度的变化,从而获得不同温度下高铁酸钠的分解反应速率。

思考题

1. 除电解法外,举出其他制备高铁酸盐的方法。
2. 能否在酸性介质中制备出高铁酸盐?为什么?

参考文献

[1] Karel Bouzek, Martin J Schmidt, Anthony A Wragg. Influence of electrolyte composition on current yield during ferrate(VI) Production by anodic iron dissolution. *Electrochemistry Communications*,1999,(Ⅰ):370~374

[2] 任彦蓉,陈建军. 高铁酸钾的电化学合成研究. 青海大学学报(自然科学版),2004,22(3):5~7

[3] 许家驹,王建明,杨卫华等. 高铁酸盐电化学合成的研究. 电化学,2004,10(1):87~93

(莫尊理)

实验 23　物质结构表征——多晶 X 射线衍射(XRD)

一、实验目的

了解多晶 X 射线衍射分析(XRD)方法及应用。

二、预习要求

1. 预习教材第 1 章第 1 节,掌握粉末多晶 X 射线衍射法的原理和实验方法。
2. 学习利用衍射图谱进行物质的物相分析表征,并初步掌握索引和与标准图谱数据比较的使用。

三、实验原理

见第 1 章 1.1。

X 射线物相分析给出的结果,不是试样的化学成分,而是由各种元素组成的具有固定结构的物相。物相鉴定的依据是衍射线方向和衍射强度,在衍射图谱上即为衍射峰的位置及峰高,通常用 d(晶面间距表征衍射线位置)和 I(衍射线相对强度)的数据代表衍射花样。定性相分析方法是将由试样测得的 $d-I$ 数据组与已知结构物质的标准 $d-I$ 数据组(PDF卡片)进行对比,以鉴定出试样中存在的物相。通常,我们只要辨认出样品的粉末衍射图谱分别和哪些已知晶体的粉末衍射图"相关",我们就可以判定该样品是由哪些晶体混合组成的。这里的"相关"包括两层含义:(1)样品的图中能找到组成物相对应出现的衍射峰,而且实验的 d 值和相对应的已知 d 值在实验误差范围内一致;(2)各衍射线相对强度在顺序原则上也应该是一致的。

四、仪器及药品

仪器:XD-3多晶X射线衍射仪,玛瑙研钵及研杵,平板玻璃(试样板),药匙,A4打印纸。

药品:(均为分析纯试剂)蓝色晶体——五水硫酸铜晶体;白色粉末(两份,标记为B,C)——金红石型二氧化钛和钛矿型二氧化钛。(五水硫酸铜晶体:可将基本实验4的产品,经重结晶后使用)

五、实验内容

1. 样品准备(参考附注中样品的制备方法)

蓝色晶体A,白色粉末样品B,C(备注:只有教师知道A,B,C样品是何种物质)

2. XD-3衍射仪操作(参考附注中操作规程)

(1)打开冷却循环水电源。

(2)打开计算机电源。

(3)合上仪器主机总电源,打开测量系统电源开关,检查条件参数是否正常。

(4)接通X射线发生器电源。

(5)开启操作软件。

(6)放置样品。

(7)利用"叠扫"菜单采集衍射图数据。

(8)关闭X射线高压电源,关闭测量系统电源,在关闭高压系统5 min后才能关闭自动控温冷却循环水系统装置。

3. 数据处理(参阅XD98X射线衍射分析系统)

根据采集的衍射图数据,与XD98X射线衍射分析系统数据进行对照,辨认出样品的粉末衍射图谱分别和哪些已知晶体的粉末衍射图"相关"。

实验结果:根据数据处理结果,即可判断出A,B,C是哪种物质及何种晶型。

4. 定性相分析

一般要经过以下步骤:

(1)获得衍射花样:衍射仪法。

(2)计算晶面的间距 d 值和测定相对强度 I/I_1 值(I_1 为最强线的强度):定性相分析以 $2\theta<90°$ 的衍射线为主要依据。

(3)检索 PDF 卡片:人工检索或计算机检索。

(4)最后判定:判定唯一准确的 PDF 卡片。

计算机自动检索主要由建立数据文件库和检索匹配两部分组成:建立检索匹配;数据文件库。

思考题

1. 用衍射图鉴定物质及其物相的理论依据是什么?
2. 实验中如何进行图谱分析?

参考文献

[1]周公度,段连运编.结构化学基础(第 2 版).北京:北京大学出版社,1995

[2]胡林彦,张庆军,沈毅.X 射线衍射分析的实验方法及其应用.河北理工学院学报,2004,26(3):83~86,93

[3]孙文胜.X 射线衍射数据处理过程中的参数确定方法.鞍山师范学院学报,2002,2(3):61~63

[4]任强,武秀兰,吴建鹏.XRD 在无极材料结晶度测定中的应用.陶瓷科学与工艺,2003,(3),18~20

[5]周玉,武高辉编著.材料分析测试技术——材料 X 射线衍射与电子显微分析.哈尔滨:哈尔滨工业大学出版社,2000

[6]刘粤惠,刘平安编著.X 射线衍射分析原理与应用.北京:化学工业出版社,2003

[7]祁景玉主编.X 射线结构分析.上海:同济大学出版社,2003

[8]滕凤恩等主编.X 射线结构分析与材料性能表征.北京:科学出版社,1997

[9](美)伯廷(E. P. BERTIN)著.X 射线光谱分析的原理和应用.北京:国防工业出版社,1983

附 注

1. 注意事项

• X 射线是具有强大能量的光,有很强的穿透性,对人体有害,它又是肉眼看不见,没有任何感觉的光,所以操作者必须十分小心。

• 认真阅读"XD-3 衍射仪操作规程",仔细操作。

2. 样品的制备

准备衍射仪用的样品试片一般包括两个步骤:首先,需把样品研磨成适合衍射实验用的粉末;然后,把样品粉末制成有一个十分平整平面的试片。整个过程以及之后安装试片、记录衍射谱图的整个过程，都不允许样品的组成及其物理化学性质有所变化。确保采样的代表性和样品成分的可靠性，衍射数据才有意义。

对样品粉末粒度的要求，任何一种粉末衍射技术都要求样品是十分细小的粉末颗粒，使试样在受光照的体积中有足够多数目的晶粒。要测量到良好的衍射线，晶粒亦不宜过细，对于粉末衍射仪，适宜的晶粒大小应在 $0.1 \sim 10\ \mu m$ 的数量级范围内。

制样技巧：粉末衍射仪要求样品试片的表面是十分平整的平面，粉末样品的制备，虽然很多固体样品本身已处于微晶状态，但通常却是较粗糙的粉末颗粒或是较大的集结块，更多数的固体样品则是具有或大或小晶粒的结晶或者是可以辨认出外形的粗晶粒，因此实验时一般需要先加工成适用的细粉末，最常用的方法是研磨和过筛，只有当样品是十分细的粉末，手摸无颗粒感，才可以认为晶粒的大小已符合要求。

"压片法"：先把衍射仪所附的制样框用胶纸固定在平滑的玻璃片上（如镜面玻璃、显微镜载玻片等），然后把样品粉末尽可能均匀地洒入（最好是用细筛子—360目筛入）制样框的窗口中，再用小抹刀的刀口轻轻剁紧，使粉末在窗孔内摊匀堆好，然后用小抹刀把粉末轻轻压紧，最后用保险刀片（或载玻片的断口）把多余凸出的粉末削去，然后小心地把制样框从玻璃平面上拿起，便能得到一个很平的样品粉末的平面。

"涂片法"：所需的样品量最少，把粉末撒在一片大小约 $25mm \times 35mm \times 1\ mm$ 的显微镜载片上（撒粉的位置要相当于制样框窗孔位置），然后加上足够量的丙酮或酒精（假如样品在其中不溶解），使粉末成为薄层浆液状，均匀地涂布开来，粉末的量只需能够形成一个单颗粒层的厚度就可以，待丙酮蒸发后，粉末黏附在玻璃片上，可供衍射仪使用，若样品试片需要永久保存，可滴上一滴稀的胶黏剂。

3. XD-3 衍射仪操作规程

(1) 开机前准备：设备开机前必须接通冷却水，并检查冷却水流量（$\geqslant 3.5\ L \cdot min^{-1}$），嗡鸣器将响起，高压将不能开启（"X 射线开"按键失效）。

(2) 打开主计算机（奔腾 586）。主计算机一定要先于前级控制机打开。

(3) 接通 X 射线发生器电源。

(4) 前级控制机通电。

(5) 开启 X 射线管高压（开启高压后，X 光管将产生射线，请注意射线防护）。kV，mA 表显示 36 kV，20mA。

(6) 放置样品。根据样品制作规范，制好样品，将其插入样品台。

(7) 开始测量

① 点击 LJ2D 图标开始测量。LJ2D 起动后，测角仪将自动执行一次"校读"，计算机"校读"完成后，应检查测角仪刻度盘刻线所指示位置是否正确。

② 利用叠扫菜单采集衍射图数据（见图Ⅰ-15）。

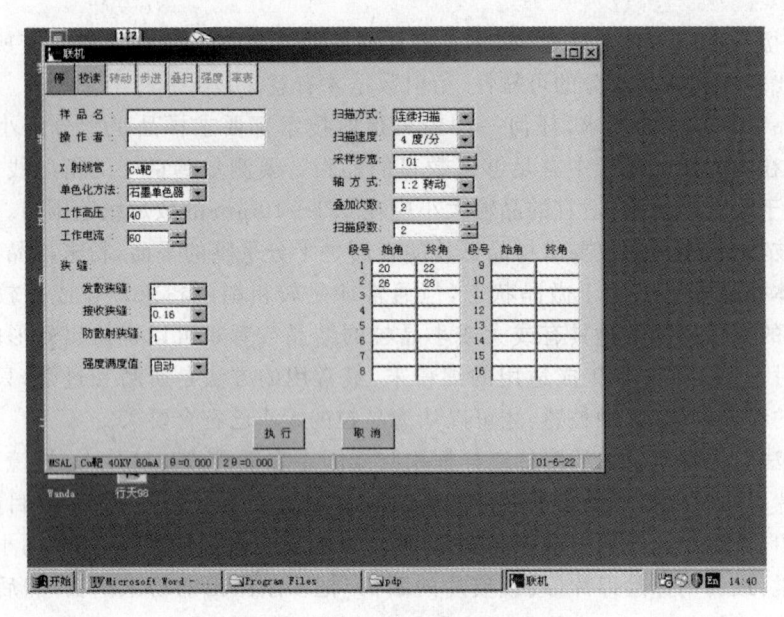

图Ⅰ-15　XD-3叠扫采集衍射图

(8)关机顺序

①关闭X射线高压电源

• 关闭高压电源时,应首先将kV,mA档交替地降至最低档(15 kV,6 mA),按下"X射线关"按键,关闭高压。

• 关闭高压后,关断"电源通断"开关。

②关闭测量系统

应首先关闭测量系统检测器高压开关,然后关断测量系统电源开关。

③关断前级控制机电源开关。

④在关闭高压5 min后,关闭X射线管冷却循环水。

4. XD98 X射线衍射分析系统

开始画面——→处理文件——→文件管理窗口。

从这里开始,单击文件管理图标 XD98 的开始画面如图Ⅰ-16,当鼠标位于左上角时,便会弹出如图左上角所示的有三个按键工具条。进入后的窗口如图Ⅰ-17。选择"处理目的"("寻峰"、"求面积"、"减背景"、"图谱对比"等)之后,用鼠标双击您所选中的文件就可以开始相应的处理了。

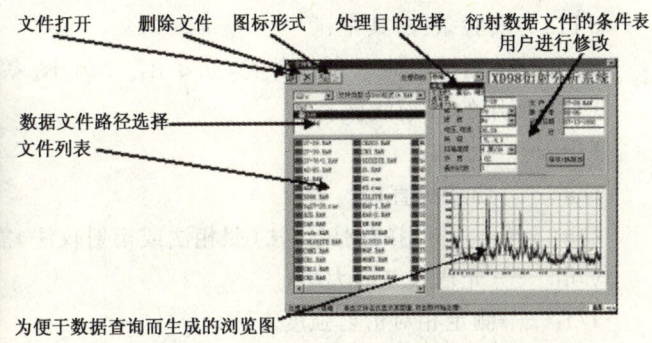

图Ⅰ-16 文件管理图标　　　　　图Ⅰ-17 文件管理窗口

5. 图谱分析检索(X射线粉末衍射卡片说明)

PDF除d,I和密勒指数h,k,l外,还包括一些其他数据。早期PDF卡片印刷在一张7.6 cm×12.7 cm的卡片上,至今PDF的格式、所包括的内容信息均有不少变化。为了便于说明,可将PDF卡片(如表Ⅰ-4)分为10个区,并对各区的所含的内容和信息分别加以介绍:

表Ⅰ-4 粉末衍射卡片示例

d	1a	1b	1c	1d	7		8		
I/I_1	2a	2b	2c	2d					
Rad.	λ		Filter		$d(A)$	I/I_1	hkl	$d(A)$	I/I_2	hkl
Dia.	Cut. off		Coll.						
I/I_1			dCorr. Abs. ?	3					
Ref.						9			9
Sys.			S.G.						
a_0	b_0······c_0······A		C	4					
α	β	γ	Z	D_x					
Ref.									
$\varepsilon\alpha$	$n\omega\beta$	$\varepsilon\gamma$	Sign						
2V	D_x	m.p.	Color	5					
Ref.									
				6					

1区:1a,1b,1c三栏分别为衍射图中衍射强度第1,2,3的三条衍射线对应的面间距。1d为最大面间距。

2区:2a,2b,2c为对应于上述各衍射的相对强度I/I_1,最强的衍射线的强度定为100。

3区：为实验条件，其中：

Rad.——测试用的X射线种类，如CuK_α，Mo，K_α等；

λ——所用的X射线波长；

Filter——滤波片；

Dia.——照相机直径；

Cut. off——所用的测试方法（照相法或衍射仪法）能测量得到的最大面间距；

Coll.——光栏狭缝的大小；

I/I_1——测定相对衍射强度方法；

dCorr. Abs. ?——d值是否经过吸收校正；

Ref.——参考文献。

4区：为样品的晶体学数据，各个符号分别表示：

Sys.——样品所属晶系；

S. G.——空间群；

a_0,b_0,c_0——晶胞参数；$A=a_0/b_0$，$C=c_0/b_0$；

α,β,γ——晶轴之间夹角；

Z——单位晶胞中化学式单位数目；

Ref.——参考文献。

5区：为样品的某些物理性质：

$\varepsilon\alpha$，$n\omega\beta$，$\varepsilon\gamma$——折射率；

Sign——光学性质的正角；

$2V$——光学夹角；

D_x——用X射线测定的晶体密度（D则为用其他方法测定的密度）；

m. p.——熔点；

Color——肉眼或在显微镜下观察到的样品颜色；

Ref.——参考文献。

6区：为样品来源、制备方法、化学分析数据、升华点(s. p.)、分解温度(r. p.)、转变点(t. p.)、收录衍射图温度等有关资料。

7区：是化学式和英文名称。

8区：是矿物学名称或结构式。右上角标记符号为☆表示数据的可靠性很高；O表示数据可靠性较低；i表示已指标化，可靠性介于前两者之间；C表示衍射数据从理论计算获得。

9区：

d表示与各衍射线相对应的晶面间距；

I/I_1表示与各衍射线相对应的相对强度；

hkl表示与各晶面相对应的衍射指标。

有些数据之后还有一些符号注解，其代表的意义分别为：

b——宽化,模糊或弥散的线;

d——双线;

n——并非所有的射线源能给出的线;

n_c——不能用所设晶胞来估计的线;

n_i——不能用所设晶胞进行指标化的线;

n_p——所给定的空间群不允许的指标;

β——由于存在线的重叠而使强度不能确定;

t_r——痕量(非常弱的线);

t——另外可能的指标。

10区:是PDF卡片编号。如11-208,"11"为集号,"208"为卡片在11集中的顺序号。

(李青)

Ⅱ 综合实验

综合1 硫代硫酸钠的制备及纯度分析

一、实验目的

1. 了解用 Na_2SO_3 和 S 制备硫代硫酸钠的方法及其最优条件。
2. 学习溶液 pH 值的检查、恒温电磁加热搅拌器的使用以及过滤、蒸发、结晶等实验操作。

二、预习要求

1. 认真阅读实验原理。
2. 了解所使用实验药品的相关性质。

三、实验原理

硫代硫酸钠又名大苏打、海波,化学式为 $Na_2S_2O_3 \cdot 5H_2O$。无色透明的单斜晶体,味清凉而微苦,相对密度为 1.667。易溶于水,100 ℃时的溶解度为 231 g。水溶液呈弱碱性,不溶于醇。空气中易潮解。具有强烈的还原性,在酸性溶液中分解。纺织工业用它消除漂白织物后残余的有效氯,医药工业用作洗涤、消毒、褪色等。

硫代硫酸根中硫的氧化值为+2,本实验利用亚硫酸与硫磺粉共煮制备硫代硫酸钠,其反应式为:

$$Na_2SO_3 + S + 5H_2O \longrightarrow Na_2S_2O_3 \cdot 5H_2O$$

定性鉴别:用 $AgNO_3$ 检查判断反应。若加入 $AgNO_3$,先产生白色沉淀,而后颜色不断加深,最后变为黑色,反应式如下:

$$Na_2S_2O_3 + AgNO_3 \longrightarrow Ag_2S_2O_3 \downarrow (白色沉淀)$$

$$Ag_2S_2O_3 + H_2O \longrightarrow Ag_2S \downarrow (黑色沉淀) + H_2SO_4$$

定量测定:以微量氧化还原滴定法测定产品中硫代硫酸钠的含量。用标准碘溶液来测定硫代硫酸盐的含量。反应式为：
$$2S_2O_3^{2-}+I_2 = S_4O_6^{2-}+2I^-$$

切记：用标准碘溶液来测定硫代硫酸盐的含量前，先要加中性甲醛溶液。

硫代硫酸钠含量的计算：

$$硫代硫酸钠含量(\%) = \frac{V \cdot c \times 0.2483}{G} \times 100\%$$

其中，V 为碘标准液用量(mL)；c 为碘标准液的浓度($mol \cdot L^{-1}$)；G 为样品的质量(g)；0.2483 为每毫摩尔硫代硫酸钠的质量(g)。

四、仪器及药品

仪器：三颈瓶(500 mL)(或烧杯)，球形冷凝管，量筒，减压过滤装置，表面皿，滴定管，锥形瓶(25 mL)，蒸发皿，托盘天平，分析天平，温度计，恒温电磁加热搅拌器。

药品：硫磺，亚硫酸钠，醋酸，$AgNO_3$ 溶液($0.1\ mol \cdot L^{-1}$)，I_2 标准溶液($0.05\ mol \cdot L^{-1}$)，淀粉溶液(0.5%)，中性甲醛溶液(40%)(配制方法：40%的甲醛溶液中滴加 2 滴酚酞，然后滴加 $2\ g \cdot L^{-1}$ NaOH 溶液至刚成微红色)。

五、实验内容

1. 硫代硫酸钠的制备

方法一：

(1)将 500 mL 三颈瓶安装固定于恒温电磁加热搅拌器上，三颈分别与球形冷凝管、温度计、尾气吸收瓶相连。

(2)首先向三颈瓶中加入一定量的亚硫酸钠溶液、硫磺(用酒精浸湿)，并加热至沸腾，用氢氧化钠溶液控制溶液的 pH 值。最佳反应条件为：亚硫酸钠与硫磺质量比为 7∶2；亚硫酸钠与水的质量比为 1∶1；溶液 pH=10；在沸腾状态下反应 30 min。

(3)将制得的硫代硫酸钠溶液过滤，蒸发溶剂至饱和溶液，用醋酸调节溶液至中性或弱碱性，冷却结晶，离心甩干得到硫代硫酸钠结晶。若纯度达不到要求，可进行重结晶。

方法二：

称取 2 g 硫粉，研碎后置于 100 mL 烧杯中，加 1 mL 乙醇使其润湿，再加入 6 g Na_2SO_3 固体和 30 mL 水，加热混合物并不断搅拌。待溶液沸腾后改用小火加热，继续搅拌并保持微沸状态不少于 40 min，直至仅剩下少许硫粉悬浮在溶液中(此时溶液体积不要少于 20 mL，如太少，可在反应过程中适当补加些水，以保持溶液体积为 20 mL 左右)。趁热过滤，将滤液转移至蒸发皿中，水浴加热，蒸发滤液直至溶液呈微黄色浑浊为止。冷却至室温(若室温较高，用冰水浴冷却)，即有大量晶体析出(如冷却时间较长而无晶体析出，可搅拌或投入一粒 $Na_2S_2O_3$ 晶体以促使晶体析出)。减压过滤，并用少量乙醇洗涤晶体，抽干后，再用吸水纸吸干。称量，计算产率。

2. 产品的鉴定

(1)定性鉴别。取少量产品加水溶解,加入过量的 0.1 mol·L^{-1} AgNO$_3$ 溶液,观察颜色变化。

(2)定量测定产品含量。称取 1 g 产物于 25 mL 锥形瓶中,加入 20 mL 去离子水溶解,加入 5 mL 中性甲醛溶液,以 0.1 mol·L^{-1} 碘标准液滴定近终点时,加 3 滴淀粉指示剂,继续滴定至溶液呈现蓝色,30 s 内不消失为终点。

(3)计算硫代硫酸钠的含量。

思考题

1. 为提高硫代硫酸钠的产率,在实验中应注意哪些问题?
2. 在用标准碘溶液来测定硫代硫酸盐的含量前,为什么要先加中性甲醛溶液?

参考文献

[1] 彭广兰,陶导先. 简明无机化学实验. 北京:高等教育出版社,1991

[2] 李首代,李佳,王颖等. 微型实验在无机化学制备中的应用. 天津化工. 2004,18(1):57~58

[3] 邱万山,段树斌. 硫代硫酸钠合成条件的优化. 辽宁化工. 2003,32(2):54~55

[4] 南京大学《无机及分析化学实验》编写组. 无机及分析化学实验(第3版). 北京:高等教育出版社,1999

(莫尊理)

综合 2　过氧化钙的制备及含量测定

一、实验目的

1. 了解过氧化钙的制备原理和方法。
2. 练习无机化合物制备的一些操作。
3. 学习量气法的基本操作。

二、预习要求

预习教材相关内容,查阅相关材料了解氧化钙的其他制备方法。

三、实验原理

本实验以大理石、过氧化氢为原料,制备过氧化钙。大理石的主要成分是碳酸钙,还含有其他金属离子(铁、镁等)及不溶性杂质。首先制取纯的碳酸钙固体,再将碳酸钙溶于适量的盐酸中,在低温和碱性条件下,与过氧化氢反应制得过氧化钙。

$$CaCO_3 + 2HCl = CaCl_2 + CO_2\uparrow + H_2O$$
$$CaCl_2 + H_2O_2 + 2NH_3 \cdot H_2O + 6H_2O = CaO_2 \cdot 8H_2O + 2NH_4Cl$$

从溶液中制得的过氧化钙含有结晶水,其结晶水的含量随制备方法不同而有所变化,最高可达 8 个结晶水,含结晶水的过氧化钙呈白色,在 100 ℃下脱水生成米黄色的无水过氧化钙。加热至 350 ℃左右,过氧化钙迅速分解,生成氧化钙,并放出氧气。反应方程式为:

$$2CaO_2 \xrightarrow{350\ ℃} 2CaO + O_2\uparrow$$

实验中采用量气法测定过氧化钙含量。称取一定量的无水过氧化钙,加热使之完全分解,并在一定温度和压力下,测量放出的氧气体积,根据反应方程式和理想气体状态方程式计算产品中过氧化钙的含量。

四、仪器及药品

仪器:水浴,烧杯,表面皿,量气装置,干燥装置,抽滤瓶。
药品:$(NH_4)_2CO_3$(s),$NH_3 \cdot H_2O$(浓,$6\ mol \cdot L^{-1}$),HCl($6\ mol \cdot L^{-1}$),H_2O_2(6%)。

五、实验内容

1. 制取纯的碳酸钙

称取 5 g 大理石溶于 20 mL $6\ mol \cdot L^{-1}$ 的盐酸溶液中,反应减慢后,将溶液加热至 60 ℃~80 ℃,待反应完全,加 50 mL 水稀释,往稀释后的溶液中滴加 2~3 mL 6%的 H_2O_2 溶液,并用 $6\ mol \cdot L^{-1}$ 的氨水调节溶液的 pH 值至弱碱性,以除去杂质铁,再将溶液用小火煮沸数分钟,趁热过滤。另取 7.5 g 碳酸铵固体,溶于 35 mL 水中,在不断搅拌下,将其慢慢加入到上述热的滤液中,同时加入 5 mL 浓氨水,搅拌均匀后,放置,过滤,以倾析法用热水将沉淀物洗涤数次后抽干。

2. 过氧化钙的制备

将以上制得的碳酸钙置于烧杯中,逐滴加入 $6\ mol \cdot L^{-1}$ 的盐酸,直至烧杯中仅剩余极少量的碳酸钙固体为止,将溶液加热煮沸,趁热过滤除去未溶的碳酸钙。

待溶液充分冷却后,在剧烈搅拌下将氯化钙溶液逐滴滴入 6%过氧化氢和 $6\ mol \cdot L^{-1}$ 氨水溶液中(滴加时溶液仍置于冰水浴内)。滴加完后,继续在冰水内放置半小时,观察白色的过氧化钙晶体的生成,抽滤,用少量冰水洗涤 2~3 次,将晶体抽干。将抽干后的过氧化钙晶体放在表面皿上,于烘箱内在 105 ℃下烘 1 h,最后取出冷却,称重,计算产率。

将产品转入干燥的小烧杯中,放于干燥器,备用。

3. 过氧化钙的定性检验

取少量自制的过氧化钙固体于试管中,加热。将带有余烬的卫生香或火柴伸入试管,观察实验现象,判断是否为过氧化钙。

4. 过氧化钙含量的测定

将量气管与水准管用橡皮管连接,旋转量气管上方的三通活塞,使量气管与大气相通,向水准管内注入水,并将水准管上下移动,以除去橡皮管内的空气。

精确称取 0.20 g(精确到 0.01 g)无水过氧化钙加入试管中,转动试管使过氧化钙在试管内均匀铺成薄层。把试管连接到量气管上,塞紧橡皮塞。测试前需检查系统是否漏气,先旋转三通活塞,将量气管通向大气,提高水准管,使量气管内液面升至接近顶端处,再旋转三通活塞,将量气管通向试管,然后将量气管向下移动一段距离,使两管内的液面高度保持较大差距。固定水准管位置,观察量气管内液面是否有变化,如果数分钟后液面保持不变,表示系统不漏气。旋转活塞,使量气管通向大气,调整量气管内液面读数在 1~2 mL 之间,再旋转活塞使量气管通向试管,并与水准管的液面相平,记下量气管内液面的初读数。

用小火缓缓加热试管,过氧化钙逐渐分解放出氧气,量气管内的液面随即下降,为了避免系统内外压差太大,水准管也应相应地向下移动,待过氧化钙大部分分解后,加大火焰,使之完全分解,然后停止加热。当试管完全冷却后,使量气管与水准管的液面相平,记下量气管内液面的终读数,并记录实验时的温度和大气压力。计算出产品中过氧化钙的百分含量。

注意事项:

(1)注意三通活塞的使用,防止它在实验过程中自动旋转。

(2)注意水准管中加入水的量。

思考题

1. 大理石中一般都含有少量的铁、锰等重金属,如果不提纯,对过氧化钙的制备有何影响?

2. 在碳酸钙纯化过程中,前后两次将溶液加热煮沸,其目的分别是什么?

3. 将本实验制备过氧化钙的方法与其他碱土金属和碱金属过氧化物的制备方法相比较。

参考文献

[1] 王尊本主编. 综合化学实验. 北京:科学出版社,2003

[2] 浙江大学普通化学教研组编. 普通化学实验. 北京:高等教育出版社,1990

(赵建茹)

综合 3　从废定影液中提取金属银并制取硝酸银

一、实验目的

1. 巩固无机制备的操作技能与综合分析能力。
2. 学习从废定影液中回收金属银并制取硝酸银的方法。

二、预习要求

预习无机化学中银及其化合物的性质。

三、实验原理

工业与实验室的废液中贵金属含量都较低，需要经过富集，然后再提取、纯化。一般提取银可能有以下 4 种途径：

(1) 含银废液直接用还原剂还原 Ag。
(2) 含银废液中加入 Na_2S 后产生 Ag_2S 沉淀，将 Ag_2S 加热至 1000 ℃时可得银。
(3) 将含银废液转化为 AgCl 沉淀后，再加氨水得银氨溶液，加还原剂后制得 Ag。
(4) 含银废液可用有机萃取剂萃取富集后还原为银。

废定影液中银主要是以 $Ag(S_2O_3)_2^{3-}$ 形式存在，则富集时一般可加入 Na_2S 后产生 Ag_2S 沉淀。

$$2Na_3[Ag(S_2O_3)_2] + Na_2S = Ag_2S\downarrow + 4Na_2S_2O_3$$

经沉淀分离后，$Na_2S_2O_3$ 仍可作定影液使用，沉淀可经灼烧分解为 Ag。为了降低灼烧温度，可加 Na_2CO_3 与少量硼砂为助熔剂。将制得的银溶解在 1∶1 的 HNO_3 溶液中，蒸发、干燥即可得 $AgNO_3$。$AgNO_3$ 的纯度可以用佛尔哈得沉淀滴定法测定。

四、仪器及药品

仪器：烧杯，酒精灯，蒸发皿，瓷坩埚，托盘天平，吸滤瓶及漏斗，研钵，温度计，锥形瓶。

药品：$Na_2CO_3(s)$，$Na_2B_4O_7 \cdot 10H_2O(s)$，NaCl(G.R.)，NaOH(6 mol·L^{-1})，废定影液，$Pb(Ac)_2$(0.1 mol·L^{-1})，NH_4SCN(0.1 mol·L^{-1}标准溶液)，Na_2S(2 mol·L^{-1})，HCl(6 mol·L^{-1})，HNO_3(1∶1)，铁铵矾指示剂，无水酒精。

材料：$Pb(Ac)_2$ 试纸。

五、实验内容

1. 金属银的提取

取 500~600 mL 废定影液置于 1000 mL 烧杯中,加热至 30 ℃左右,用 6 mol·L^{-1} NaOH 调节溶液的 pH≈8。在不断搅拌下,加入 2 mol·L^{-1} Na$_2$S 至 Ag$_2$S 沉淀生成。用 Pb(Ac)$_2$ 试纸检查清液,当试纸变黑时,说明 Ag$_2$S 沉淀完全。用倾析法分离上层清液,将 Ag$_2$S 转移到 250 mL 烧杯中,用热水洗涤数次至无 S 为止。抽滤并将 Ag$_2$S 沉淀转移至蒸发皿内,小火烘干,冷却,称量。按 Ag$_2$S∶Na$_2$CO$_3$∶Na$_2$B$_4$O$_7$·10H$_2$O = 3∶2∶1比例,称取 Na$_2$CO$_3$ 和 Na$_2$B$_4$O$_7$·10H$_2$O 并与 Ag$_2$S 混合,研细后置于瓷坩埚中,在高温炉中灼烧 1 h,小心取出坩埚,迅速将熔化的银倒出,冷却,然后在 6 mol·L^{-1} HCl 中煮沸,除去黏附在金属表面上的盐类,干燥,称量。

2. 硝酸银的制备

将制得的银溶解在 1∶1 的 HNO$_3$ 溶液中,在蒸发皿中缓慢加热蒸发,浓缩,冷却后过滤,用少量酒精洗涤,干燥即可得 AgNO$_3$,称量。

3. 硝酸银含量的测定

准确称取 AgNO$_3$ 产品 0.5 g(精确至 0.1 mg)于锥形瓶中,加水溶解,加 1∶1 的 HNO$_3$ 5 mL,铁铵矾指示剂 1 mL,用 0.1 mol·L^{-1} NH$_4$SCN 标准溶液滴定,直至出现稳定的淡红色,即为终点。依据 NH$_4$SCN 标准溶液的用量,可计算出 AgNO$_3$ 的含量。

表Ⅱ-1 数据与结果

废定影液体积/mL	废定影液 pH 值	NaOH 溶液/mL	Ag$_2$S/g	Na$_2$CO$_3$/g	Na$_2$B$_4$O$_7$/g	银块重/g

思考题

1. 能否直接用 Ag$_2$S 来制取 AgNO$_3$?
2. 测定 AgNO$_3$ 含量的方法有几种?可否用莫尔法测定?

参考文献

[1] 北京师范大学,华中师范大学,南京师范大学. 无机化学(第 4 版). 北京:高等教育出版社,2003

[2] 周其镇,方国女,樊行雪. 大学基础化学实验. 北京:化学工业出版社,2000

[3] 吴泳. 大学化学新体系实验. 北京:科学出版社,1999

(康桃英)

综合4 重铬酸钾的制备和产品含量的测定

一、实验目的

1. 了解由铬铁矿制备重铬酸钾的原理。
2. 进一步理解有关铬的化合物的性质。
3. 练习和巩固熔融、浸取、结晶、重结晶等操作。
4. 运用容量分析方法测定产品含量。

二、预习要求

预习有关铬的化合物的性质和熔融、浸取、结晶、重结晶等操作。

三、实验原理

铬铁矿是生产重铬酸钾的主要原料。它的主要成分是 $FeO \cdot Cr_2O_3$ 或 $Fe(CrO_2)_2$,其中铬铁矿含有 Cr_2O_3 40%左右,除铁外还含有硅、铝、镁和钙等杂质。铬铁矿在碱性介质中易被氧化,可采用 Na_2CO_3 作为介质,在空气中高温熔融生成可溶于水的六价铬酸盐。

$$4FeO \cdot Cr_2O_3 + 8Na_2CO_3 + 7O_2 \xrightarrow{熔融} 8Na_2CrO_4 + 2Fe_2O_3 + 8CO_2$$

在实验室中为了降低熔点,常加入 NaOH 做助熔剂,以便在较低温度下(800 ℃ 以下),实现上述反应,并加入少量 Na_2O_2(或 $NaNO_3$ 或 $KClO_3$)作氧化剂加速其氧化。还可加入少量白云石粉作填充剂,以减少矿粉在液态 Na_2CO_3 中结块,有利于矿粉氧化和熔融物浸取。

$$6FeO \cdot Cr_2O_3 + 12Na_2CO_3 + 7KClO_3 == 12Na_2CrO_4 + 3Fe_2O_3 + 12CO_2 \uparrow + 7KCl$$

用水浸取熔融物时,大部分铁以 $Fe(OH)_3$ 形式留于残渣中,可过滤除去。将滤液调至 pH=7~8,$Fe(OH)_3$ 和硅酸等析出。过滤除去沉淀,再将滤液酸化,可得重铬酸盐。

$$2CrO_4^{2-} + 2H^+ == Cr_2O_7^{2-} + H_2O$$

加入 KCl,使 $Na_2Cr_2O_7$ 和 KCl 发生复分解生成 $K_2Cr_2O_7$:

$$Na_2Cr_2O_7 + 2KCl == K_2Cr_2O_7 + 2NaCl$$

温度对氯化钠的溶解度影响很小,但对 $K_2Cr_2O_7$ 的溶解度影响较大,所以将溶液浓缩后,冷却,则有 $K_2Cr_2O_7$ 晶体析出,氯化钠仍留在溶液中。

四、仪器及药品

仪器：铁坩埚,铁棒,烧杯,酒精喷灯,蒸发皿,托盘天平,水浴锅,普通漏斗,抽滤装置,碘量瓶,移液管(25 mL),容量瓶(250 mL),碱式滴定管(50 mL)。

药品：铬铁矿粉(100目),Na_2O_2(s),NaOH(s),Na_2CO_3(s),KCl(s),$KClO_3$(s),KI(s),冰醋酸,H_2SO_4(2 mol·L^{-1},6 mol·L^{-1}),$Na_2S_2O_3$标准溶液(0.1000 mol·L^{-1}),无水乙醇,淀粉指示剂(0.2%)。

材料：滤纸,pH试纸。

五、实验内容

1. 重铬酸钾的制备

(1) 氧化灼烧

称取铬铁矿粉 6.0 g 与氯酸钾 4 g 在研钵中混合均匀。取 Na_2CO_3 和 NaOH 各 4.5 g 于铁坩埚中混匀后,先用小火熔融,再将矿粉分 3~4 次加入坩埚中并不断搅拌。加完矿粉后,逐渐升温至 850 ℃左右,灼烧 30~35 min,稍冷。将坩埚置于冷水中骤冷一下,以便浸取。

(2) 浸取

用少量去离子水于坩埚中加热至沸,将溶液倾入 100 mL 烧杯内,再往坩埚中加水煮沸。如此 3~4 次即可取出熔块。将全部熔块与溶液一起煮沸 15 min(并不断搅拌),稍冷后抽滤,残渣用去离子水 10 mL 洗涤,控制溶液和洗涤液为 40 mL 左右,弃去残渣。

(3) 中和除铝

将滤液用 6 mol·L^{-1} H_2SO_4 溶液调至 pH 为 7~8。加热至沸,再煮沸 3 min 后,趁热抽滤,残渣用少量去离子水洗涤后弃去。

(4) 复分解和结晶

将得到的滤液转移至蒸发皿中,用 2 mol·L^{-1} H_2SO_4 调节溶液 pH≈5,再加入 KCl 1.0 g,置于水浴上加热,将溶液蒸发至表面有少量晶体析出时,冷却至 20 ℃,即有 $K_2Cr_2O_7$ 结晶析出。抽滤,用滤纸吸干晶体,称重。

(5) 重结晶

将粗的重铬酸钾溶于去离子水中(按 $K_2Cr_2O_7$∶H_2O=1∶1.5),加热使其溶解,浓缩,冷却结晶,抽滤,晶体用少量去离子水洗涤一次,在 40 ℃~50 ℃烘干产品,称重。

2. 产品含量的测定

准确称取试样 2.5 g 溶于 250 mL 容量瓶中,用移液管吸取 25.00 mL 该溶液放入 250 mL 碘量瓶中,加入 10 mL 2.0 mol·L^{-1} H_2SO_4 和 2.0 g 碘化钾,放于暗处 5 min,然后加入 100 mL 水,用 0.1000 mol·L^{-1} $Na_2S_2O_3$ 标准溶液滴定至溶液变成黄绿色,然后加入 3 mL 淀粉指示剂,再继续滴定至蓝色褪去并呈亮绿色为止。由 $Na_2S_2O_3$ 标准溶液的浓度和用量计算出产品含量。

思考题

1. 什么是熔融、浸取？
2. 中和除铝,为何调节 pH 为 7～8,过高或过低有什么影响？
3. 重铬酸钾和氯化钠均为可溶性盐,怎样利用不同温度下溶解度的差异使它们分离？

附 注

如实验中没有铬铁矿,可用三氧化二铬代替,制备重铬酸钾。

参考文献

[1] 袁书玉. 无机化学实验. 北京:清华大学出版社,1996
[2] 中山大学等. 无机化学实验. 北京:高等教育出版社,1992
[3] 大连理工大学无机化学教研室编. 无机化学实验(第2版). 辽宁:大连理工大学出版社,1990

（康桃英　胡小莉）

综合 5　配合物的离子交换树脂分离和鉴定

一、实验目的

1. 学习离子交换树脂分离的一般原理。
2. 掌握用离子交换树脂分离配合物离子的基本操作方法。

二、预习要求

了解离子交换树脂分离配合物离子的基本操作方法。

三、实验原理

离子交换树脂分离是最常用的化学分离方法之一。特别对于那些性质很相似或含量很低的元素,离子交换树脂的应用尤为重要。

离子交换树脂是一种高分子聚合物,它是苯乙烯和二乙烯苯等单体聚合而成的高分

子聚合物母体,然后引入可交换的活性基团。根据活性基团性质的不同可以分为阳离子交换树脂和阴离子交换树脂两大类;根据交换基团酸碱性的强弱,又可分为强酸型、弱酸型、强碱型、弱碱型等类型。

本实验所用的阳离子交换树脂,其结构如图Ⅱ-1所示:整个树脂可用简式$RSO_3^-H^+$表示。

离子交换树脂的性质与它的交换性能有着密切的关系。树脂颗粒的大小对树脂的交换能力、水通过树脂层的压力降以及交换和淋洗时树脂的流失都有很大的影响。树脂颗粒小,总面积大,有利于交换,但颗粒过细,树脂层的压力降大,淋洗时的流失也大。所以颗粒大小的选择需视分离程度的要求而定。在能达到所要求分离程度的前提下,颗粒尽可能选择大些,这样有利于操作并能提高效率。用

图Ⅱ-1 阳离子交换树脂结构

于分离的树脂颗粒一般为60～100目。树脂的交联度对交换性能也有影响,交联度是表示树脂结构中交联程度的大小,是指树脂中的乙烯苯的质量分数。交联度大,树脂网眼就小,对交换反应选择性好,但达到平衡的时间增加,目前生产上采用的聚苯乙烯型树脂的交联度一般是8%～10%。树脂的交换性能和分离效果还与具体的操作条件有关,淋洗速度直接影响树脂的交换性能和分离效果,淋洗速度慢,交换反应进行得完全,分离效果好。但速度太慢,离子向其他方向扩散的机会增加,反而降低分离效果。适当的淋洗速度主要是通过实践来确定。离子交换柱的柱长的直径之比对分离效果也有影响。一般说,柱长和直径比越大,分离效果越好,但柱长太长,直径太小,则会增加吸附层的厚度,使阻力增大,淋洗速度变慢,并增加淋洗液的消耗。实践证明,分离柱的柱长与直径之比一般为20左右。另外,如淋洗液的浓度、操作温度等对树脂的交换性能和分离效果也有一定的影响。

若含有阳离子M^+的溶液通过上述树脂$RSO_3^-H^+$时,M^+对树脂RSO_3^-有一定的亲合力,并将置换H^+离子,置换的程度取决于M^+的性质及其浓度。可用以下的平衡式来表示:

$$RSO_3^-H^+ + M^+ \rightleftharpoons RSO_3M + H^+$$

对于任何给定的M^+,都有一个特定的平衡常数,而平衡位置将由溶液中M^+和H^+的相对浓度来决定。如果溶液中的H^+浓度低,M^+就将在最大程度上与SO_3^-基团结合,增加H^+浓度,就可将树脂中结合的M^+置换出来。对于不同的阳离子M_1^+和M_2^+来说,与树脂亲合力较弱的阳离子M_1^+,可在H^+浓度相对低时被置换,而为了置换与树脂亲合力较强的M_2^+则要求较高的H^+浓度。

本实验中要分离的配合物离子是$[Cr(H_2O)_4Cl_2]^+$,$[Cr(H_2O)_5Cl]^{2+}$,$[Cr(H_2O)_6]^{3+}$。在$CrCl_3·6H_2O$的弱酸性溶液中,由于始终存在着Cr^{3+}的水合作用,因此,在溶液中会存在$[Cr(H_2O)_4Cl_2]^+$,$[Cr(H_2O)_5Cl]^{2+}$,$[Cr(H_2O)_6]^{3+}$配合物离子,其相对数量决定于溶液的放置时间和温度。当含有这三种配合物离子的弱酸性溶液

$(2\times10^{-3}$ mol·L^{-1}HClO$_4$)通过RSO$_3^-$H$^+$树脂的交换柱时,三种配合物离子都将牢固地吸附在树脂上,如果用 0.1 mol·L^{-1}HClO$_4$ 的酸溶液通过交换柱时,则与树脂结合最弱的[Cr(H$_2$O)$_4$Cl$_2$]$^+$被淋洗下来,如将 H$^+$浓度增加至 1.0 mol·L^{-1}HClO$_4$ 的酸溶液通过交换柱时[Cr(H$_2$O)$_5$Cl]$^{2+}$被淋洗下来,最后用 3.0 mol·L^{-1}HClO$_4$ 酸溶液可把与树脂结合得最牢固的[Cr(H$_2$O)$_6$]$^{3+}$淋洗下来,这样可分离得到三种配合物离子,分别测定这三种配合物离子溶液的紫外-可见光谱进行鉴定。并确定各配合物离子的含量。

四、仪器及药品

仪器:紫外-可见分光光度计,烧杯(100 mL)4 个,玻璃交换柱(0.5 cm×15 cm)4 支,容量瓶(50 mL,100 mL)各 4 个,刻度移液管(10 mL)1 支。

药品:CrCl$_3$·6H$_2$O(s),732 树脂,HClO$_4$(70%),HCl(3 mol·L^{-1})。

材料:广泛 pH 试纸。

五、实验内容

1. 树脂的预处理和装柱

(1)树脂的预处理

将市售的树脂用水洗涤多次,除去可溶性杂质,然后用蒸馏水浸泡几小时,使其充分溶胀,再用蒸馏水洗二次,随后用 5 倍树脂体积的 3 mol·L^{-1}HCl 浸泡半天,并不断搅拌,使树脂转为 H$^+$型。最后用水洗去余下的酸,一直洗到使洗涤水的 pH 约为 3,树脂就可使用。

(2)装柱

将处理好的树脂和蒸馏水一起慢慢地装入交换柱中,在树脂间不要有空隙和气泡,也不能让树脂干涸,以免影响交换效率,一共装有 20~25 mL 树脂。

2. 溶液的配制

(1)淋洗液的配制

量取一定量高氯酸(70%)分别配制 0.1 mol·L^{-1},1.0 mol·L^{-1},3.0 mol·L^{-1} 的高氯酸溶液各 100 mL。

(2)三氯化铬溶液的配制

称取一定量 CrCl$_3$·6H$_2$O,加入一定量的高氯酸,配制成为 100 mL 含铬为 0.35 mol·L^{-1}、含 HClO$_4$ 为 0.002 mol·L^{-1} 的溶液。本溶液即为 0.35 mol·L^{-1}[Cr(H$_2$O)$_4$Cl$_2$]$^+$溶液。

3. 不同电荷铬配离子溶液的制备及其紫外-可见光谱测定

[Cr(H$_2$O)$_4$Cl$_2$]$^+$溶液:将 5 mL 0.35 mol·L^{-1}[Cr(H$_2$O)$_4$Cl$_2$]$^+$溶液加入到离子交换柱中,然后排出多余的溶液直至和树脂高度相同。向柱内加入 0.1 mol·L^{-1}HClO$_4$ 淋洗[Cr(H$_2$O)$_4$Cl$_2$]$^+$配离子,淋洗速度约为每秒 2 滴,当流出液出现绿色时开始收集在

II 综合实验

50 mL 容量瓶中,至流出液绿色消失为止。用 0.1 mol·L^{-1} HClO$_4$ 溶液稀释到刻度,立即测定其紫外-可见光谱。用 1 cm 比色皿,在 350~700 nm 波长进行测定。

[Cr(H$_2$O)$_5$Cl]$^{2+}$ 溶液:[Cr(H$_2$O)$_4$Cl$_2$]$^+$ 溶液在加热时会大量转化为[Cr(H$_2$O)$_5$Cl]$^{2+}$,将 5 mL 0.35 mol·L^{-1} 的 [Cr(H$_2$O)$_4$Cl$_2$]$^+$ 溶液在 50 ℃~60 ℃ 的水浴中放置 2~3 min,立即把此溶液加入到交换柱中,排出多余溶液直到其高度与树脂相同,用 0.1 mol·L^{-1} HClO$_4$ 淋洗除去可能未转化的[Cr(H$_2$O)$_4$Cl$_2$]$^+$,然后用 1.0 mol·L^{-1} HClO$_4$ 淋洗所需要的[Cr(H$_2$O)$_5$Cl]$^{2+}$,用同样的方法收集淋洗液并测定[Cr(H$_2$O)$_5$Cl]$^{2+}$ 的紫外-可见光谱。

[Cr(H$_2$O)$_6$]$^{3+}$ 溶液:将 5 mL [Cr(H$_2$O)$_4$Cl$_2$]$^+$ 溶液加热,使其沸腾 5 min,冷却到室温后加入到交换柱中,排出多余溶液直到其高度与树脂高度相同,先用 1.0 mol·L^{-1} HClO$_4$ 淋洗除去可能未转化的 [Cr(H$_2$O)$_4$Cl$_2$]$^+$ 或 [Cr(H$_2$O)$_5$Cl]$^{2+}$,然后用 3.0 mol·L^{-1} HClO$_4$ 淋洗 [Cr(H$_2$O)$_5$Cl]$^{2+}$,用同样的方法收集蓝色淋洗液并测定 [Cr(H$_2$O)$_6$]$^{3+}$ 的紫外-可见光谱。

4.三氯化铬溶液中不同配合物离子的分离和鉴定

将 10 mL 放置若干小时的 CrCl$_3$·6H$_2$O 溶液加入到交换柱中,当排出多余溶液直到其高度与树脂高度相同时,先用 0.1 mol·L^{-1} HClO$_4$ 淋洗交换柱,与 3 同样方法接受绿色溶液,立即测定其紫外-可见光谱;接着用 1.0 mol·L^{-1} HClO$_4$ 淋洗交换柱,用同样方法接收绿色溶液,立即测定其紫外-可见光谱;最后用 3.0 mol·L^{-1} HClO$_4$ 淋洗交换柱,同样接收蓝色淋洗液,测定其紫外-可见光谱。

5.实验结果和数据处理

(1)由各配合物离子的紫外-可见光谱,确定其特征吸收峰波长 λ 和摩尔吸光系数 ε_m:

[Cr(H$_2$O)$_4$Cl$_2$]$^+$:λ _____,ε_m _____;

[Cr(H$_2$O)$_5$Cl]$^{2+}$:λ _____,ε_m _____;

[Cr(H$_2$O)$_6$]$^{3+}$:λ _____,ε_m _____。

(2)由三氯化铬溶液的离子交换淋洗液的紫外-可见光谱确定其配离子种类及其相对含量。

思考题

1.为什么用高氯酸而不用盐酸来淋洗交换柱中的 Cr(III) 配合物离子?

2.试从配合物离子可见光谱中吸收峰位置的变化来说明 Cl$^-$ 和 H$_2$O 的相对配体场强度。

参考文献

吴勇主编. 大学化学新体系实验. 北京:科学出版社,1999

(柴雅琴)

综合6　配合物键合异构体的制备及红外光谱的测定

一、实验目的

1. 通过[CO(NH$_3$)$_5$NO$_2$]Cl$_2$和[CO(NH$_3$)$_5$ONO]Cl$_2$的制备,了解配合物键合异构现象。
2. 利用红外光谱图鉴别这两种不同的键合异构体。

二、预习要求

1. 熟悉键合异构体的制备方法,复习本实验中涉及的基本操作。
2. 了解用红外光谱法鉴别键合异构体的方法。

三、实验原理

配合物的键合异构体是由同一个配体,通过不同配位原子与中心原子配位而形成的多种配合物,称为配合物的键合异构体。例如,[Co(NH$_3$)$_5$NO$_2$]$^{2+}$和[Co(NH$_3$)$_5$ONO]$^{2+}$就显示出键合异构现象。当亚硝酸根离子通过氮原子与中心离子配位时称为硝基配合物,当亚硝酸离子通过氧原子与中心离子配位时称为亚硝基配合物。同样[Cr(H$_2$O)$_5$SCN]$^{2+}$和[Cr(H$_2$O)$_5$NCS]$^{2+}$,前者称为硫氰酸配合物,后者称为异硫氰酸配合物。

红外光谱是测定配合物键合异构体的最有效方法。每一个基团都有它自己的特征频率,基团的特征频率是受其原子的质量和力常数等因素影响的。可用下式表示:

$$\nu = \frac{1}{2}\pi(k/\mu)^{1/2}$$

式中,ν为频率,k为基团的化学键力常数,μ为基团中成键原子的折合质量。

由上式可知,基团的力常数越大,折合质量越小,则基团的特征频率就越高。反之,基团的特征频率就越低。

当基团与金属离子形成配合物时,由于配位键的形成,不仅引起了金属离子与配位原子间的振动(这种振动称为配合物的骨架振动),而且还影响了配位体中原来基团的特征频率。配合物的骨架振动,直接反映了配位键的特性和强度,这样就可以通过骨架振动的测定来直接研究配合物的配位键性质。但是,由于配合物的中心原子一般质量都比较大,而且配位键的力常数较小,因此这种配位键的振动频率将出现在200~500 cm^{-1}的低频区,这对研究配位键带来很大的困难。目前通常利用由于配合物的形成而影响配体基团的特征频率的变化来进行研究。配合物的形成,改变了配体的对称性和配体中某些

原子的电子密度,同时还可能引起配位构型的变化,这些都能引起配体特征频率的变化。这种变化主要表现在以下三个方面:

(1)吸引谱带的位置发生变化;

(2)相应吸引谱带的强度发生变化;

(3)吸引带的分裂。

要对上述这些变化作出确切的解释是困难的,实际上,常常把新的配合物光谱和含有同样配体的已知配合物光谱作比较,然后再作判别。

研究配合物的振动光谱可对配合物的形成、结构、对称性和稳定性提供有价值的信息,可以用来研究配合物中的键合异构、顺反异构、配位体桥和反配位体作用等。

区别硝基和亚硝酸根时,配合物的振动光谱是很有用的。亚硝酸根离子本身具有低的对称性(C_{2v}),它的三个振动方式,对称的 N—O 伸缩振动 ν_s、反对称的 N—O 伸缩振动 ν_{as} 和变形(变曲)振动 δ,全部是红外活性的。因此红外光谱带的数目不会因为配位作用而改变,必须依赖于频率的位移来解释。δ 振动对于配位的几何构型相当不灵敏,但是 ν_s 和 ν_{as} 的特征位移常常能够可靠地区别硝基和亚硝酸根结构。对于硝基配合物两个频率是相似的,ν_s 为 $1300 \sim 1340$ cm^{-1},ν_{as} 为 $1360 \sim 1430$ cm^{-1},这与在硝基中的两个 N—O 键序相符合。亚硝酸根配合物两个 $\nu_{(NO_2)}$ 被分开,$\nu_{(N=O)}$ 和 $\nu_{(NO)}$ 分别在 $1400 \sim 1500$ cm^{-1} 和 $1000 \sim 1100$ cm^{-1}。硝基和亚硝酸根配位之间的差别可根据这一点进行判别。

四、仪器及药品

仪器:红外分光光度计,烧杯,量筒,水浴,烧杯。

固体药品:NH_4Cl,$CoCl_2 \cdot 6H_2O(s)$,$NaNO_2(s)$。

液体药品:H_2O_2(30%),$NH_3 \cdot H_2O$(浓,2 mol·L^{-1}),HCl(4 mol·L^{-1})。

五、实验内容

1. [Co(NH$_3$)$_5$Cl]Cl$_2$ 的制备

利用基本实验中实验 13 的产品。

2. 键合异构体(Ⅰ)的制备

在 15 mL 2 mol·L^{-1}氨水中溶解 1 g [Co(NH$_3$)$_5$Cl]Cl$_2$,在水浴上加热使其全部溶解,过滤除去不溶物。滤液冷却后用 4 mol·L^{-1}盐酸酸化到 pH 为 3~4,加放 1.5 g 亚硝酸钠,温和加热使其生成棕黄色沉淀。在冰水中冷却,滤出棕黄色晶体,以无水乙醇洗涤,风干。

3. 键合异构体(Ⅱ)的制备

在 20 mL 水和 7 mL 浓氨水的混合液中溶解 1 g [Co(NH$_3$)$_5$Cl]Cl$_2$,温和加热使其溶解。以 4 mol·L^{-1}盐酸中和至溶液 pH 为 4~5,冷却后加入 1 g NaNO$_2$,搅拌使其溶解逐渐生成橙红色沉淀,在冰水中冷却。过滤得橙红色晶体,用冰冷的水和无水乙醇洗涤,风干。橙红色异构体对光和热不稳定,逐渐转变为稳定的黄色异构体,必须测定新制备样品的红外光谱。

4. 键合异构体红外光谱的测试

在 250~4000 cm^{-1} 范围内摄取上述新鲜制备的两种异构体的红外光谱。

二氯化亚硝酸五氨合钴[Co(NH$_3$)$_5$ONO]Cl$_2$ 不稳定,易转变为二氯化硝基五氨合钴[Co(NH$_3$)$_5$NO$_2$]Cl$_2$。因此,必须将新制的样品马上摄取红外光谱。为了说明异构体(Ⅱ)的不稳定性,可将该异构体放于保干器中保存数日,然后观察其颜色变化,并摄取红外光谱,并与新鲜制品的谱图进行比较。

思考题

1. 两个异构体在分子对称性上有何差异?如何根据对称性的差异预言两者的图谱的各自特点?
2. 如何识别上述两个配合物中配体 NH$_3$ 的特征吸收?
3. 异构体(Ⅱ)(亚硝酸根配合物)放置数天后所测得的红外光谱与新鲜制备时测得的图谱有何区别?这一差别有何实际应用意义?
4. 常见的能产生键合异构现象的配位体还有哪些?试举例说明。
5. 在测得的两种异构体的红外光谱图上,标识并解释谱图的主要特征吸收峰。
6. 根据两种异构体的红外光谱,确认哪个是以氮配位的硝基配合物,哪个是以氧配位的亚硝酸根配合物。

参考文献

王伯康,钱文浙等编. 中级无机化学实验. 北京:高等教育出版社,1984

(谷名学　柴雅琴)

综合 7　乙酰二茂铁的制备

一、实验目的

1. 掌握利用 Friedel-Crafts 酰化反应制备非苯芳酮乙酰二茂铁的原理和方法。
2. 巩固重结晶法纯化有机化合物的操作技能。

二、预习要求

1. 熟悉 Friedel-Crafts 酰化反应原理。

2. 熟悉重结晶提纯化合物法。

三、实验原理

二茂铁具有类似苯的一些芳香性，比苯更容易发生亲电取代反应，例如 Friedel-Crafts 反应：

$$\text{二茂铁} \xrightarrow[\text{磷酸}]{(CH_3CO)_2O} \text{一乙酰二茂铁} \xrightarrow[\text{磷酸}]{(CH_3CO)_2O} 1,1'\text{-二乙酰二茂铁}$$

二茂铁的反应通常需在隔绝空气下进行，酰化时由于催化剂和反应条件不同，可得到一乙酰二茂铁或 1,1'-二乙酰二茂铁。

四、仪器及药品

仪器：圆底烧瓶(100 mL)，滴管，干燥管，烧杯(500 mL)，沸水浴装置。
试剂：二茂铁(s)，碳酸氢钠(s)，乙酸酐，磷酸(85%)，石油醚(60 ℃～90 ℃)。

五、实验步骤

1. 投料

在 100 mL 圆底烧瓶中，加入 1 g 二茂铁和 10 mL 乙酸酐，在振荡下用滴管慢慢加入 2 mL 85% 的磷酸。

2. 反应加热

投料完毕，用装有无水氯化钙的干燥管塞住瓶口，在沸水浴上加热 15 min，并不时加以振荡。

3. 化合物分离

将反应化合物倾入盛有 40 g 碎冰的 500 mL 烧杯中，并用 10 mL 冷水刷洗烧瓶，将刷洗液并入烧杯。在搅拌下，分批加入固体碳酸氢钠，到溶液呈中性为止。将中和后的反应化合物置于冰浴中冷却 15 min，抽滤收集析出的橙黄色固体，每次用 50 mL 冰水刷洗刷两次，压干后在空气中干燥。

4. 产物纯化

将干燥后的粗产物用石油醚（60 ℃～90 ℃）重结晶，产物约 0.3 g，熔点 84 ℃～85 ℃。

实验注意事项：

(1)药品加入顺序为二茂铁、乙酸酐、磷酸，不可颠倒。

(2)滴加磷酸时一定要在振摇下用滴管慢慢加入。

(3)烧瓶要干燥，反应时应用干燥管，避免空气中的水进入烧瓶内。

(4)用碳酸氢钠中和粗产物时，应小心操作，防止因加入过快使产物逸出。应严格进行重结晶及减压过滤操作。

(5)中和时因逸出大量二氧化碳，出现激烈鼓泡，应小心操作。最好用 pH 试纸检验溶液的酸碱性，但如果反应混合物色泽较深用 pH 试纸有困难时，可以加碳酸氢钠至气泡消失作为中和反应完成的判断标准。

(6)乙酰二茂铁在水中有一定的溶解度，用冰量不可太多，洗涤时应该用冰水，洗涤次数及用水量也切忌过多。

思考题

1. 为什么合成乙酰二茂铁时其装置要用干燥管进行保护？

2. 二茂铁比苯更容易发生亲电取代，为什么不能用混酸进行硝化？

3. 二茂铁酰化时形成二酰基二茂铁时，第二个酰基为什么不能进入第一个酰基所在的环上？

参考文献

[1] 王伯康. 新编中级无机化学实验. 南京：南京大学出版社，1998

[2] 王清廉，沈凤嘉. 有机化学实验（第 2 版）. 北京：高等教育出版社，1994

(莫尊理)

综合8 三草酸合铁(Ⅲ)酸钾的系列实验

实验(1) 三草酸合铁(Ⅲ)酸钾的制备及组成测定

一、实验目的

1. 掌握配合物的制备,定性、定量化学分析的基本原理和操作技术。
2. 掌握确定化合物化学式的基本原理和方法。
3. 巩固容量分析等基本操作。

二、预习要求

1. 复习关于配合物的基础知识及容量分析等基本操作内容。
2. 思考下列问题:
(1) 本实验中影响三草酸合铁(Ⅲ)酸钾产量的主要因素有哪些?
(2) 三草酸合铁(Ⅲ)酸钾见光易分解,应如何保存?

三、实验原理

1. 三草酸合铁(Ⅲ)酸钾的制备

三草酸合铁(Ⅲ)酸钾($K_3[Fe(C_2O_4)_3] \cdot 3H_2O$)为翠绿色的单斜晶体,易溶于水(溶解度:0 ℃,4.7 g/100 g;100 ℃,117.7 g/100 g),难溶于乙醇。110 ℃时可失去全部结晶水,230 ℃时分解。该配合物极易感光,室温受光照射即分解变为黄色:

$$2K_3[Fe(C_2O_4)_3] \Longrightarrow 2FeC_2O_4 + 3K_2C_2O_4 + 2CO_2\uparrow$$

因其具有光敏性,常用作化学光量计。其合成方法较多,本实验方法之一是以硫酸亚铁铵为原料,与草酸在酸性溶液中先制得草酸亚铁沉淀,然后再用草酸亚铁在草酸钾和草酸的存在下,以过氧化氢为氧化剂,得到铁(Ⅲ)草酸配合物。主要反应为:

$$(NH_4)_2Fe(SO_4)_2 \cdot 6H_2O + H_2C_2O_4 + 2H_2O \Longrightarrow FeC_2O_4 \cdot 2H_2O\downarrow + (NH_4)_2SO_4 + H_2SO_4 + 6H_2O$$

$$2FeC_2O_4 \cdot 2H_2O + H_2O_2 + 3K_2C_2O_4 + H_2C_2O_4 \Longrightarrow 2K_3[Fe(C_2O_4)_3] \cdot 3H_2O + H_2O$$

本实验方法之二是以铁(Ⅱ)盐为起始原料,通过氧化还原、沉淀、酸碱、配位反应多步转化,最后制得三草酸合铁(Ⅲ)酸钾 $K_3[Fe(C_2O_4)_3] \cdot 3H_2O$ 配合物。主要反应式为:

$$Fe(OH)_3 + 3KHC_2O_4 \Longrightarrow K_3[Fe(C_2O_4)_3] + 3H_2O$$

加入乙醇改变溶剂极性,即可析出纯的绿色三草酸合铁(Ⅲ)酸钾单斜晶体。

2. 三草酸合铁(Ⅲ)酸钾的组分分析

利用如下的分析方法可测定该配合物各组分的含量,通过推算便可确定其化学式。

(1)用重量分析法测定结晶水含量

将一定产物在110 ℃下干燥,根据失重的情况即可计算出结晶水的含量。

(2)用高锰酸钾法测定草酸根含量

$C_2O_4^{2-}$ 在酸性介质中可被 MnO_4^- 定量氧化:

$$5C_2O_4^{2-} + 2MnO_4^- + 16H^+ = 2Mn^{2+} + 10CO_2\uparrow + 8H_2O$$

用已知浓度的 $KMnO_4$ 标准溶液滴定 $C_2O_4^{2-}$,由消耗 $KMnO_4$ 的量,便可计算出 $C_2O_4^{2-}$ 含量。

(3)用高锰酸钾法测定铁含量

先用 Zn 粉将 Fe^{3+} 还原为 Fe^{2+},然后用 $KMnO_4$ 标准溶液滴定 Fe^{2+}:

$$5Fe^{2+} + MnO_4^- + 8H^+ = Mn^{2+} + 5Fe^{3+} + 4H_2O$$

由消耗 $KMnO_4$ 的量,便可计算出 Fe^{2+} 含量。

(4)确定钾含量

配合物减去结晶水,$C_2O_4^{2-}$,Fe^{3+} 的含量后即为 K^+ 的含量。

四、仪器及药品

仪器:烧杯,量筒,漏斗,抽滤瓶,布氏漏斗,蒸发皿,表面皿。

药品:摩尔盐(s),草酸钾(s),氢氧化钾(s),草酸(s,0.5 mol·L^{-1}),Zn 粉,H_2O_2(30%,6%),H_2SO_4(3 mol·L^{-1}),氨水(6 mol·L^{-1}),$BaCl_2$(0.1 mol·L^{-1}),$K_3[Fe(CN)_6]$(0.1 mol·L^{-1}),$KMnO_4$ 标准溶液(0.05 mol·L^{-1}),乙醇(95%)。

五、实验内容

1. 三草酸合铁(Ⅲ)酸钾的制备

方法一:

(1)制备 $FeC_2O_4·2H_2O$

称取基本实验 4 自制的 $(NH_4)_2SO_4·FeSO_4·6H_2O$ 5.0 g,加数滴 3 mol·L^{-1} H_2SO_4(防止该固体溶于水时水解),另称取 1.7 g $H_2C_2O_4·2H_2O$,将它们分别用蒸馏水溶解(根据反应物与产物的溶解度确定水的用量),如有不溶物,应过滤除去。将两溶液徐徐混合,加热至沸,同时不断搅拌以免暴沸,维持微沸约 4 min 后停止加热。取少量清液于试管中,煮沸,根据是否还有沉淀产生判断是否还需要加热。证实反应基本完全后,将溶液静置,待 $FeC_2O_4·2H_2O$ 充分沉降后,用倾析法弃去上层清液,用热蒸馏水少量多次地将 $FeC_2O_4·2H_2O$ 洗净,洗净的标准是洗涤液中检验不到 SO_4^{2-}(检验 SO_4^{2-} 时,如何消除 $C_2O_4^{2-}$ 的干扰?)。

(2) 制备 $K_3[Fe(C_2O_4)_3] \cdot 3H_2O$

称 3.5 g $K_2C_2O_4 \cdot H_2O$，加 10 mL 蒸馏水，微热使它溶解，将所得 $K_2C_2O_4$ 溶液加到已洗净的 $FeC_2O_4 \cdot 2H_2O$ 中。将盛有混合物的容器置于 40 ℃ 左右的热水中，用滴管慢慢加入 8 mL 6% H_2O_2 溶液，边加边充分搅拌，在生成 $K_3[Fe(C_2O_4)_3]$ 的同时，有 $Fe(OH)_3$ 沉淀生成。加完 H_2O_2 后，取一滴所得悬浊液于点滴板凹穴中，加一滴 $K_3[Fe(CN)_6]$ 溶液，如果出现蓝色，说明还有 Fe(Ⅱ)，需再加入 H_2O_2，至检验不到 Fe(Ⅱ) 为止。

证实 Fe(Ⅱ) 已被氧化完全后，将溶液加热至沸（加热过程要充分搅拌），先一次加入 6 mL 0.5 mol·L^{-1} $H_2C_2O_4$ 溶液，在保持微沸的情况下，继续滴加 0.5 mol·L^{-1} $H_2C_2O_4$，至溶液完全变为透明的绿色。记录所用 $H_2C_2O_4$ 溶液的量。

(3) 用溶剂替换法析出结晶

往所得的透明绿色溶液中加入 95% 乙醇（以不出现沉淀为度，约 10 mL 左右），将一小段棉线悬挂在溶液中，棉线可固定在一段比烧杯口径稍大的塑料条上。将烧杯盖好，在暗处放置数小时后，即有 $K_3[Fe(C_2O_4)_3] \cdot 3H_2O$ 晶体析出。减压过滤，往晶体上滴少量 95% 乙醇洗涤后继续抽干，称重，计算产率。

方法二：

(1) 制备 $Fe(OH)_3$

称 5 g 摩尔盐（基本实验 4 的产品）放入 250 mL 水中，加热溶解。加入 5 mL 30% 过氧化氢，搅拌，微热，溶液变为棕红色并有少量棕色沉淀生成（是什么产物？为什么？）。往此烧杯中再加入 6 mol·L^{-1} 氨水（按计算量过量 50%）至溶液中，使氢氧化铁沉淀完全，直接加热，不断搅拌，煮沸后静置，倾去上层清液。在留下的沉淀中加入 100 mL 水，进行同样操作洗涤沉淀，然后进行抽滤。再用 50 mL 热水洗沉淀，抽干，得氢氧化铁沉淀。

(2) 制备 $K_3[Fe(C_2O_4)_3] \cdot 3H_2O$

称取 2 g 氢氧化钾和 4 g 草酸溶解在 100 mL 水中，加热使其完全溶解后，在搅动下，将氢氧化铁沉淀加入此溶液中。加热，使氢氧化铁溶解。过滤，除去不溶物，将滤液收集在蒸发皿中[①]，在水浴上浓缩至 20 mL，转移至 50 mL 的烧杯中，用冰水浴冷却，搅拌，便析出翠绿色晶体[②]。将晶体先用少量水洗，后用 95% 乙醇洗，用滤纸吸干。称重。

2. 组分分析

(1) 结晶水含量的测定

洗净两个瓷坩埚（记下编号），在 110 ℃ 电热烘箱中干燥 1 h，置于干燥器中冷却至室温，在分析天平上称量，然后再放到 110 ℃ 电热烘箱中干燥 0.5 h，即重复上述操作：干燥——→冷却——→称量，直至恒重（两次称量相差不超过 0.3 mg）为止。在分析天平上准确称取两份样品（产物）各 0.5~0.6 g，分别放入上述已恒重的两个称量瓶中。在 110 ℃ 电热烘箱中干燥 1 h，然后置于干燥器中冷却至室温，称量。重复上述操作：干燥——→冷却——→称量，直至恒重。根据称量结果计算产物中的结晶水含量。

(2) 草酸根含量的测定

精确称取 0.4900 g 样品 2 份，分别放入 250 mL 锥形瓶中，加入 10 mL 蒸馏水和 5 mL 3 mol·L^{-1} H$_2$SO$_4$，用水浴将锥形瓶溶液加热至70 ℃~80 ℃，用标准 KMnO$_4$ 溶液滴定至试液呈微红色在 30 s 内不消失，记下消耗 KMnO$_4$ 溶液的体积，计算产物中 C$_2$O$_4$$^{2-}$ 含量③。重复滴定 1 次。

(3) 铁离子含量测定

在上述用 KMnO$_4$ 溶液滴定过的溶液中加入 1 g 锌粉（溶液黄色应消失），加热2~3 min 将 Fe^{3+} 离子还原为 Fe^{2+} 离子。减压抽滤除去多余的锌粉，用温水洗涤沉淀 2 次，合并滤液于 250 mL 锥形瓶中，补充 2 mL 3 mol·L^{-1} H$_2$SO$_4$。用标准 KMnO$_4$ 溶液滴定至试液呈微红色，并在 30 s 内不消失，记下消耗 KMnO$_4$ 溶液的体积，计算产物中的铁离子含量④。重复滴定 1 次。

(4) 钾含量确定

由测得 H$_2$O，C$_2$O$_4$$^{2-}$，Fe^{3+} 的含量可计算出 K$^+$ 的含量，并由此确定配合物的化学式。

思考题

1. 影响三草酸合铁(Ⅲ)酸钾产量的主要因素有哪些？
2. 三草酸合铁(Ⅲ)酸钾见光易分解，应如何保存？

参考文献

[1] 中山大学等校编．无机化学实验．北京：高等教育出版社，1992
[2] 古凤才，肖衍繁主编．基础化学实验教程．北京：科学出版社，2000
[3] 刘宝殿主编．化学合成实验．北京：高等教育出版社，2005

（周娅芬　柴雅琴）

---

①控制好反应后 K$_3$[Fe(C$_2$O$_4$)$_3$] 溶液的总体积，以对结晶有利。
②将 K$_3$[Fe(C$_2$O$_4$)$_3$] 溶液转移至一个干净的小烧杯中，再悬挂一根棉线，使结晶在棉线上进行。
③用高锰酸钾滴定 C$_2$O$_4$$^{2-}$ 时，为了加速反应速率需升温至75 ℃~85 ℃，但不能超过85 ℃，否则草酸易分解。滴定完成后保留滴定液，用来测定铁含量。
④加入的还原剂锌粉需过量（为什么？）。滴定前过量的锌粉应过滤除去。过滤是要做到使 Fe^{2+} 定量地转移到滤液中，因此过滤后要对漏斗中的 Zn 粉进行洗涤。洗涤液与滤液合用来滴定。另外，洗涤时不能用水而要用稀硫酸（为什么？）。

实验(2) 三草酸合铁(Ⅲ)酸钾的性质及配阴离子电荷的测定

一、实验目的

1. 用离子交换法测定三草酸合铁(Ⅲ)酸钾配阴离子的电荷数。
2. 了解酸度、浓度等对配位平衡的影响。

二、预习要求

1. 预习配位化合物相关内容,掌握影响配位平衡的因素。
2. 复习离子交换法的有关原理和操作方法。
3. 查阅利用莫尔法测定氯离子含量的资料。

三、实验原理

$K_3[Fe(C_2O_4)_3] \cdot 3H_2O$ 是光敏物质,见光易分解,变为黄色。

$$2K_3[Fe(C_2O_4)_3] \xrightarrow{光} 2FeC_2O_4 + 3K_2C_2O_4 + 2CO_2 \uparrow$$

每一种配离子,在水溶液中均存在配位平衡:

$$Fe^{3+} + 3C_2O_4^{2-} \rightleftharpoons [Fe(C_2O_4)_3]^{3-}$$

$$K_{稳} = \frac{c_{[Fe(C_2O_4)_3]^{3-}}}{c_{Fe^{3+}} \cdot c_{C_2O_4^{2-}}^3} = 2 \times 10^{20}$$

在 $K_3[Fe(C_2O_4)_3]$ 溶液中加入酸、碱、沉淀剂及比 $C_2O_4^{2-}$ 配位能力强的配合剂,将会改变 $C_2O_4^{2-}$ 或 Fe^{3+} 离子的浓度,使配位平衡移动,甚至可使平衡遭到破坏或转化成另一种配合物。

本实验用阴离子交换法测定三草酸合铁(Ⅲ)酸根离子的电荷数。三草酸合铁(Ⅲ)酸钾配溶液通过装有国产 717 型苯乙烯强碱性阴离子交换树脂 RN^+Cl^- 的交换柱,三草酸合铁(Ⅲ)酸钾溶液中的配阴离子 X^{z-} 与阴离子树脂上的 Cl^- 进行交换:

$$zR \equiv N^+Cl^- + X^{z-} \rightleftharpoons (R \equiv N^+)_z X^{z-} + zCl^-$$

只要收集交换出来的含 Cl^- 的溶液,用标准硝酸银溶液滴定(莫尔法),测定氯离子的含量,就可以确定配阴离子的电荷数 z:

$$z = \frac{Cl^- 的物质的量}{配合物的物质的量} = \frac{z_{Cl^-}}{z_{K_3[Fe(C_2O_4)_3] \cdot 3H_2O}}$$

四、仪器及药品

仪器：点滴板，烧杯，试管，分析天平，酸式滴定管，称量瓶，移液管，玻璃管（20 mm×400 mm），容量瓶（100 mL）。

药品：$K_3[Fe(C_2O_4)_3]\cdot 3H_2O(s)$（综合 8 中实验（1）合成的产品），$H_2SO_4$（3 mol·L^{-1}），$CH_3COOH$（6 mol·L^{-1}），氨水（2 mol·L^{-1}），NaOH（2 mol·L^{-1}），$K_3[Fe(CN)_6]$（0.5 mol·L^{-1}），$K_2C_2O_4$（1 mol·L^{-1}），酒石酸氢钠（饱和），$CaCl_2$（0.5 mol·L^{-1}），$FeCl_3$（0.1 mol·L^{-1}），KSCN（1 mol·L^{-1}），Na_2S（0.5 mol·L^{-1}），NH_4F（1 mol·L^{-1}），国产 717 型苯乙烯强碱性阴离子交换树脂，$AgNO_3$（0.1 mol·L^{-1} 标准溶液），K_2CrO_4（5%），NaCl（1 mol·L^{-1}）。

三、实验内容

1. 三草酸合铁（Ⅲ）酸钾的性质

（1）三草酸合铁（Ⅲ）酸钾的光敏试验

（ⅰ）在表面皿或点滴板上放少许 $K_3[Fe(C_2O_4)_3]\cdot 3H_2O$ 产品，置于日光下一段时间后观察晶体颜色的变化，与放在暗处的晶体比较。

（ⅱ）取 0.5 mL 三草酸合铁（Ⅲ）酸钾的饱和溶液与等体积的 0.5 mol·L^{-1} $K_3[Fe(CN)_6]$ 溶液混合均匀。用毛笔蘸此混合液在白纸上写字，字迹经强光照射后，由浅黄色变为蓝色。或用毛笔蘸此混合液均匀涂在纸上，放暗处晾干后，附上图案，在强光下照射，曝光部分变深蓝色，即得到蓝底白线的图案。

（2）配合物的性质

称取 1 g 三草酸合铁（Ⅲ）酸钾溶于 20 mL 蒸馏水中，溶液供下面实验用。

确定配合物的内外界：

①检定 K$^+$：取两支试管分别加入少量 1 mol·L^{-1} $K_2C_2O_4$ 和产品溶液，再分别与饱和酒石酸氢钠 $NaHC_4H_4O_6$ 溶液作用。充分摇匀，观察现象是否相同。如果现象不明显，可用玻璃棒摩擦试管内壁，稍等，再观察。

②检定 $C_2O_4^{2-}$：取两支试管分别加入少量 1 mol·L^{-1} $K_2C_2O_4$ 和产品溶液，再分别加入 2 滴 0.5 mol·L^{-1} $CaCl_2$ 溶液，观察现象有何不同。

③检定 Fe^{3+}：取两支试管分别加入少量 0.1 mol·L^{-1} $FeCl_3$ 及产品溶液，再分别加入 1 滴 1 mol·L^{-1} KSCN 溶液，观察现象有何不同。

综合以上实验现象，确定所制得的配合物中哪种离子在内界，哪种离子在外界。

（3）酸度对配位平衡的影响

①在两支盛有少量产品溶液的试管中，各加 1 滴 1 mol·L^{-1} KSCN 溶液，然后分别滴加 6 mol·L^{-1} 的 CH_3COOH 和 3 mol·L^{-1} H_2SO_4，观察溶液颜色有何变化。

②在少量产品溶液中滴加 2 mol·L^{-1} 氨水，观察有何变化。

试用影响配合平衡的酸效应及水解效应解释你观察到的现象。

(4)沉淀反应对配位平衡的影响

在少量产品溶液中加 1 滴 0.5 mol·L^{-1}Na$_2$S 溶液,观察现象,写出反应式,并加以解释。

(5)配合物相互转变及稳定性比较

①往少量 0.1 mol·L^{-1}FeCl$_3$ 溶液中加 1 滴 1 mol·L^{-1}KSCN,溶液立即变为血红色,再往溶液中滴入 1mol·L^{-1}NH$_4$F 至血红色刚好褪去。将所得 FeF^{2+} 溶液分为两份,往一份溶液中加入 1mol·L^{-1}KSCN,观察血红色是否容易重现。从实验现象比较 FeSCN^{2+} 和 FeF^{2+} 形成的难易。

②往另一份 FeF^{2+} 溶液中滴入 1 mol·L^{-1}K$_2$C$_2$O$_4$,至溶液刚好转为黄绿色,记下 K$_2$C$_2$O$_4$ 的用量,再往此溶液中滴入 1 mol·L^{-1}NH$_4$F 至黄绿色刚好褪去,比较 K$_2$C$_2$O$_4$ 和 NH$_4$F 的用量,判断 FeF^{2+} 和 [Fe(C$_2$O$_4$)$_3$]$^{3+}$ 形成的难易。

③在 0.5 mol·L^{-1}K$_3$[Fe(CN)$_6$] 和产品溶液中分别滴入 2 mol·L^{-1}NaOH,对比现象有何不同。[Fe(CN)$_6$]$^{3-}$ 与 [Fe(C$_2$O$_4$)$_3$]$^{3-}$ 相比,何者较稳定?

综合以上实验现象,定性判断配位体 SCN$^-$,F$^-$,C$_2$O$_4$$^{2-}$,CN$^-$ 与 Fe^{3+} 配位能力的强弱。

2. 制备三草酸合铁(Ⅲ)酸根离子电荷数的测定

(1)装柱

将预先处理好的国产 717 型苯乙烯强碱性阴离子交换树脂(氯型)RN$^+$Cl$^-$ 装入一支 20 mm×400 mm 的玻璃管中,要求树脂高度约为 20 cm,注意树脂顶部保留 0.5 cm 的水,放入一团玻璃丝,防止注入溶液时将树脂冲起,装好的交换柱应均匀、无裂缝、无气泡。用蒸馏水淋洗树脂至检查流出的水不含 Cl$^-$ 为止,再使水面下降至树脂顶部相距 0.5 cm 左右,用螺旋夹夹紧柱下部的胶管,待用。

(2)交换

称量 1 g(准确至 1 mg)三草酸合铁(Ⅲ)酸钾用 10~15 mL 蒸馏水溶解,全部转移交换柱中。松开螺旋夹,控制 3 mL·min^{-1} 的流出速度,用 100 mL 容量瓶收集流出液,当柱中液面下降至离树脂 0.5 cm 左右时,用少量蒸馏水洗涤小烧杯并转入交换柱,重复 2~3 次后再用滴管吸取蒸馏水洗涤交换柱上部管壁上残留的溶液,使样品溶液尽可能全部流过树脂床。待容量瓶收集的流水液达 60~70 mL 时,检验流出液至不含 Cl$^-$ 为止(与开始淋洗时比较),将螺旋夹夹紧。用蒸馏水稀释容量瓶内溶液至刻度,摇匀,作滴定用。

(2)测定 Cl$^-$ 的物质的量,计算配阴离子的电荷数

准确吸取 25.00 mL 淋洗液于锥形瓶内,加入 1 mL 5%K$_2$CrO$_4$ 溶液,以 0.1 mol·L^{-1}AgNO$_3$ 标准溶液滴定至终点,记录数据。重复滴定 1~2 次。

思考题

1. 影响配合物稳定性的因素有哪些?

2. 用离子交换法测定三草酸合铁(Ⅲ)酸钾配阴离子的电荷时,如果交换后的流出速度过快,对实验结果有什么影响?

参考文献

[1] 浙江大学普通化学教研组编. 普通化学实验. 北京:高等教育出版社,1990
[2] 中山大学等校编. 无机化学实验(第3版). 北京:高等教育出版社,1995

(赵建茹　柴雅琴)

树脂的回收

用 1 mol·L^{-1} NaCl 溶液淋洗树脂柱,直至流出液酸化后检验不出 Fe^{3+} 为止,将树脂回收待用。

实验(3)　三草酸合铁(Ⅲ)酸钾的表征

一、实验目的

1. 通过热重分析表征三草酸合铁(Ⅲ)酸钾的热稳定性。
2. 通过红外光谱分析三草酸合铁(Ⅲ)酸钾成键情况。

二、预习要求

1. 热重分析法的一般原理和热分析仪的基本构造。
2. 了解 SDT Q600 热分析仪的工作原理,学会使用 SDT Q600 热分析仪。
3. 能解析红外光谱谱图。

三、实验原理

1. 热重分析

热重法是在程序控制温度下,测量物质质量与温度关系的一种技术。

物质受热时,发生化学反应,质量也就随之改变,测定物质质量的变化就可研究其变化过程。热重法实验得到的曲线称为热重曲线(即 TG 曲线)。TG 曲线以质量作纵坐标,从上向下表示质量减少;以温度(或时间)为横坐标,自左向右表示温度(或时间)增加。

热重法的主要特点是定量性强,能准确地测量物质的变化及变化的速率。

由热重曲线可知:从 21.8 ℃~120.9 ℃脱水,理论失重率为 10.99%。

$$K_3[Fe(C_2O_4)_3] \cdot 3H_2O = K_3[Fe(C_2O_4)_3] + 3H_2O \uparrow$$

从 224.3 ℃~320.5 ℃，$K_3[Fe(C_2O_4)_3]$ 分解，理论失重率为 19.20%。

$$2K_3[Fe(C_2O_4)_3] = 3K_2CO_3 + Fe_2(CO_3)_3 + 6CO \uparrow$$

从 224.3 ℃~503.7 ℃，$K_3[Fe(C_2O_4)_3]$ 分解，理论失重率为 34.32%。

$$2K_3[Fe(C_2O_4)_3] = 3K_2CO_3 + Fe_2O_3 + 6CO \uparrow + 3CO_2 \uparrow$$

2. 红外光谱

三草酸合铁(Ⅲ)酸钾中的草酸根、结晶水通过红外光谱分析，草酸根形成配合物时具有红外特征吸收(见表Ⅱ-2)。

表Ⅱ-2 草酸根形成配合物红外吸收的振动频率和谱带归属

频率/cm^{-1}	谱带归属
1712,1677,1649	羰基 C=O 的伸缩振动吸收带
1390,1270,1255,885	C—O 伸缩及—O—C=O 弯曲振动
797,785	O—C=O 弯曲及 M—O 键的伸缩振动
528	C—C 的伸缩振动吸收带
498	环变形及 O—C=O 弯曲振动
366	M—O 伸缩振动吸收带

结晶水的吸收带在 3550~3200 cm^{-1} 之间，一般在 3450 cm^{-1} 附近，所以只要将产品红外谱图的各吸收带与之对照即可得出定性的分析结果。

四、仪器及药品

仪器：红外光谱仪，SDT Q600 热分析仪一台，Al_2O_3 坩埚两只。

药品：$K_3[Fe(C_2O_4)_3] \cdot 3H_2O(s)$（综合 8 中实验(1)合成的产品），氮气。

五、实验内容

1. 热重分析

(1) 开启仪器

(ⅰ) 先打开保护气（氮气）气瓶总阀门，再打开减压阀，使减压阀刻度小于 0.1 MPa。

(ⅱ) 打开稳压电源。

(ⅲ) 打开仪器电源开关，仪器即开始启动，当 TA Instruments 徽标出现在触摸屏上，表示仪器可以开始使用了。

(ⅳ) 打开电脑的电源，待电脑启动完毕，双击桌面"Q Series Explore"按钮，电脑与仪器即开始进行连接。

(ⅴ) 在打开的"Q 系列仪器浏览器"窗口中找到"Q600-277"图标，双击它打开仪器控制界面。

(2)操作顺序

(ⅰ)根据需要编辑好操作程序里面的"Summary""Procedure"以及"Notice"选项卡。包括：选择模式和要保存的信号；选择测样类型和材料；设置主净化气体和辅助净化气体流速；创建或选择实验过程，并通过 TA 仪器控制软件输入实验信息。

(ⅱ)去皮：打开炉门，在参比和样品横梁上分别放置一个洁净的空坩埚，关闭炉门，按"Tare"键去皮。

(ⅲ)加载样品：打开炉门，取出样品坩埚并往坩埚里放置待测样品，然后关闭炉门(样品加载量约 10mg)。

(ⅳ)按"开始"键，仪器即按照既定程序开始工作，在仪器操作界面中可出现数据记录曲线和仪器状态表。

(ⅴ)主机按照既定程序工作完毕，即自动开始降温，待温度降至室温后，即可取出样品和根据需要决定是否关闭仪器。

(ⅵ)数据处理，从计算机中调出实验数据文件，然后进行分析。

(3)"三草酸合铁(Ⅲ)酸钾热分解过程"实验参数的设定

(ⅰ)"Procedure mode"设定为"SDT Standard"。

(ⅱ)"Procedure test"设定为"Custom"。

(ⅲ)升温速度"method"为"以 20 ℃·min^{-1} 的加热速度加热到 600 ℃"。

(ⅳ)保护气选择氮气，气体流量为 100 mL/min。

(ⅴ)样品坩埚为 Al$_2$O$_3$ 坩埚。

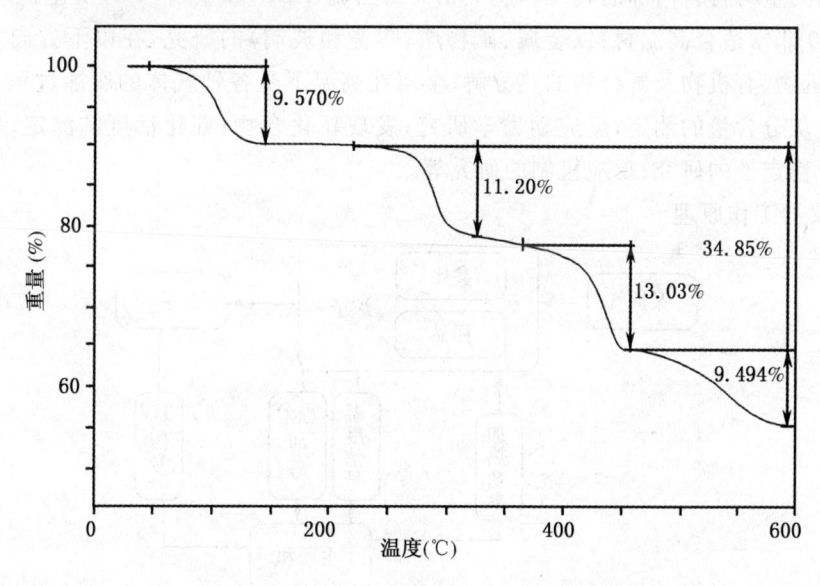

图Ⅱ-2 三草酸合铁(Ⅲ)酸钾的热重曲线

2. 红外光谱

利用红外光谱确定 C$_2$O$_4^{2-}$ 及结晶：制样(取少量 KBr 晶体及小于 KBr 用量百分之一

的样品,在玛瑙研钵中研细,压片),在红外光谱仪上测定红外吸收光谱,并将谱图各主要谱带与标准红外光谱图对照,确定是否含有 $C_2O_4^{2-}$ 及结晶水。

思考题

1. 查阅资料确认三草酸合铁(Ⅲ)酸钾在 0 ℃～600 ℃,N_2 气氛下的热分解过程。
2. 根据三草酸合铁酸钾各阶段失重百分比,请分析三草酸合铁(Ⅲ)酸钾在各阶段分解后的分解产物,并写出化学方程式。
3. 计算理论失重量,并与实验值相比较,并分析第一步失水过程的失重百分比为什么要低于理论值? 第二、三、四步失重百分比之和为什么却高于理论值?
4. 计算你所合成的三草酸合铁(Ⅲ)酸钾的纯度。
5. 根据三草酸合铁(Ⅲ)酸钾的合成过程及它的 TG 曲线,你认为该化合物应如何保存?

附 注

1. 仪器简介

SDT Q600(Simultaneous DSC-TGA Q SeriesTM)仪器是一种可以同时执行差式扫描量热(DSC)和热重分析(TGA)的分析仪器。SDT Q600 可在从室温到 1500 ℃ 的温度范围内测量与材料内部的转变和反应相关的热流(DSC)和重量(TG)变化。

Q600 非常适合高温材料(金属、矿物质、陶瓷和玻璃)的研究,在以下方向有广泛的应用:无机物、有机物及聚合物的热分解;金属在高温下受各种气体的腐蚀过程;含湿量、挥发物及灰分含量的测定;反应动力学研究;发现新化合物;催化活度的测定;氧化稳定性和还原稳定性的研究;反应机制的研究等。

2. 仪器工作原理

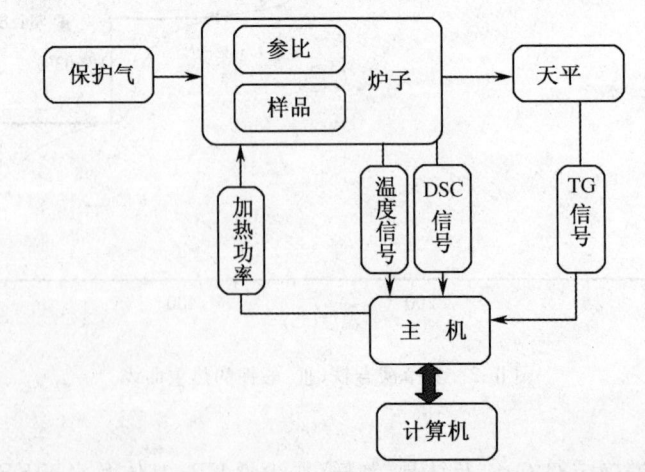

3. 使用仪器注意事项

(1)样品为有机物时,温度超过600 ℃,有机物将被炭化。
(2)样品坩埚可以在酒精喷灯上灼烧后重复利用。
(3)仅当温度低于560 ℃,才能够用强制空气冷却。(仪器此时会提示"咔嚓"声)
(4)炉内温度太高时,炉门不能打开。
(5)加载样品的量不能太多,在坩埚底部平铺一层即可。
(6)加载样品时,一定要取出样品坩埚后,再往坩埚里面放置待测样品,以免污染天平横梁上的样品盘,若样品盘被污染了,将是永久污染,只能更换。
(7)坩埚轻拿轻放,以减少天平震动。
(8)含氟量高的样品加热时易沸腾导致样品盘的永久污染,因此尽量不做。
(9)在实验过程中,尽量避免震动、对流等对实验条件的影响。
(10)坩埚底部与样品盘尽量要充分接触,增大传热效果。

(石燕 柴雅琴)

实验(4) 三草酸合铁(III)酸钾磁化率的测定

一、实验目的

1. 通过对配合物磁化率的测定,推算其不成对电子数。
2. 掌握古埃(Gouy)法测定磁化率的实验原理和方法。

二、预习要求

1. 熟悉古埃磁天平的使用方法。
2. 复习配合物的磁化率测定中的相关计算方法。

三、实验原理

磁化率的测定在化学中有一系列重要的应用,它可以推断分子、原子、离子(包括配离子)和自由基中未成对电子数,由此可确定其电子排布及其空间构型。对于研究过渡金属配合物的配位键类型、配离子立体结构以及判断是高自旋配合物还是低自旋配合物,磁化率的测定是极为重要的手段之一。

实验原理见《理化测试(Ⅱ)》中5.2磁化率的测定。

四、仪器及药品

仪器:古埃磁天平(南京大学制),软质玻璃样品管(直径8 mm、长度19 cm),装样工

具(包括研钵、角匙、小漏斗、玻璃棒),电吹风机,台秤,温度计。

药品:$(NH_4)_2Fe(SO_4)_2 \cdot 6H_2O(s)$,$K_3[Fe(C_2O_4)_3] \cdot 3H_2O(s)$(综合8中实验(1)合成的产品)。

五、实验内容

1. 间接标定磁场两极中心处磁场强度 H 的测定

用已知 x_m 的莫尔氏盐标定对应于选定励磁电流值的磁场强度 H。

(1) 取一支清洁、干燥、已知粗略质量(台秤称出)的空样品管悬挂在与磁天平挂钩相连的尼龙丝上,使样品管底部正好与磁极中心线齐平,准确称得空管质量;关闭天平,将天平盘托起,然后将励磁稳流电流开关接通,由小至大调节电流到2A,迅速且准确地称取此时空管的质量;关闭天平,将天平盘托起,继续由小至大调节励磁电流至3A,迅速准确地称取此时空管的质量;继续将励磁电流缓升至4A,再称空管的质量;关闭天平,将天平盘托起,继续将励磁电流缓升到$4A+\Delta I$,接着又将励磁电流降至4A,再次称取空管的质量;关闭天平,将天平盘托起,又将励磁电流由大至小降至3A,再称空管质量;用同样方法测得2A励磁电流下空管的质量;关闭天平,将天平盘托起,将励磁电流降至零,断开电源开关,此时磁场无励磁电流,再次称空管的质量。

用此法重复测定一次,将两次测得的数据取平均值,实验数据记入表Ⅱ-3。

表Ⅱ-3 数据记录

I/A	$m_{空}/g$ ↓	$m_{空}/g$ ↑	$m_{空}/g$ ↓	$m_{空}/g$ ↑	$\overline{m}_{空}/g$	$\Delta m_{空}/g$
0						0
2						
3						
4						

励磁电流采用由小到大,再由大到小的测定方法,是为了抵消测定时磁场剩磁现象的影响。此外,实验时还须避免气流扰动对测量的影响,并注意勿使样品管与磁场碰撞。

(2) 取下样品管,把事先研细的摩尔盐通过小漏斗装入样品管,样品要少量地分多次装入,并不断使样品管垂直桌面,以其底部轻轻敲击桌面,使样品均匀填实,样品高度约为15 cm。用直尺准确测量样品高度 h。粗称 $m_{样+空}$。

用与(1)相同的方法,将装有摩尔盐的样品管置于磁天平中。在相应的无励磁电流下,2A,3A,4A 及 4A,3A,2A,测定 $m_{标样+空}$ 的值。重复测定一次,将两次测定结果取平均值,数据记入表Ⅱ-4。记录测定时的温度 T。

表Ⅱ-4 数据记录　实验温度_____℃　h_____cm　$m_{标样}$_____g

I/A	$m_{空+标样}$/g ↓	$m_{空+标样}$/g ↑	$m_{空+标样}$/g ↓	$m_{空+标样}$/g ↑	$\overline{m}_{空+标样}$/g	$\Delta m_{空}$/g	$\Delta m_{标样}$/g	$H_{莫}$/mT
0						0	0	0
2								
3								
4								

将样品管中的摩尔盐倒入回收瓶中,彻底洗净样品管,然后用蒸馏水、乙醇、丙酮依次清洗,并用电吹风机吹干。

2. 测定 $K_3Fe(C_2O_4) \cdot 3H_2O$ 的摩尔磁化率

在同一支样品管中,装入干燥研细的 $K_3Fe(C_2O_4) \cdot 3H_2O$ 样品,装样品的紧密程度要与装标定物尽量一致,装样的体积要一样(即高度相等)。重复上述(2)的实验步骤,数据记入表Ⅱ-5。

表Ⅱ-5 数据记录　h_____cm　$m_{样品}$_____g

I/A	$m_{空+样品}$/g ↓	$m_{空+样品}$/g ↑	$m_{空+样品}$/g ↓	$m_{空+样品}$/g ↑	$\overline{m}_{空+样品}$/g	$\Delta m_{空}$/g	$\Delta m_{样品}$/g	χ_n(m³·mol⁻¹)
0						0	0	0
2								
3								
4								

3. 数据处理

(1) 计算莫尔氏盐的单位质量磁化率

$$\chi_m = \frac{9500}{T+1} \times 4\pi \times 10^{-9} \times M_{摩} = \frac{4.68 \times 10^{-5}}{T+1} \; (m^3 \cdot kg^{-1}) \; (T \text{为热力学温度}) \quad (Ⅱ-1)$$

(2) 推导出样品的摩尔磁化率 χ_n

$$\chi_n = \frac{2(\Delta m_{样+空} - \Delta m_{空})ghM}{m_{样} H^2} = \frac{2\Delta m_{样} ghM}{m_{样} H^2}$$

所以 $\chi_n = \frac{\Delta m_{样品}}{\Delta m_{标样}} \frac{m_{标样}}{m_{样品}} \frac{h_{样品}}{h_{标样}} \times \frac{M_{样品}}{M_{标样}} \times \chi_m = \frac{\Delta m_{样品}}{\Delta m_{标样}} \frac{m_{标样}}{m_{样品}} \frac{h_{样品}}{h_{标样}} \times 1.25 \chi_m \quad (Ⅱ-2)$

(3) 由(Ⅱ-2)计算平均磁化率 χ'_n

(4) 计算有效磁矩 μ_{eff}

$$\mu_{eff} = \sqrt{\frac{3 \times 1.38 \times 10^{-23} \times T \times \chi'_n}{\frac{6.023 \times 10^{23} \times 4\pi \times 10^{-7}}{9.273 \times 10^{-24}}}} = 797.77 \sqrt{T \times \chi'_n} \quad (Ⅱ-3)$$

(5) 求出形成配合物后中心离子的未成对电子数

$$\mu_m = \sqrt{n(n+2)} \mu_B \quad (Ⅱ-4)$$

式中 μ_B 为玻尔磁子,其物理意义是单个自由电子自旋所产生的磁矩。

从而,推断出配合物 $K_3Fe(C_2O_4)\cdot 3H_2O$ 为内轨型还是外轨型配合物。

附 注

1. 用特斯拉计直接读取的相应励磁电流下的磁场强度 H 值。

2. 由摩尔盐 χ_m,摩尔盐质量为 $m_{样}$,摩尔盐在磁场前后的质量变化 $\Delta m_{样}$,样品高度 h,代入 $\chi_m = \dfrac{2\Delta m_{样} gh}{m_{样} H^2}$ 式,求出磁场强度 H。

比较用特斯拉计和摩尔盐标定的相应励磁电流下的磁场强度值,两者测定的结果有差异,但数值相差较小。特斯拉计法是把被测磁场视为理想化的不均匀磁场,而莫尔氏盐法是通过质量的改变算出磁场强度,仅就测定磁场强度而言各有优劣之处。磁场强度的测定,一般是用已知 χ_m 的盐间接标定。

3. 根据(Ⅱ-2)式,由 $K_3Fe(C_2O_4)\cdot 3H_2O$ 测得的数据求出 χ_n。

为了从测得的摩尔磁化率 χ_n 求得中心离子 Fe^{3+} 的磁矩,需要对配位体、中心离子及外界离子的摩尔反磁磁化率 χ_D 进行校正:

$\chi_D(K^+) = -13\times 10^{-6}$ $\quad\quad\quad \chi_D(Fe^{3+}) = -10\times 10^{-6}$

$\chi_D(C_2O_4^{2-}) = -25\times 10^{-6}$ $\quad\quad \chi_D(H_2O) = -13\times 10^{-6}$

则 $K_3Fe(C_2O_4)\cdot 3H_2O$ 中 χ'_n 可得:

$\chi'_n = \chi_n - \chi_D = \chi_n + (3\times 13 + 10 + 3\times 25 + 3\times 13)\times 10^{-12} = \chi_n + 1.63\times 10^{-10}$

4. 由(Ⅱ-4)式求出有效磁矩 μ_{eff}。

5. 由(Ⅱ-5)式可求出未成对电子数 n。

6. 根据未成对电子数,讨论 $K_3Fe(C_2O_4)\cdot 3H_2O$ 中 Fe^{3+} 的最外层电子排布,并说明 $C_2O_4^{2-}$ 离子是属于强场配位体还是弱场配位体。

思考题

1. 标准物质与试样装入的高度、测定时的磁场强度是否要相同?为什么?

2. 在配合物磁化学研究中,为了从测得的摩尔磁化率 χ_n 求得中心离子(或原子)的磁矩 μ_{eff} 时,为什么必须作摩尔反磁磁化率 χ_D 的校正?

3. 在不同励磁电流下测得的样品摩尔磁化率是否相同?如果测量结果不同,应如何解释?

参考文献

[1] 王伯康,钱文浙等编. 中级无机化学实验. 北京:高等教育出版社,1984

[2] 复旦大学等编. 物理化学实验(第 2 版). 北京:人民教育出版社,1980

(谷名学 柴雅琴)

3. 使用仪器注意事项

(1) 样品为有机物时,温度超过 600 ℃,有机物将被炭化。

(2) 样品坩埚可以在酒精喷灯上灼烧后重复利用。

(3) 仅当温度低于 560 ℃,才能够用强制空气冷却。(仪器此时会提示"咔嚓"声)

(4) 炉内温度太高时,炉门不能打开。

(5) 加载样品的量不能太多,在坩埚底部平铺一层即可。

(6) 加载样品时,一定要取出样品坩埚后,再往坩埚里面放置待测样品,以免污染天平横梁上的样品盘,若样品盘被污染了,将是永久污染,只能更换。

(7) 坩埚轻拿轻放,以减少天平震动。

(8) 含氟量高的样品加热时易沸腾导致样品盘的永久污染,因此尽量不做。

(9) 在实验过程中,尽量避免震动、对流等对实验条件的影响。

(10) 坩埚底部与样品盘尽量要充分接触,增大传热效果。

(石燕　柴雅琴)

实验(4)　三草酸合铁(Ⅲ)酸钾磁化率的测定

一、实验目的

1. 通过对配合物磁化率的测定,推算其不成对电子数。
2. 掌握古埃(Gouy)法测定磁化率的实验原理和方法。

二、预习要求

1. 熟悉古埃磁天平的使用方法。
2. 复习配合物的磁化率测定中的相关计算方法。

三、实验原理

磁化率的测定在化学中有一系列重要的应用,它可以推断分子、原子、离子(包括配离子)和自由基中未成对电子数,由此可确定其电子排布及其空间构型。对于研究过渡金属配合物的配位键类型、配离子立体结构以及判断是高自旋配合物还是低自旋配合物,磁化率的测定是极为重要的手段之一。

实验原理见《理化测试(Ⅱ)》中 5.2 磁化率的测定。

四、仪器及药品

仪器:古埃磁天平(南京大学制),软质玻璃样品管(直径 8 mm、长度 19 cm),装样工

具(包括研钵、角匙、小漏斗、玻璃棒),电吹风机,台秤,温度计。

药品:$(NH_4)_2Fe(SO_4)_2 \cdot 6H_2O(s)$,$K_3[Fe(C_2O_4)_3] \cdot 3H_2O(s)$(综合8中实验(1)合成的产品)。

五、实验内容

1. 间接标定磁场两极中心处磁场强度 H 的测定

用已知 x_m 的莫尔氏盐标定对应于选定励磁电流值的磁场强度 H。

(1)取一支清洁、干燥、已知粗略质量(台秤称出)的空样品管悬挂在与磁天平挂钩相连的尼龙丝上,使样品管底部正好与磁极中心线齐平,准确称得空管质量;关闭天平,将天平盘托起,然后将励磁稳流电流开关接通,由小至大调节电流到2A,迅速且准确地称取此时空管的质量;关闭天平,将天平盘托起,继续由小至大调节励磁电流至3A,迅速准确地称取此时空管的质量;继续将励磁电流缓升至4A,再称空管的质量;关闭天平,将天平盘托起,继续将励磁电流缓升到 $4A+\Delta I$,接着又将励磁电流降至4A,再次称取空管的质量;关闭天平,将天平盘托起,又将励磁电流由大至小降至3A,再称空管质量;用同样方法测得2A励磁电流下空管的质量;关闭天平,将天平盘托起,将励磁电流降至零,断开电源开关,此时磁场无励磁电流,再次称空管的质量。

用此法重复测定一次,将两次测得的数据取平均值,实验数据记入表Ⅱ-3。

表Ⅱ-3 数据记录

I/A	$m_空$/g ↓	$m_空$/g ↑	$m_空$/g ↓	$m_空$/g ↑	$\overline{m}_空$/g	$\Delta m_空$/g
0						0
2						
3						
4						

励磁电流采用由小到大,再由大到小的测定方法,是为了抵消测定时磁场剩磁现象的影响。此外,实验时还须避免气流扰动对测量的影响,并注意勿使样品管与磁场碰撞。

(2)取下样品管,把事先研细的摩尔盐通过小漏斗装入样品管,样品要少量地分多次装入,并不断使样品管垂直桌面,以其底部轻轻敲击桌面,使样品均匀填实,样品高度约为 15 cm。用直尺准确测量样品高度 h。粗称 $m_{样+空}$。

用与(1)相同的方法,将装有摩尔盐的样品管置于磁天平中。在相应的无励磁电流下,2A,3A,4A 及 4A,3A,2A,测定 $m_{标样+空}$ 的值。重复测定一次,将两次测定结果取平均值,数据记入表Ⅱ-4。记录测定时的温度 T。

表Ⅱ-4　数据记录　实验温度_____℃　h_____cm　$m_{标样}$_____g

I/A	$m_{空+标样}$/g ↓	$m_{空+标样}$/g ↑	$\overline{m}_{空+标样}$/g	$\Delta m_{空}$/g	$\Delta m_{标样}$/g	$H_\text{莫}$/mT
0				0	0	0
2						
3						
4						

将样品管中的摩尔盐倒入回收瓶中，彻底洗净样品管，然后用蒸馏水、乙醇、丙酮依次清洗，并用电吹风机吹干。

2. 测定 $K_3Fe(C_2O_4) \cdot 3H_2O$ 的摩尔磁化率

在同一支样品管中，装入干燥研细的 $K_3Fe(C_2O_4) \cdot 3H_2O$ 样品，装样品的紧密程度要与装标定物尽量一致，装样的体积要一样（即高度相等）。重复上述(2)的实验步骤，数据记入表Ⅱ-5。

表Ⅱ-5　数据记录　h_____cm　$m_{样品}$_____g

I/A	$m_{空+样品}$/g ↓	$m_{空+样品}$/g ↑	$\overline{m}_{空+样品}$/g	$\Delta m_{空}$/g	$\Delta m_{样品}$/g	χ_n(m³·mol⁻¹)
0				0	0	0
2						
3						
4						

3. 数据处理

(1) 计算莫尔氏盐的单位质量磁化率

$$\chi_m = \frac{9500}{T+1} \times 4\pi \times 10^{-9} \times M_摩 = \frac{4.68 \times 10^{-5}}{T+1} (\text{m}^3 \cdot \text{kg}^{-1}) \quad (T \text{ 为热力学温度}) \quad (\text{Ⅱ-1})$$

(2) 推导出样品的摩尔磁化率 χ_n

$$\chi_n = \frac{2(\Delta m_{样+空} - \Delta m_空)ghM}{m_样 H^2} = \frac{2\Delta m_样 ghM}{m_样 H^2}$$

所以

$$\chi_n = \frac{\Delta m_{样品}}{\Delta m_{标样}} \frac{m_{标样}}{m_{样品}} \frac{h_{样品}}{h_{标样}} \times \frac{M_{样品}}{M_{标样}} \times \chi_m = \frac{\Delta m_{样品}}{\Delta m_{标样}} \frac{m_{标样}}{m_{样品}} \frac{h_{样品}}{h_{标样}} \times 1.25 \chi_m \quad (\text{Ⅱ-2})$$

(3) 由(Ⅱ-2)计算平均磁化率 χ'_n

(4) 计算有效磁矩 μ_{eff}

$$\mu_{eff} = \frac{\sqrt{\frac{3 \times 1.38 \times 10^{-23} \times T \times \chi'_n}{6.023 \times 10^{23} \times 4\pi \times 10^{-7}}}}{9.273 \times 10^{-24}} = 797.77 \sqrt{T \times \chi'_n} \quad (\text{Ⅱ-3})$$

(5) 求出形成配合物后中心离子的未成对电子数

$$\mu_m = \sqrt{n(n+2)} \mu_B \quad (\text{Ⅱ-4})$$

式中 μ_B 为玻尔磁子,其物理意义是单个自由电子自旋所产生的磁矩。

从而,推断出配合物 $K_3Fe(C_2O_4)·3H_2O$ 为内轨型还是外轨型配合物。

附 注

1. 用特斯拉计直接读取的相应励磁电流下的磁场强度 H 值。

2. 由摩尔盐 χ_m,摩尔盐质量为 $m_{样}$,摩尔盐在磁场前后的质量变化 $\Delta m_{样}$,样品高度 h,代入 $\chi_m = \dfrac{2\Delta m_{样} gh}{m_{样} H^2}$ 式,求出磁场强度 H。

比较用特斯拉计和摩尔盐标定的相应励磁电流下的磁场强度值,两者测定的结果有差异,但数值相差较小。特斯拉计法是把被测磁场视为理想化的不均匀磁场,而莫尔氏盐法是通过质量的改变算出磁场强度,仅就测定磁场强度而言各有优劣之处。磁场强度的测定,一般是用已知 χ_m 的盐间接标定。

3. 根据(Ⅱ-2)式,由 $K_3Fe(C_2O_4)·3H_2O$ 测得的数据求出 χ_n。

为了从测得的摩尔磁化率 χ_n 求得中心离子 Fe^{3+} 的磁矩,需要对配位体、中心离子及外界离子的摩尔反磁磁化率 χ_D 进行校正:

$\chi_D(K^+) = -13 \times 10^{-6}$ $\chi_D(Fe^{3+}) = -10 \times 10^{-6}$

$\chi_D(C_2O_4^{2-}) = -25 \times 10^{-6}$ $\chi_D(H_2O) = -13 \times 10^{-6}$

则 $K_3Fe(C_2O_4)·3H_2O$ 中 χ'_n 可得:

$\chi'_n = \chi_n - \chi_D = \chi_n + (3 \times 13 + 10 + 3 \times 25 + 3 \times 13) \times 10^{-12} = \chi_n + 1.63 \times 10^{-10}$

4. 由(Ⅱ-4)式求出有效磁矩 μ_{eff}。

5. 由(Ⅱ-5)式可求出未成对电子数 n。

6. 根据未成对电子数,讨论 $K_3Fe(C_2O_4)·3H_2O$ 中 Fe^{3+} 的最外层电子排布,并说明 $C_2O_4^{2-}$ 离子是属于强场配位体还是弱场配位体。

思考题

1. 标准物质与试样装入的高度、测定时的磁场强度是否要相同? 为什么?

2. 在配合物磁化学研究中,为了从测得的摩尔磁化率 χ_n 求得中心离子(或原子)的磁矩 μ_{eff} 时,为什么必须作摩尔反磁磁化率 χ_D 的校正?

3. 在不同励磁电流下测得的样品摩尔磁化率是否相同? 如果测量结果不同,应如何解释?

参考文献

[1] 王伯康,钱文浙等编. 中级无机化学实验. 北京:高等教育出版社,1984

[2] 复旦大学等编. 物理化学实验(第2版). 北京:人民教育出版社,1980

(谷名学　柴雅琴)

Ⅲ 设计实验

设计 1　碱式碳酸铜的制备

一、实验目的

通过碱式碳酸铜制备条件的探索和生成物颜色、状态的分析,反应物的合理配料比的研究以及制备反应合适的温度条件的确定,以培养独立设计实验的能力。

二、预习要求

1. 预习有关水浴加热、减压过滤、沉淀的洗涤及转移等基本操作的内容。
2. 查阅碱式碳酸铜的性质,思考可以用哪些铜盐制取。

三、实验原理

碱式碳酸铜 $Cu_2(OH)_2CO_3$ 为天然孔雀石的主要成分,呈暗绿色或淡蓝绿色,加热至 200 ℃ 即分解,在冷水中的溶解度很小,新制备的试样在沸水中很易分解。本实验用 $CuSO_4$ 溶液和 Na_2CO_3 溶液反应制备:

$$2CuSO_4 + 2Na_2CO_3 + H_2O = Cu_2(OH)_2CO_3 \downarrow + CO_2 \uparrow + 2Na_2SO_4$$

四、仪器及药品

由学生自行列出所需仪器、药品、材料清单,经指导教师的同意,即可进行实验。

五、实验内容

1. 反应物溶液配制

配制 0.5 mol·L^{-1} 的 $CuSO_4$ 溶液和 0.5 mol·L^{-1} 的 Na_2CO_3 溶液 x mL(x 由自己

Ⅲ 设计实验

计算而定）。

2.制备反应条件的探求

(1) $CuSO_4$ 和 Na_2CO_3 溶液的合适配比

以 2.0 mL 0.5 mol·L^{-1} 的 $CuSO_4$ 溶液为基物，设计加入不同量的 Na_2CO_3 溶液，比较沉淀生成的速度、沉淀的数量及颜色，从中得出两种反应物溶液以何种比例相混合为最佳。（注意反应条件的设计）

提示及思考：

①各试管中沉淀的颜色为何会有差别？估计何种颜色产物的碱式碳酸铜含量最高？

②若将 Na_2CO_3 溶液倒入 $CuSO_4$ 溶液，其结果是否会有所不同？

(2) 反应温度的探求

以 2.0 mL 0.5 mol·L^{-1} 的 $CuSO_4$ 溶液为基物，加入由上述实验得到的合适用量的 0.5 mol·L^{-1} 的 Na_2CO_3 溶液。设计在室温,50 ℃,100 ℃不同温度下发生反应，由实验结果确定反应的合适温度。

提示及思考：

①反应温度对本实验有何影响？

②反应在何种温度下进行会出现褐色产物？这种褐色物质是什么？

(3) 碱式碳酸铜的制备

取 30 mL 0.5 mol·L^{-1} 的 $CuSO_4$ 溶液，根据上面实验确定的反应物合适比例及适宜温度制取碱式碳酸铜。待沉淀完全后，用蒸馏水洗涤沉淀数次，直到沉淀中不含 SO_4^{2-} 为止，吸干。将所得产品在烘箱中于 100 ℃烘干，待冷至室温后称量，并计算产率。

思考题

1.除反应物的配比和反应的温度对本实验的结果有影响外，反应物的种类、反应进行的时间等因素是否对产物的质量也会有影响？

2.自行设计一个实验，来测定产物中铜及碳酸根的含量，从而分析所制得的碱式碳酸铜的质量。

参考文献

[1] 北京师范大学无机化学教研室等编. 无机化学实验(第3版). 北京:高等教育出版社,2001

[2] 张小林,余淑娴,彭在姜主编. 化学实验教程. 北京:化学工业出版社,2006

(周娅芬)

设计 2　废干电池的综合利用

一、实验目的

1. 通过废干电池的综合利用实验培养独立设计实验的能力,增强学生环境保护意识,使学生认识资源再利用的重要性。
2. 巩固无机制备中的基本操作。

二、预习要求

1. 了解干电池的组成,设计可再生的物质种类。
2. 查阅资料设计合成、提纯路线。

三、实验原理

日常生活中使用的干电池为锌锰电池,其负极是作为电池壳体的锌片,正极是被MnO_2(为增强导电能力,填充有碳粉)包围着的碳棒,电解质是氯化锌及氯化铵的糊状物。电池反应为:

$$Zn + 2NH_4Cl + 2MnO_2 =\!=\!= Zn(NH_3)_2Cl_2 + 2MnOOH$$

在使用过程中,锌皮消耗最多,二氧化锰只起氧化作用,氯化铵作为电解质并没有消耗,碳粉是填料。

干电池的使用量非常大,如果随意把废电池丢弃于环境中,会造成严重的环境污染。因而回收处理废电池不仅有利于环境保护,还可以获得多种有用的物质,如锌、二氧化锰、氯化铵和碳棒。

四、仪器及药品

由学生自行列出所需仪器、药品、材料清单,经指导教师的同意,即可进行实验。

五、实验内容

1. 提纯氯化铵和二氧化锰

查阅有关文献,设计从废干电池提取并提纯氯化铵和二氧化锰的实验方案,并测定产品中氯化铵的含量。

2. 由锌壳制备七水合硫酸锌

查阅有关文献,设计制备七水合硫酸锌的方法。

附　锌钡白的制备

一、实验目的

1. 掌握锌钡白的制备方法,巩固电离平衡、氧化还原等理论知识。
2. 熟练过滤、蒸发、结晶等实验基本操作。
3. 认识资源再利用的重要性。

二、预习要求

1. 复习实验中可能出现杂质离子的检验方法。
2. 理解合成锌钡白的方法。

三、实验原理

锌钡白俗名立德粉,ZnS 与 $BaSO_4$ 等摩尔混合而成,是一种白色的无机颜料,大量用于油漆工业,亦可作为橡胶、油墨、造纸、搪瓷等工业的主要填料。在实验中利用 BaS 与 $ZnSO_4$ 的复分解反应可以制得锌钡白:

$$BaS + ZnSO_4 \Longrightarrow ZnS\downarrow + BaSO_4\downarrow$$

反应得到的 ZnS 与 $BaSO_4$ 白色沉淀,经过滤,烘干即为锌钡白,锌钡白产品质量的优劣,不仅与反应条件有关,而且跟工艺过程有密切关系。

在反应中所需的 $ZnSO_4$ 由废干电池的锌皮与 H_2SO_4 反应制得,反应式为:

$$Zn + H_2SO_4 \Longrightarrow ZnSO_4 + H_2\uparrow$$

在合成过程中,由于存在 Cd^{2+},Ni^{2+},Fe^{2+},Mn^{2+} 等,会生成硫化物沉淀,从而影响产品白度,因此须经过除杂质处理才可进行实验。溶液中的 Cd^{2+},Ni^{2+} 可向溶液中加少量 Zn 粉,使其发生置换反应而除去。Fe^{2+},Mn^{2+} 在弱酸性溶液中可被 $KMnO_4$ 氧化除去,其反应式为:

$$2KMnO_4 + 3MnSO_4 + 2H_2O \Longrightarrow 5MnO_2\downarrow + 2H_2SO_4 + K_2SO_4$$

$$2KMnO_4 + 6FeSO_4 + 14H_2O \Longrightarrow 2MnO_2\downarrow + 5H_2SO_4 + 6Fe(OH)_3\downarrow + K_2SO_4$$

溶液过滤后即可得较纯的 $ZnSO_4$ 溶液。

硫化钡溶液,可以用热水(90 ℃)浸泡 BaS 熔块而得。BaS 溶液易与空气中的二氧化碳和氧气发生反应,因此浸出的 BaS 溶液应尽快用于合成锌钡白。

反应时,在烧杯中先加入少量 BaS 溶液,然后交替加入 $ZnSO_4$ 和 BaS 溶液,在不断搅拌下进行下述反应:

$$BaS + ZnSO_4 \Longrightarrow ZnS\downarrow + BaSO_4\downarrow$$

在实验过程中要注意,控制反应过程溶液呈碱性(pH=8.5左右),反应结束溶液应呈微碱性,其间可以采用酚酞作为指示剂。

四、仪器及药品

仪器:烧杯,台秤,漏斗,漏斗架,布氏漏斗,抽滤瓶,水泵,研钵。

药品:$ZnSO_4(s)$(由设计实验2得到),$BaS(s)$,$NaBiO_3(s)$,ZnO,锌粉,H_2O_2(3%),H_2SO_4(1 mol·L^{-1},3 mol·L^{-1}),HNO_3(6 mol·L^{-1}),H_2S(饱和溶液),$NaOH$(6 mol·L^{-1}),$NH_3·H_2O$(0.1 mol·L^{-1}),$KMnO_4$(0.01 mol·L^{-1}),$KSCN$(0.1 mol·L^{-1}),甲醛。

材料:滤纸,酚酞,pH试纸。

五、实验步骤

1. $ZnSO_4$溶液的精制

实验原理已经列出了可能在粗制$ZnSO_4$溶液中存在的杂质离子,根据其特征反应分别进行检验,将存在的杂质离子按照相应的处理方法除去,直至无法验出杂质离子为止。

具体操作:将粗制的溶液加热至80 ℃左右,加入少量锌粉除去溶液中的Cd^{2+},Ni^{2+},至无法检出为止。然后在滤出液中加纯ZnO少许,加热搅拌,慢慢滴加0.01 mol·L^{-1} $KMnO_4$溶液至滤液显微红色,接着加过量的甲醛使$KMnO_4$还原为MnO_2沉淀,直至滤液红色褪去。用小火加热滤液,微沸5 min,使沉淀颗粒长大后,用普通漏斗过滤,并检验滤液中Fe^{2+},Mn^{2+}是否已除尽,若已除尽,即得到精制的$ZnSO_4$溶液。

2. BaS的制取

在烧杯中,用50 mL左右的热水浸泡4 g已研细的BaS固体约30 min,浸泡中不断搅拌促使BaS溶解,然后抽滤即得BaS溶液。

3. 合成锌钡白

在250 mL烧杯中,先加入少量BaS溶液,然后交替加入精制的$ZnSO_4$溶液和BaS溶液,同时注意溶液保持碱性。完全反应后溶液应显微碱性,即恰能使酚酞试液变红。

4. 产品回收

将锌钡白沉淀抽滤后压干(或干燥),进行称重,最后计算出产品产率。

思考题

1. 用热水浸出的BaS溶液为什么不能在空气中长时间放置,它会发生什么反应?
2. 为什么在合成锌钡白过程中要将$ZnSO_4$溶液和BaS溶液交替加入?

参考文献

[1] 陈秉垸,朱志良,刘艳生等.普通无机化学实验(第2版).上海:同济大学出版

社,2000

[2] 于涛. 微型无机化学实验. 北京:北京理工大学出版社,2004

(莫尊理　柴雅琴)

设计3　未知配合物的合成和表征

一、实验目的

本实验是一研究式实验。通过独立完成给定配合物的文献查阅、样品合成、组成和性质测定、结构推断等全过程,使学生了解无机化合物和配合物的一般研究方法,以培养和提高独立工作能力。

二、预习要求

1. 掌握无机制备的基本操作。
2. 复习配合物的制备方法。
3. 查阅资料完成实验设计。

三、实验原理

由教师指定某个配合物,学生自己查阅有关文献资料,然后拟定出合适的合成方法以及测定其组成、性质的方法和步骤。

四、仪器及药品

根据选定的合成物质及合成路线提交仪器和药品清单,经指导老师的同意,即可进行实验。

五、实验内容

1. 配合物的合成

根据所拟定的合成方法,在实验室内学生自己准备所需的试剂、仪器设备等,经老师同意后进行试验。

2. 配合物组成和性质测定

对所合成的样品,根据拟定的组成和性质测定方法,在实验室内自己准备所需的试剂、仪器设备等,独立开展各项测试工作。测定工作包括配合物中心粒子的含量、何种配体及其含量的测定,配体含有哪些化学键和特征基团、配体的强弱、配合物磁性等的测定。

3. 结构推断

通过磁化率、电子光谱等的测定,推断该配合物可能的构型。

综合上述实验结果,确证所得样品为给定的配合物,并说明它的某些性质和构型。

通过我们的实验选择下列 12 个配合物供实验用,学生须完成其中的一个配合物。

(1) $K_3[Co(C_2O_4)_3] \cdot 3H_2O$ 　　(2) $K_3[Cr(C_2O_4)_3] \cdot 3H_2O$ 　　(3) $K_3[Cu(C_2O_4)_2] \cdot 2H_2O$

(4) $K_2[Ni(C_2O_4)_2]$ 　　(5) $[Cu(en)_2](NO_3)_2$ 　　(6) $[Cu(NH_3)_4]SO_4$

(7) $K_3[Mn(C_2O_4)_3] \cdot 3H_2O$ 　　(8) $(NH_4)_2[Fe(C_2O_4)_2]$ 　　(9) $[Cu(en)_2](NO_3)_2$

(10) $Ni(NH_3)_4(NO_2)_2$ 　　(11) $[Ni(NH_3)_6]Cl_2$ 　　(12) $K_4[Co_2(C_2O_4)(OH)_2] \cdot 3H_2O$

思考题

1. 总结配合物中心离子和配体的一般测定方法及其特征。
2. 通过本实验,你获得了哪些化学研究的初步方法?

(柴雅琴)

附　录

附录 1　几种常用酸碱的密度和浓度

酸或碱	分子式	密度/g·mL^{-1}	溶质质量分数	浓度/mol·L^{-1}
冰醋酸	CH$_3$COOH	1.05	0.995	17
稀醋酸		1.04	0.34	6
浓盐酸	HCl	1.18	0.36	12
稀盐酸		1.10	0.20	6
浓硝酸	HNO$_3$	1.42	0.72	16
稀硝酸		1.19	0.32	6
浓硫酸	H$_2$SO$_4$	1.84	0.96	18
稀硫酸		1.18	0.25	3
磷酸	H$_3$PO$_4$	1.69	0.85	15
浓氨水	NH$_3$·H$_2$O	0.90	0.28~0.30(NH$_3$)	15
稀氨水		0.96	0.10	6

附录 2 化合物的相对分子质量

化合物	相对分子质量	化合物	相对分子质量	化合物	相对分子质量
Ag_3AsO_4	462.52	$CaCl_2 \cdot 6H_2O$	219.08	$CH_3COONa \cdot 3H_2O$	136.08
$AgBr$	187.77	$Ca(NO_3)_2 \cdot 4H_2O$	236.15	$C_4H_8N_2O_2$	116.12
$AgCl$	143.32	$Ca(OH)_2$	74.09	(丁二酮肟)	
$AgCN$	133.89	$Ca_3(PO_4)_2$	310.18	$C_6H_4 \cdot COOH \cdot COOK$	204.23
$AgSCN$	165.95	$CaSO_4$	136.14	(苯二甲酸氢钾)	
Ag_2CrO_4	331.73	$CdCO_3$	172.42	$(C_9H_7N)_3H_3PO_4 \cdot 12MoO_3$	2212.7
AgI	234.77	$CdCl_2$	183.32	(磷钼酸喹啉)	
$AgNO_3$	169.87	CdS	144.47		
$AlCl_3$	133.34	$Ce(SO_4)_2$	332.24	$FeCl_2$	126.75
$AlCl_3 \cdot 6H_2O$	241.43	$Ce(SO_4)_2 \cdot 4H_2O$	404.30	$FeCl_2 \cdot 4H_2O$	198.81
$Al(NO_3)_3$	213.00	$CoCl_2$	129.84	$FeCl_3$	162.21
$Al(NO_3)_3 \cdot 9H_2O$	375.13	$CoCl_2 \cdot 6H_2O$	237.93	$FeCl_3 \cdot 6H_2O$	270.30
Al_2O_3	101.96	$Co(NO_3)_2$	182.94	$FeNH_4(SO_4)_2 \cdot 12H_2O$	482.18
$Al(OH)_3$	78.00	$Co(NO_3)_2 \cdot 6H_2O$	291.03	$Fe(NO_3)_3$	241.86
$Al_2(SO_4)_3$	342.14	CoS	90.99	$Fe(NO_3)_3 \cdot H_2O$	404.00
$Al_2(SO_4)_3 \cdot 18H_2O$	666.41	$CoSO_4$	154.99	FeO	71.846
As_2O_3	197.84	$CoSO_4 \cdot 7H_2O$	281.10	Fe_2O_3	159.69
As_2O_5	229.84	$CO(NH_2)_2$	60.06	Fe_3O_4	231.54
As_2S_3	246.02	$CrCl_3$	158.35	$Fe(OH)_3$	106.87
		$CrCl_3 \cdot 6H_2O$	266.45	FeS	87.91
$BaCO_3$	197.34	$Cr(NO_3)_3$	238.01	Fe_2S_3	207.87
BaC_2O_4	225.35	Cr_2O_3	151.99	$FeSO_4$	151.90
$BaCl_2$	208.24	$CuCl$	98.999	$FeSO_4 \cdot 7H_2O$	278.01
$BaCl_2 \cdot 2H_2O$	244.27	$CuCl_2$	134.45	$FeSO_4 \cdot (NH_4)_2SO_4 \cdot 6H_2O$	392.13
$BaCrO_4$	253.32	$CuCl_2 \cdot 2H_2O$	170.48		
BaO	153.33	$CuSN$	121.62	H_3AsO_3	125.94
$Ba(OH)_2$	171.34	CuI	190.45	H_3AsO_4	141.94
$BaSO_4$	233.39	$Cu(NO_3)_2$	187.56	H_3BO_3	61.83
$BiCl_3$	315.34	$Cu(NO_3)_2 \cdot 3H_2O$	241.60	HBr	80.912
$BiOCl$	260.43	CuO	79.545	HCN	27.026
		Cu_2O	143.09	$HCOOH$	46.026
CO_2	44.01	CuS	95.61	H_2CO_3	62.025
CaO	56.08	$CuSO_4$	159.60	$H_2C_2O_4$	90.035
$CaCO_3$	100.09	$CuSO_4 \cdot 5H_2O$	249.68	$H_2C_2O_4 \cdot 2H_2O$	126.07
CaC_2O_4	128.10	CH_3COOH	60.052	HCl	36.461
$CaCl_2$	110.99	CH_3COONa	82.034	HF	20.006

续表

化合物	相对分子质量	化合物	相对分子质量	化合物	相对分子质量
HI	127.91	$KHC_4H_4O_3$	188.18	$(NH_4)_2C_2O_4$	124.10
HIO_3	175.91	$KHSO_4$	136.16	$(NH_4)_2C_2O_4 \cdot H_2O$	142.11
HNO_3	63.013	KI	166.00	NH_4SCN	76.12
HNO_2	47.013	KIO_3	214.00	NH_4HCO_3	79.055
H_2O	18.015	$KIO_3 \cdot HIO_3$	389.91	$(NH_4)_2MoO_4$	196.01
H_2O_2	34.015	$KMnO_4$	158.03	NH_4NO_3	80.043
H_3PO_4	97.995	$KNaC_4H_4O_6 \cdot 4H_2O$	282.22	$(NH_4)_2HPO_4$	132.06
H_2S	34.08	KNO_3	101.10	$(NH_4)_3PO_4 \cdot 12MoO_3$	1876.3
H_2SO_3	82.07	KNO_2	85.104	$(NH_4)_2S$	68.14
H_3SO_4	98.07	K_2O	94.196	$(NH_4)_2SO_4$	132.13
$Hg(CN)_2$	252.63	KOH	56.106	NH_4VO_3	116.98
$HgCl_2$	271.50	K_2SO_4	174.25	Na_3AsO_3	191.89
Hg_2Cl_2	472.09			$Na_2B_4O_7$	201.22
HgI_2	454.40	$MgCO_3$	84.314	$Na_2B_4O_7 \cdot 10H_2O$	381.37
$Hg_2(NO_3)_2$	525.19	$MgCl_2$	95.211	$NaBiO_3$	279.97
$Hg_2(NO_3)_2 \cdot 2H_2O$	561.22	$MgCl_2 \cdot 6H_2O$	203.30	NaCN	49.007
$Hg(NO_3)_2$	324.60	MgC_2O_4	112.33	NaSCN	81.07
HgO	216.59	$Mg(NO_3)_2 \cdot 6H_2O$	256.41	Na_2CO_3	105.99
HgS	232.65	$MgNH_4PO_4$	137.32	$Na_2CO_3 \cdot 10H_2O$	286.14
$HgSO_4$	296.65	MgO	40.304	$Na_2C_2O_4$	134.00
Hg_2SO_4	497.24	$Mg(OH)_2$	58.32	NaCl	58.443
$KAl(SO_4)_2 \cdot 12H_2O$	474.38	$Mg_2P_2O_7$	222.55	NaClO	74.442
KBr	119.00	$MgSO_4 \cdot 7H_2O$	246.47	$NaHCO_3$	84.007
$KBrO_3$	167.00	$MnCO_3$	114.95	$Na_2HPO_4 \cdot 12H_2O$	358.14
KCl	74.551	$MnCl_2 \cdot 4H_2O$	197.91	$Na_2H_2Y \cdot 2H_2O$	372.24
$KClO_3$	122.55	$Mn(NO_3)_2 \cdot 6H_2O$	287.04	$NaNO_2$	68.995
$KClO_4$	138.55	MnO	70.937	$NaNO_3$	84.995
KCN	65.116	MnO_2	86.937	Na_2O	61.979
KSCN	97.18	MnS	87.00	Na_2O_2	77.978
K_2CO_3	138.21	$MnSO_4$	151.00	NaOH	39.997
K_2CrO_4	194.19	$MnSO_4 \cdot 4H_2O$	223.06	Na_3PO_4	163.94
$K_2Cr_2O_7$	294.18	NO	30.006	Na_2S	78.04
$K_3Fe(CN)_6$	329.25	NO_2	46.006	$Na_2S \cdot 9H_2O$	240.18
$K_4Fe(CN)_6$	368.35	NH_3	17.03	Na_2SO_3	126.04
$KFe(SO_4)_2 \cdot 12H_2O$	503.24	CH_3COONH_4	77.083	Na_2SO_4	142.04
$KHC_2O_4 \cdot H_2C$	146.14	NH_4Cl	53.491	$Na_2S_2O_3$	158.10
$KHC_2O_4 \cdot H_2C_2O_4 \cdot 2H_2O$	254.19	$(NH_4)_2CO_3$	96.086	$Na_2S_2O_3 \cdot 5H_2O$	248.17

续表

化合物	相对分子质量	化合物	相对分子质量	化合物	相对分子质量
$Ni(C_4H_7N_2O_2)_2$ (丁二酮肟镍)	288.91	$Pb_3(PO_4)_2$	811.54	SrC_2O_4	175.64
		PbS	239.30	$SrCrO_4$	203.61
$NiCl_2 \cdot 6H_2O$	237.69	$PbSO_4$	303.30	$Sr(NO_3)_2$	211.63
NiO	74.69			$Sr(NO_3)_2 \cdot 4H_2O$	283.69
$Ni(NO_3)_2 \cdot 6H_2O$	290.79	SO_3	80.06	$SrSO_4$	183.68
NiS	90.75	SO_2	64.06	$UO_2(CH_3COO)_2 \cdot 2H_2O$	424.15
$NiSO_4 \cdot 7H_2O$	280.85	$SbCl_3$	228.11		
		$SbCl_5$	299.02	$ZnCO_3$	125.39
P_2O_5	141.94	Sb_2O_3	291.50	ZnC_2O_4	153.40
$PbCO_3$	267.20	Sb_2S_3	339.68	$ZnCl_2$	136.29
PbC_2O_4	295.22	SiF_4	104.08	$Zn(CH_3COO)_2$	183.47
$PbCl_2$	278.10	SiO_2	60.084	$Zn(CH_3COO)_2 \cdot 2H_2O$	219.50
$PbCrO_4$	323.20	$SnCl_2$	189.60	$Zn(NO_3)_2$	189.39
$Pb(CH_3COOH)_2$	325.30	$SnCl_2 \cdot 2H_2O$	225.63	$Zn(NO_3)_2 \cdot 6H_2O$	297.48
$Pb(CH_3COOH)_2 \cdot 3H_2O$	379.30	$SnCl_4$	260.50	ZnO	81.38
PbI_2	461.00	$SnCl_4 \cdot 5H_2O$	350.58	ZnS	97.44
$Pb(NO_3)_2$	331.20	SnO_2	150.69	$ZnSO_4$	161.44
PbO	223.20	SnS	150.75	$ZnSO_4 \cdot 7H_2O$	287.54
PbO_2	239.20	$SrCO_3$	147.63		

附录3 化学实验常用手册和参考书简介

在做化学实验的过程中,特别在设计实验方案及书写实验报告时,经常需要了解各种物质的性质(如颜色、熔点、沸点、密度、溶解度、化学特性等),查找各种物质的制备方法、分析方法及各种溶液的配制方法等等。为此,学会从参考书中查找需要的资料是很重要的,它是培养分析问题和解决问题能力的重要一环。这里仅介绍几种常用的手册和综合参考书,供参考。

[1]孙尔康等编.化学实验基础.南京:南京大学出版社,1991

是一本综合性实验讲座教材,系统介绍了化学实验的基本知识、基本操作和基本技术;常用仪器、仪表和大型仪器的原理、操作及注意事项;计算机技术、误差和数据处理、文献查阅等。

[2]陈寿椿等编.重要无机化学反应(第3版).上海:上海科技出版社,1994

本书共汇编了69种元素和55种阴离子的各种化学反应,共约20 000条,并分别对它们的共同性、一般理化性质以及反应操作方法做了详述。此外也介绍了几种常用试剂的若干反应,书末还附有各种常用试剂的配制方法。

[3]美国化学会无机合成编辑委员会会编.无机合成.第1~20卷.申泮文等译.北京:科学出版社,1959~1986

介绍无机化合物合成方法,合成物的性质和保存方法。每种合成都经过检验复核,比较可靠。

[4]日本化学会编.无机化合物合成手册.曹惠民等译.北京:化学工业出版社,1983~1986

共三卷。收集了常见及重要无机化合物2 151种,是制备无机化合物常用的工具书。

[5]段长强等编.现代化学试剂手册.北京:化学工业出版社,1986~1992

介绍化学试剂的组成、结构、理化性质、合成方法、提纯方法、贮存等方面的知识。全书分为五个分册:

(一)通用试剂

(二)化学分析试剂

(三)生化试剂

(四)无机离子显色剂

(五)金属有机试剂

[6]杭州大学化学系等合编.分析化学手册.北京:化学工业出版社,1978~1989

是一本分析化学工具书,收集分析化学方面的数据较全,介绍实验方法详尽。本书共分五个分册:

(一)基础知识与安全知识

(二)化学分析

(三)光学分析与电学分析

(四)色谱分析

(五)质谱与核磁共振

[7]Meites L. *Handbook of Analytical Chemistry*. New York:Me Graw－Hill Book Company,1963

是一本分析化学专业性手册,以表格的形式组织了大量与分析化学有关的数据和方法,并适当安排一些理论说明与分析。一般在表格后附有参考文献,可直接利用手册选择合适的分析方法。

[8]张向宇等编.实用化学手册.北京:国防工业出版社,1986

共十七章,介绍元素和无机、有机化合物的各项性质以及电化学、仪器分析、分离纯化、安全知识等。

[9] Weast R C, et al. *CRC Handbook of Chemistry and Physics*. 73 rd ed. Boca Raton: CRC Press, 1992~1993

本书 1914 年出版第一版,以后逐年修订出版,主要介绍数学、物理、化学常用的参考资料和数据,是应用最广的手册。

[10] Deam J A. *Lang's Handbook of Chemistry*. 13nd ed. New York: McGraw-Hill Book Company, 1985

是较常用的化学手册,内容包括:数学、原子和分子结构、无机化学、分析化学、电化学、有机化学、光谱学、热力学性质、物理性质等方面的资料和数据。该版已有中译本(尚久方等译,科学出版社出版,1991)。

编 后 语

大学化学实验教学示范中心教材

《无机物制备》一书终于出版了,回顾本书的编写过程有许多感慨。

第一,本教材内容充分体现了现代实验教材的基本理念和定位。在讨论本教材的内容设置时,根据各校的具体情况,从以下三个方面考虑本册教材的定位。其一,体现本系列教材以'方法'为中心的化学实验教学理念;其二,体现各学校教改的思想和实验教学示范中心建设标准的要求;其三,注重对学生独立工作能力、实践能力和创新思维的培养,提高学生的综合素质。

第二,本教材是西部高校长期教学经验的反映。参编人员都是长期在教学一线的教师,从资料的查阅、实验的验证、内容的撰写、图片的绘制等各个环节都倾注了很多的心血。同时,编者们还克服了繁重的教学任务、学习任务和其他工作等具体困难,力争将本册教材尽早完成,充分体现了参编教师投身于本科教育教学改革、努力提高学生培养质量的师德风范和敬业精神。

第三,本教材得到了参编学校领导的大力支持。为了做好本教材的编写,在筹备和实际工作中,各校领导在人力、物力上给予了极大的关注和支持,为本教材的顺利完成提供了必不可少的条件。

第四,本书的出版是各级领导高度关注和支持的结晶。西南大学领导、教处领导和化学化工学院领导、西南师范大学出版社的领导给予了本套书始如一的关注和支持,为本书的编写和出版铺平了道路。

在此,向关心和帮助本书出版的领导、同行、同事、学生和参编人员的家人心的感谢。

编者

2008 年 6 月于重庆

图书在版编目(CIP)数据

无机物制备/柴雅琴等主编.—重庆:西南师范大学出版社,2008.5

大学化学实验教学示范中心教材

ISBN 978-7-5621-4096-2

Ⅰ.无... Ⅱ.柴.... Ⅲ.无机物－制备－高等学校－教材 Ⅳ.O611

中国版本图书馆 CIP 数据核字(2008)第 061521 号

无机物制备

总 主 编:李天安
本册主编:柴雅琴　莫尊理　赵建茹　康桃英　周娅芬
责任编辑:杨光明
整体设计:汤　立
出版发行:西南师范大学出版社
　　　　　(重庆·北碚　邮编:400715)
　　　　　网址:www.xscbs.com)
印　　刷:重庆紫石东南印务有限公司
开　　本:787 mm×1092 mm　1/16
印　　张:14.75
字　　数:313 千字
版　　次:2008 年 6 月第 1 版
印　　次:2014 年 6 月第 3 次
书　　号:ISBN 978-7-5621-4096-2
定　　价:28.00 元